건축가 김정수 작품집
KIM JONG SOO WORKS

김성우 안창모 지음

공간사

종로 YMCA 투시도

연세대학교 학생회관 초기안 투시도

Contents

Introduction

- 008 1950~70년대 한국사회의 '근대'와 김정수의 '건축' _ 김성우
- 020 건축가 김정수, 사회를 향한 건축을 하다. _ 안창모

Works 작품편

- 032 시민회관
- 036 신신백화점
- 038 국제극장
- 042 한일은행 광교지점
- 044 공보처 영화제작소
- 048 정신여자중고등학교 과학관
- 056 수원농사원 본관
- 062 감리교 신학대학 본관
- 066 감리교 신학대학 예배당
- 072 명동성모병원
- 082 수도여자사범대학 교사

		Life 생애편
084 배재대학교 본관	146 동교동 빌딩	186 인간 김정수
092 종로 YMCA	152 풍문여자고등학교 과학관	208 교육자 김정수
102 장충실내체육관	158 연세대학교 학생회관	226 연구활동
108 원자력 병원	166 연세대학교 중앙도서관	240 사회활동
112 한남동 루터란 서비스센터	170 연세대학교 종합교실	258 발표원고
116 서강대학교 과학관	174 국회의사당	
124 동대문 실내스케이트장	180 연세대학교 건공관	
130 장충동 장로교회	181 서대문 장로교회	
140 서울예술고등학교 교사 및 이화여자중고등학교 특별교실	182 한일빌딩	276 작품 연표
144 대한화재해상회관	183 공군본부	278 감사의 글

1950~70년대
한국사회의 '근대'와
김정수의 '건축'

글_ 김성우 연세대학교 건축공학과 교수

한 사람의 개인은 태어나서 성장하고 활동하면서 소속된 사회와 시대의 영향을 절대적으로 받게 된다. 하지만 그 개인이 자기 자신을 형성시킨 시대와 사회를 얼마나 객관적으로 파악하고 있고 거기에 능동적으로 대응하는지는 그 사회에서 살고 있다는 사실과는 완전히 다른 문제다. 대부분의 사람들은 절대적 영향을 받고 있는 시대와 사회를 매우 제한적으로 이해하고 있다. 대부분의 사람들은 자신이 소속된 시대와 사회를 살기보다는 시대와 사회에 의해 살아지고 있다. 시대와 사회를 이해하고 있어도 자신이 이해한 바에 대해 이유 있는 주관적 대응을 하는 경우는 더 제한적이다. 한 개인의 삶의 의미는 자신이 소속된 시대와 사회에 대해 어떠한 이해를 갖고 있으며, 거기에 대해 어떻게 능동적이고 주관적으로 대응하고 있는가의 여부와 정도, 그리고 방향에 의해 결정된다. 이 문제는 모든 분야에서 일하고 있는 모든 사람에게 해당되며 당연히 건축분야와 건축인에게도 똑같이 적용된다. 건축인은 자신이 사는 시대와 사회에서 주어지는 건축에 관한 일을 어떻게 이해하고 거기에 대해 어떻게 주관적으로 대응하는지가 건축인으로서 그의 삶의 의미와 성격을 결정한다.

우리는 김정수라는 한 사람의 건축가가 자신이 살았던 시대와 사회에서 건축을 어떻게 이해하고 자신의 건축을 통해서 어떻게 대응하였는지 살펴보려 한다. 이미 그가 세상을 떠난 지 20년 이상 지났고, 지금의 젊은이들은 그를 별로 기억하지 못한다. 김정수는 같은 시대를 살았던 다른 건축인과는 상당히 다른 생각을 가졌었고 그러한 자신의 생각에 따라 건축가의 길을 갔다. 우리는 그와 그의 건축에 대해 예찬하거나 비판하려는 것이 아니다. 지금 시점에서 그의 생각과 작품을 재조명하며 그가 자신이 살았던 시대의 건축에 대해 어떤 생각을 가졌고 그 생각을 어떻게 건축화했는지 살펴봄으로써 건축가로서의 김정수와 그의 건축의 의미와 성격을 다시 생각해보는 계기를 만들고 싶은 것이다. 물론 이 한 편의 글로, 또 이 책 한 권으로 그 모든 것을 설명할 수 있는 일은 아닐 것이다. 그러나 시간이 더 지나기 전에 그의 건축과 건축에 대한 생각을 알 수 있는 자료는 필요하다. 이 책은 그러한 의도에서 만들어졌다. 앞으로 김정수와 그의 건축에 관심 있는 사람들에게 도움이 되기를 바라는 마음으로 그의 작품들을 모으고 그의 인생과 건축을 이해하는 데 도움이 되는 자료들을 모아서 같이 펴내게 되었다. 이 책을 통해, 그가 살았던 시대와 사회의 건축에 대하여 김정수는 어떻게 이해하고 어떻게 자신의 건축으로 대응하였는가 하는 문제가 한국의 근대건축에 관심 있는 사람들에게 좀 더 잘 알려질 수 있었으면 한다.

1950~70년대의 사회적 분위기

일제강점기를 거치면서 우리는 이미 서양 근대문명에 대해 알고 있었고 서양 근대를 따라가지 않을 수 없다는 사실도 잘 알고 있었다. 일제시대가 끝나고 6.25를 거친 후 피폐해진 국가와 환경을 복구하기에도 벅찬 시간을 보내면서 우리는 당시의 역사가 요구하는 대로 서구에서 시작된 '역사적 근대'를 따라가는 일을 하지 않을 수 없었다. 일제시대부터 우리의 근대화가 시작은 되었지만 1950년대에는 일본을 거치지 않고 우리 스스로 서양 근대를 따라가는 길을 가야했다. 1950~70년대는 우리 역사에서 매우 특이한 분위기를 유지한 기간이었다. 1950년대가 전쟁복구와 함께 우리 힘으로 서구적 근대화의 길을 가기 시작해야 하는 기간이었다면, 1960~70년대는 온 국민이 소위 조국근대화라는 이름으로 모든 희생의 대가를 치르면서 뒤돌아볼 겨를도 없이 그 길을 달려가야 했다. 지금의 우리에게는 '조국근대화'라는 말이 생소하지만 그 시대에는 절대절명의 국가적 과제였다. 우리 스스로와 우리 문화를 서양에 비해 열등한 것으로 규정하고 서양 근대를 우월하면서도 유일한 대안으로 믿지 않을 수 없는 사회 분위기 안에서 살아야 했다. 당시는 문화적 열등의식 안에서 살아가야 했었지만 사람들의 삶은 그 말을 떠올릴 여지도 없이 서양 근대를 따라가기에 바빠야 했다. 경공업에서 중공업에 이르는 영역에서 공업입국을 서두르며 공업적 생산체제 구축에 국가적 힘을 경주하고 이에 의한 경제개발이 국가적 목표가 되었다.

지금의 젊은이들은 1950~70년대의 시대적 분위기를 잘 이해하기 어려울 것이다. 그러나 그 기간은 한국의 지금 단계에 이르기 위해 거치지 않을 수 없는 기간이었다. 정치적으로는 이승만 대통령 이후 박정희가 쿠데타로 집권하여 30년 이상을 통치하고 있던 기간이었고, 경제는 밑바닥에서부터 시작하여 자립적으로 고개를 들기 시작해야 했다. 사회제반 제도가 서양 것을 배워서 적용해가며 조금씩 정리되어가는 과정이었으며 민주주의가 요란한 격동과정을 거치며 자리잡아가던 기간이었다. 1950~70년대 우리는 모든 것을 실험적으로 시도하고, 또 선진국을 모방하면서 우리의 현실을 그 실험적 시도 안에 담아가야 했다. 한쪽에서는 전통의 부활 내지 한국적 정체성을 부르짖기도 하였으나 서양에서 배워온 새로운 학문을 전달하고 실현해야 하는 주류적 움직임에 묻혀서 큰 흐름을 만들지 못했다. 그 시대의 우리는 자신을 후진으로 규정하고 서양을 선진으로 받아들이며 근대를 배웠다. 이 기간에는 이미 근대문명의 시계추가 유럽에서 미국으로 옮겨간 뒤여서 우리는 근대를 탄생시킨 유럽보다 근대가 미국식으로 확장된 미국적 분위기에 따라서 근대를 배워가야 했다. 미국의 영화, 음악, 옷, 음식, 커피 등 모든 미국식 생활문화가 우리 생활의 일부가 되어갔다.

지방에서 서울로 인구이동이 급속히 증가되고 그 인구증가를 수용하기 위해 급속한 도시팽창과정을 거쳐야 하는 기간이었다. 대부분의 건축은 더 이상 재래식 한옥으로 지어지지 않고 콘크리트에 의한 근대적 건축이 되어야 했다. 소수의 건축가들이 작품적 건축을 시도하는가 하면 대부분의 도시 건축은 허가방 수준의 업자들의 몫으로 돌아가서 설계되고 시공되었다. 대학은 건축과를 만들어 근대적 건축교육을 시작하였다. 한편으로는 일제시기의 교육 체제를 답습하되 또 한편으로는 서양에서 수입된 교육제도와 내용을 재포장하여 전달하는 기간이었다. 대학에서는 서양 근대 건축가들의 작품적 건축을 중심으로 가르쳤고 그래서 국내외 유명 건축가가 학생들의 선망의 대상이 되었다. 그때 건축과 학생들은 오구로 미즈바리한 패널에 도면을 그리고 얇은 석고판을 떠서 모형을 만들어 학생응모 작품전에 출품하였다. 1950~70년대는 근대건축에 대한 우리만의 축적과정이 없던 상황이어서 일제강점기간에 건축에 참여했던 사람들이 활약해야했다. 1960년대까지도 일제의 유습은 제거하기 어려웠고 1970년대가 되어서야 일제의 유습이 미국의 새로운 제도와 같이 균형을 잡아가는 정도의 과정에 이르게 된다. 미국의 근대건축은 당시 학생들에게나 건축가에게나 어느 정도 신비화된 채 선진 건축의 전형이 되어 있었다.

미국에서 출판되는 「Architectural Record」, 「Progressive Architecture」 같은 건축잡지와 영어로 쓰인 많지 않은 건축 책들이 당시 건축지망생을 매료시키고 있었다. 수천 년의 역사를 가진 나라의 몇백 년 이상 된 도시에 집을 지으면서 미국과 같이 광활한 땅에 모든 새로운 수법을 동원하여 수많은 새로운 실험적 건축을 하는 종류의 근대건축을 따라서 집을 지으며 우리의 도시를 바꿔놓고 있었다. 그러한 시도를 하면서도 고급 기술과 생산된 재료에 한계가 있어서 시도하지 못하는 것은 할 수 없고, 거푸집을 만들어 콘크리트 건물을 짓고 벽돌로 벽을 막는 정도의 수준에서 대다수 건물이 지어졌다. 조형적 효과도 그러한 시공상 범위를 넘지 않는 한도 내에서 추구될 수밖에 없었다. 건축과 졸업생들 중에 미국 유학을 시도하는 사람들의 수가 조금씩 증가하고 있었다. 이러한 짧은 묘사가 우리나라의 1950~70년대의 사회적 분위기를 충분히 설명하지는 못하지만, 김정수는 이러한 때에 자신의 건축활동을 하였다. 지금의 눈으로 보면 그때는 한국 근대건축의 성장과정에서 청년기에도 못 미치는 소년기 정도에 해당할지 모르지만 그때는 그 시대 여건에서 나름대로 심각하고 진지하게 한국의 근대건축을 고민하고 또 시도하고 있었다. 김정수와 그의 건축은 그러한 시대 분위기 안에서 읽혀지지 않으면 안 된다.

김정수의 삶과 건축

김정수는 20세기 중반 한국 건축계에서 하나의 이례적인 존재였다. 그가 경성고등공업학교를 졸업하고 바로 건축계에 발을 담그기 시작한 것이 조선총독부 영선계였고, 광복 후 중앙청 건축계에서 계속해서 건축 공무원으로 근무하였다. 10년 가까이 공무원으로 근무하며 계장, 과장, 국장의 위치에서 일을 하였다. 그는 공무원을 그만둔 후, 토건회사를 차려서 사장으로 취임한다. 토건회사를 차리게 된 동기에 대해 그는 회고하기를,

"학교를 설립할 목적으로 기금조성을 위하여 토건회사를 차렸으며 한때는 서울 근교에 교지(校地)까지 장만하였으나……"(「초평 김정수 회갑기념 논문집」, 회고사, 1979)라고 하였다. 교지까지 장만할 정도면 학교를 설립하겠다는 것이 단순한 꿈만이 아니었던 것 같다. 삼정토건회사는 3년 정도 유지하였으며 그의 회고에 의하면 특별히 성공적인 편은 아니었던 것 같으나 기록된 공사실적으로 볼 때 어느 정도 수준으로는 유지되었으며 돈도 꽤 벌었다고 회고하고 있다.(「김정수 작품집」) 토건회사를 해방 후 3년 지나 시작해서 6.25 전쟁기간에 그만둔 후 그는 UNKRA 주택국에서 2년 가까이 근무한다. 이러한 그의 경력은 외국에 유학하지 않았고 취직할 만한 설계사무소도 뚜렷이 없던 당시 상황으로 볼 때 피할 수 없는 선택이었다고 본인도 회고한다.

이천승과 함께 종합건축연구소를 개소한 것이 1953년, 그가 34세였을 때였다. 1961년에 연세대학교로 부임하면서도 한동안 계속해서 종합건축의 설계에 관여하였다. 김정수 작품의 대부분은 종합을 통해서 이루어진다. 종합건축이 한국의 최초 건축설계사무소인 것은 아니지만 한국건축계에서 설계사무실로서 중요한 기초를 닦았던 것은 사실이다. 발전하는 건축기술에 대응하기 위하여 건축, 토목, 구조, 시공 등을 총망라하는 인재들이 힘을 합하여 종합적 설계를 지향하였다는 본인의 설립의도로 볼 때 설계사무소의 이름을 '종합'이라고 한 것도 그러한 배경이었다고 회고한다. 다시 말하면 그는 건축을 '종합적 접근'을 필요로 하는 영역으로 이해하였으며 이러한 건축 이해와 접근 방식은 그의 일생동안 건축을 대하는 태도로 지속된다. 이천승이 수주 일을 더 많이 책임졌던 상황을 볼 때 그는 종합건축에서 설계에 더 전념하며 사무실을 이끌었던 것으로 보인다.

종합건축연구소는 1950년대에 가장 활발했던 설계사무소였다. 1960년대로 넘어가면서 김중업이 활동을 시작하고, 이어서 김수근의 공간 그리고 무애건축이 활동을 시작하며 이 몇 개 설계사무소가 한국의 근대 건축 설계를 이끌고 가게 된다. 1950년대는 물론이지만 1960년대에도 종합건축의 설계 경향은 당시의 다른 설계사무소와 두드러지게 달랐다. 잘 알려진 대로 김중업, 김수근이 형태적 조형성을 상대적으로 더 강조하는 설계를 추구하였을 때 종합은 보다 실용적이면서 형태적 조형성보다 재료사용과 구조공법 및 시공기술이 그대로 표현되는 설계를 추구한다. 결과적으로 보다 경제적이고 실무적으로 접근된 건축이 될 수밖에 없었다. 당시의 학생들에게는 김중업이나 김수근에 비해 김정수의 건축은 조형적 재미가 상대적으로 두드러지지 않은 건축으로 보였을지도 모르고 그래서 대중적 인기도 덜한 편이었을지도 모른다. 그러나 그는 형태적 조형을 무시하지도 않았고 시각적 표현을 가볍게 취급한 것도 아니었다. 김중업, 김수근과 유사한 조형성을 추구하기에 그의 건축관이 분명하게 그들과 달랐다. 그는 그 시대의 건축이 무엇을 요구하고 있고 그래서 어떤 건축을 추구해야 하는지에 대하여 자신만의 신념을 갖고 있었던 것이다.

그는 종합건축에서 일하는 동안에도 지속적으로 서울대, 고려대, 한양대 등에서 강의를 계속하였다. 1961년에 연세대학교 건축과에 부임하고 나서는 1985년 작고할 때까지 건축교육자로서 일생을 살았다. 건축교육에서도 나름대로 주장이 있어서 "건축교육은 항상 실무와 연관되어 살아 있고 실용적인 것이어야 한다"고 주장하고 그러한 주장에 따른 교육을 실천했다. 그는 설계과목 외에 의장, 시공, 일반구조를 같이 강의하였다. 강의에서는 항상 실무경험을 예로 들었고 이해하기 쉽게 설명하는 것으로 학생들에게 인상이 깊었다. 무엇보다도 그가 교육자로서 존경받았던 것은 그의 고상한 인품 때문이었다. 항상 과묵하고 행동하는 사람이면서 동시에 온화하고 섬세한 측면을 같이 갖고 있었다고 사람들은 회상한다. 그에게 교육받은 제자들 모두에게 그는 예외 없이 연세건축 교육의 기초를 놓았을 뿐만 아니라 스승으로서 추앙받는 사람으로 기억되는 것 같다.

그는 김수근이나 김중업과 같이 일본에서 공부하지 않았고 다른 사람이 운영하는 설계사무소에서 근무하지 않았다. 그의 건축수업은 경성공고를 제외하고는 사회생활을 통하여 체득하고 실무를 하면서 스스로 익힌 것이다. 그는 미스 반 데어 로에를 좋아하고 기능주의적 건축을 선호한다고 말한 적이 있으나 어느 건축가에게 특별히 영향을 받거나 지도를 받아서 그의 건축을 만든 것은 아닌 듯하다. 그는 외국을 여행한 경험은 있으나 그의 건축수업에서 가장 중요한 계기가 된 것은 1956~57년에 미국 미네소타대학교에 1년 정도 다녀온 기간으로 보인다. 미네소타대학에서 건축을 보고 배운 경험은 그에게 일제기간의 경험을 뛰어넘는 시각과 비전을 갖게 했던 것 같다. 동행한 다른 사람들과 달리 그는 미국 대학에서 건축설계를 접하는 것 외에도 건축재료, 시공기술, 구조공법 등 새로운 경향을 익히고 견학하는 데 특별히 많은 시간을 할애하였다. 이러한 체험은 그가 미국에서 돌아온 후 한국에서 새로운 재료개발, 시공 및 구조공법 개발 등의 시도를 통해 실현시키려는 노력으로 나타난다.

한국 건축계에 굵은 흔적을 남긴 그의 삶은 크게 두 기간으로 구분된다. 1950년대부터 60년대를 거치며 종합건축에서 건축가로서 활동한 기간과, 1960년대에서 80년대 중반에 돌아가실 때까지 교육자로서 활동한 기간이다. 건축가로서의 활동은 작품으로 평가되어야 할 부분이며 교육자로서 활동한 기간은 제자들이 받은 교육 내용과 그들의 마음에 남아 있는 스승의 모습으로 기억될 일이다. 분명한 사실은 그의 인생 전부가 건축을 향한 것이었고 그는 건축에 대한 나름대로 신념을 일관되게 유지하고 실천한 사람이었다는 점이다. 그는 이 시대의 건축을 이해하는 자신의 방식이 있었고 그 믿음을 적극적으로 건축화하였다. 그러한 믿음과 실천이 한국 건축계에 중요한 한 획을 그었으며, 그의 삶이 한국건축에 기여한 바는 좀 더 시간이 지나면서 후학들이 평가할 일일 것이다.

1950~70년대 한국사회의 근대와 근대건축

우리는 근대인이고 근대사회와 근대문화를 살고 있다. 따라서 우리가 근대를 어떻게 이해하는가는 우리가 사는 여건과 우리 자신을 어떻게 이해하는가의 문제가 된다. 우리들의 존재는 '근대'라는 것을 떠나서 규정되지 않는다. 우리에게 근대라는 것은 순수 객관적인 어떤 개념이 아니다. 그리고 우리가 사는 여건을 떠나서

순수 객관적인 입장에서 근대를 이해할 수도 없다. 특히 1950~70년대의 한국사회는 근대라는 것을 받아들이고 이해하는 데 있어서 거부할 수 없는 우리만의 조건을 갖고 있었다.

2000년대가 시작된 지금 1950~70년대를 돌아보면 그 때는 서구적 근대를 거의 맹목적으로 받아들이기는 하면서도 그것을 객관적으로 이해하는 데 있어서는 한계가 있었다. 근대가 우리가 먼저 만들어낸 것이 아니고 외부에서 수입된 것이고, 그래서 우리는 근대의 중심부에 있지 않고 주변부에 머물러야 했기에 근대의 이해에 한계가 있었다. 대학에서 건축을 전공한 사람들은 역사적 근대의 성격을 이해하기 전에 근대 건축의 시각적 이미지를 먼저 받아들인다. 과학기술은 정상적으로 성장되어 있지 않지만 기계적 생산물은 우리 생활문화를 바꾸어 놓고 있었다. 1950~70년대의 한국 사회의 근대와 근대건축은 한국인에게 있어서 전체적 구조와 윤곽은 파악이 안 되면서 요리된 결과의 맛을 보고 있는 어떤 것이었다. 그 배경과 구조를 정확하게 이해하고 있지 못하면서 거절 할 수 없어 나의 일부가 되어가고 있는 막강한 힘이었고 세력이었다. 그 때의 근대와 근대건축의 이해는 다음과 같은 몇 가지의 오류 내지는 오해를 포함하고 있었다.

첫째, 서양에서의 근대는 사회·역사적 방향전환이면서 사회 전체적 제도변화로서 시작되었다. 건축적 변화는 이미 변화된 역사와 사회의 새로운 요구를 수용하기 위한 불가피한 대처였다. 근대건축이 시각적인 결과로서 대두된 것은 20세기 전반에 기계문명이 상업화되어 사람들에게 보급되면서부터 확실하게 전개되기 시작한다. 그러나 근대의 시작 내지 근대적 사회분위기의 성숙은 훨씬 이전부터 시작되었다. 우리는 근대건축을 건축가에 의해 디자인된 작품으로 받아들였지만 그것은 사회체제가 송두리째 변해가는 상황을 뒤늦게 따라간 결과 같은 것이다. 근대건축의 거장들에 의해 새로운 건축이 제안된 것은 사실이지만 그 전에 새로운 기술과 재료의 보급, 사회변화로 인한 새로운 클라이언트의 등장, 새로운 건물의 타입과 기능의 필요 등과 같은 새로운 사회적 요구에 의해서 여건이 성숙된 다음에 건축가에 의해 그 요구에 부응한 결과가 근대건축이다. 그러한 시대와 사회의 변화과정을 유럽과 같이 겪지 못한 우리들이 근대건축을 건축가의 작품으로 단절시켜서 받아들이고 있을 뿐이었다. 1950~60년대 우리나라 건축과 학생들과 건축잡지를 보는 건축가들에게는 새로운 디자인 경향을 위주로 하여 근대건축을 이해하고 그렇게 이해된 근대건축의 시각으로 거꾸로 근대를 이해하려 하기 쉽게 되어 있었지만, 내용적으로 근대건축의 전개는 그 반대의 순서와 영향관계를 갖는 방식으로 전개된다. 근대건축은 근대적 시대변화와 사회요구를 수용하고 처리하기 위한 방편으로 등장한다. 건축과에서 배운 근대건축을 주축으로 근대를 이해하는 것은 순서를 뒤집는 것이 된다. 지금은 이러한 지적이 별로 새롭게 들리지 않을지도 모르지만 1950~60년대의 한국 건축인에게는 근대건축의 작품과 작가를 먼저 중심내용으로 받아들이고 그것을 배경으로 하여 서양과 근대를 이해하게 되는 경향은 그 당시의 한국적 상황에서 어느 정도 불가피한 일이었다.

둘째, 근대라는 역사적 전환이 가능해진 배경은 정치적·종교적 귀족 중심 사회에서 다수의 민중과 대중 또는 시민 중심 사회로 전환이 불가피했기 때문이다. 귀족 계급이 문화적 혜택을 누리는 사회에서 일반 시민이 그 혜택을 같이 누리는 사회에로의 전환이 바로 근대로 전환하는 원동력이었다. 인류역사 전체를 통해 근대만큼 철저하게 귀족문화가 대중문화로 전환된 예가 없다. 근대건축의 출현과 근대건축의 의미도 같은 시각에서 보아져야 한다. 근대건축의 첫 번째 공로는 몇몇 거장의 작품성에서 찾기보다 다수의 대중이 과거보다 더 편리하고 건강한 주거환경에서 거주할 수 있게 된 사실에서 먼저 찾아져야 한다. 전통사회와 비교해볼 때 근대 이후 인간의 수명이 10년이나 연장되었다는 보고가 있다. 이것은 의학적 진보나 영양상태 개선보다 훨씬 중요하게 근대적 거주환경의 보급에 기인한 것이다. 이러한 기여는 건축가의 작품적 설계에 의존한 것이 아니다. 근대건축을 가르치는 대학 건축과와 건축가들은 엘리트적인 예술가적 표현 가능성에서 근대건축의 의미를 찾으려 할지 몰라도 근대건축의 사회적 의미는 근대적 건축기술과 근대적 삶의 공간의 대중적 보급과 도시 내 일상적 거주공간의 전체적 수준 향상에서 먼저 찾아야 한다. 건축은 건축가 개인의 작품이기 전에 사회적 생산물이고 예술적 표현이기 전에 공동체적 표현일 수밖에 없다는 점을 확실히 할 필요가 있다. 근대건축이라는 것도 정확하게 사회적 체제변화에 따른 불가피한 부산물이었다. 건축은 사회적 서비스 역할에서 벗어나서 성립이 가능하지 않았던 것이다.

셋째, 역사적으로 모든 건축활동은 설계와 시공이 떨어지지 않았다. 물론 설계자가 모든 시공을 같이 한다는 의미에서가 아니라 설계와 시공이 하나로 연계된 작업으로 접근되었고 건축가는 시공에 관한 지식을 갖추지 않고 설계하기가 어려웠다. 근대건축에 와서 설계와 시공이 다른 전공영역으로 분리되어 접근되고 대학 건축과에서는 설계를 심미성이 강조된 독립적 영역으로 취급하는 경향이 심화된다. 그 결과 건축과에서 설계를 전공하는 학생들이나 건축가들이 시공에 관한 지식이니 경험이 부족해도 설계를 잘 할 수 있는 것으로 생각하게 되고 이러한 경향은 더욱더 시공 측면의 이해가 부족한 채 시각적 심미성이 강조되는 설계를 추구하게 된다. 그러나 건축가가 설계를 하기 위해서 재료나 구조, 공법 설비 등을 같이 통합하는 설계를 해야 하는 것은 당연한 것이지 예외적인 것이 아니다. 설계와 시공 분야가 지금과 같이 분리된 것 같은 인식은 건축역사 전체로 볼 때 당연한 것이 아니라 불균형적인 것이고 그러한 경향은 결과적으로 건축을 건강하지 못하게 한다. 건축설계가 시공과 분리될수록 시공적 현실감이 건축설계에 반영되지 못한다. 우리가 1950~70년대에 근대건축을 받아들일 때 건축의 외관은 사진을 통해서 잘 전달되지만 그 시공적 세부내용은 잡지나 책에서 잘 보여지지 않았다. 그런 이유로 한국의 건축가는 한국 현실에서 시공 가능한 것은 본받을 수 있어도 기술적 뒷받침이 되지 않는 것은 실현시키지 못했다. 시공기술적 내용이 소개되어도 그것을 이해하고 만들어내는 것은 별개 문제였을 뿐더러 더욱이 그것을 공장생산해내지 못할 경우 그림의 떡이 될 수밖에 없었다. 당시 한국의 건축가에게 근대건축은 어느 정도 이러한 기술적 내막이 가려진 외관 감상적 건축이어야 했던 것이다.

넷째, 근대문명의 탄생이 과학기술 및 산업생산과 직결되어 있듯이 근대건축도 과학기술 및 기계적 생산과 구조적으로 물려 있다. 우리는 과학기술과 기계생산의 주도적 흐름을 자생적으로 만들어오지 못해서 서양에 비해 뒤늦게 따라가는 과정을 밟아가지 않을 수 없었다. 그러나 서양에서는 근대건축의 생성과정을 볼 때, 시각적으로 전통건축과 명백하게 다른 근대건축의 출현은 자동차, 기선, 비행기 같은 기계수단의 대중적 보급과 때를 같이 한다. 데스틸과 바우하우스를 비롯한 근대건축의 본격적 시동이 기계적 산업생산과 직결되어 있다는 사실은 잘 알려져 있다. 그러나 이러한 기계적 생산의 여건과 이에 따른 사회적 분위기를 서양과 같이 갖추지 못했던 우리들은 근대건축을 받아들일 때 건축작품의 시각예술적 효과 위주로 받아들이는 것이 불가피했다. 20세기 전반 유럽사회의 분위기에서는 과학기술을 실제적 현실로 실현시키는 엔지니어가 시대적 영웅이었다. 20세기 중반의 한국 건축가들의 관심은 거의 예외없이 조형성을 강조하는 작품성에 쏠려 있었다. 그것도 거푸집에 콘크리트를 붓고 벽돌쌓기로 가능한 정도의 기술적 한계 안에서 가능한 조형성을 추구할 수 밖에 없었다. 물론 서양문화의 전통에서 건축을 시각예술의 한 장르로서 이해하고 있었기에 그러한 심미성의 수용이 틀린 것은 아닐지 모르지만, 문제는 우리의 경우 유럽에서와 같이 근대건축의 직접 배경이 되는 사회적이고 기술적인 여건과 동떨어진 채 건축을 시각적 작품 위주로 접근하고 있었고 그러한 분위기는 지금도 이어지고 있다.

김정수 건축에서의 기술과 표현

김정수는 당시 다른 건축가들과는 상당히 다른 입장에서 건축에 접근했다고 앞에서 언급한 바 있다. 그것은 그의 개인적 성향이 그러했던 측면도 있겠지만 그보다는 그가 건축을 접해온 과정이 남달랐던 점과 관계있을 것 같다. 그는 경성고공을 졸업하고 나서 종합건축을 시작하기 전 15년에 가까운 시간을 건축공무원과 토건회사 사장으로 보낸다. 이 기간이 그의 건축관 형성에 중요한 영향을 미친 것 같다. 아마도 관청에서의 건축행정 경험과 시공회사에서 현장공사를 실무로 접하면서 건축이 설계만으로 되지 않는 측면을, 그리고 건축설계에도 형태상의 조형적 표현 못지않게 기술적이고 시공적 측면이 중요함을 익히 체험하였을 것이다. 그리고 또 한편 그러한 기술적이고 실행적 측면이 건축의 설계와 외관 표현에도 나타나야 한다는 생각하게 된 것 같다. 건축설계사무소를 시작하기 전의 그의 독특한 경력은 당시 김중업, 김수근과 같은 다른 건축가들과 비교해보면 확실히 다른 건축수업과정이었고 김정수의 건축을 다르게 만들기에 충분한 이유가 되었다고 추정된다.

'종합'이라는 사무소 이름에서도 알 수 있듯이 그는 하나의 건축이 완성되기까지 필요한 재료, 시공, 구조, 기능 등 모든 요소와 과정들이 종합적으로 이해되고 접근되되, 그러한 접근방식이 그대로 건축표현에 나타나야 한다는 생각을 견지하였다. 그는 당시의 조형적 표현이 강조되는 건축에 대하여, "미(美)만을 건축의 제 1 요소로 생각하는 건축가가 있다면 기념건축물과 같은 특별한 경우를 제외하고는 주객을 바꾼 건축의 본질을 망각한 옳지 않은 사고방식이라고 생각합니다"라고 하였다.('현대건축과 과학화', 〈현대건축소론〉, 1963) 이 것을 통해 볼 때 그가 건축의 심미성에 무관심한 사람이 아니었고 투시도를 잘 그리는 등 표현에 대한 관심과 노력을 경주하였으나 건축표현에 대한 그의 철학이 기능, 구조와 같은 다른 측면과 균형이 잡히고 하나로서 연계된 심미성이어야 한다는 신념을 갖고 있었던 것 같다. 다르게 표현하면 그는 '실용주의적 건축관'을 강하게 소유하고 있었다. "미(美)만을 강조하는 것은 옳지 않다"는 그의 표현은 그러한 실용주의적 입장에서 이해되어야 한다. 그렇다면 그의 건축적 심미관도 실용주의적 심미관에 가깝다고 보아야 한다.

그는 모든 건물을 설계할 때 항상 새로운 재료나 구조, 또는 공법상 시도를 염두에 두고 그러한 가능성을 시도하려 하였다. 예를 들면 최초로 코펜하겐 리브와 push-plate를 사용한 국제극장(1957), 최초로 알루미늄 커튼월을 사용한 성모병원(1958), 그가 개발한 연석을 사용한 정신여고 과학관(1958), 철제 커튼월과 PC 멀리언을 사용한 YMCA빌딩(1960), 80m 철골조 장스팬을 사용한 동대문 실내스케이트장(1961), PC 패널을 사용한 연세대 학생회관(1967) 등 그 사례가 매우 많다. 여기에 언급된 것 외에도 경량콘크리트, 대벽판(big pannel), 와이드 프랜지 앵글(wide flange angle), 알루미늄 창호, HP shell, tilt-up 공법, 또 그가 특허출원을 한 인조석재, 인조석벽, 인조석 블록, 답파온돌, 카브스레이트 건축 등 건축현장에서 시도된 것과 시도되지 않은 것을 포함하면 훨씬 더 많은 사례를 찾을 수 있다.

기억해야 할 것은 당시 한국 상황에서 이러한 새로운 시도를 한다는 것이 현실적으로 매우 어려운 일이었다는 점이다. 모든 일을 처음 시도한다는 것이 어렵지만 산업생산 제품이 뒷받침되지 않고 기술자나 전문가가 따로 없는 백지상황에서 이러한 시도를 한다는 것은 강한 집념과 실천력 없이는 불가능했다. 김정수는 그러한 일을 한두 번이 아니고 거의 모든 건축설계에서 가능성을 검토하고 시도하였다. "스레이트 단가를 낮추기 위하여 캐나다에서 수입하던 1-8급 석면을 국산으로 대체할 수 있도록 신소재를 개발해야 된다고 하시면서 미장원에서 모발을 수집하기도 하고, 인천 판유리 공장에서 유리섬유를, 또 제재소에서 톱밥 등을 가져와 값싼 재료를 실험실 바닥에 모아놓고 우리들과 머리를 맞대고 연구에 몰두하셨지요."(「한국의 건축가 김정수」, 1995, 고려원) 당시에 그와 함께했던 사람의 회고 기록을 통해 그가 이러한 연구개발을 위해 애쓰던 모습을 그려볼 수 있다. 명동 성모병원의 알루미늄 커튼월을 국내 최초로 시공하기 위해 알루미늄 판을 수공으로 접어서 멀리온 디테일을 만들었다는 사실은 그의 기술적 집념을 잘 보여주는 일화이다.

그러나 김정수의 건축을 이해하는 데 있어서 기술적 적용을 기술 차원에서 가능케 한 것으로만 보아서는 안 된다. 그는 기술 적용을 심미적 표현의 단계로 번안하여 적용하였다. 그에게 디자인이란 기술의 형태화였다. 기술 자체 개발도 어려운 것이었지만 기술의 형태화도 그의 설계 솜씨 없이는 실현될 수 없는 일이었다. 그의 설계가 김중업, 김수근의 작품과 같은 방식으로 형태상의 조형적 재미를 보여주지 않는 것은 사실이나 그러한 사실이 바로 김정수 건축의 성격이고 강점이다. 그의 건축은 시각적으로 자극적이기보다 평범하고 무리가 없으면서 실용적이다. 기능과 구조에 충실하되 그 기능과 구조가 그대로 심미적 표현으로 나타나는 것 이외에 무리한 조형적 변형을 시도하지 않는다. 그러한 특성은 그의 건축을 오히려 근대건축의 본래적 성격에 접근시킨다. 사실상 서양의 근대적 움직임에서도 근대건축의 정신은 형태적 조형성에 있기보다 기술지향적이고 단순하면서 기능적인 그래서 실용적인 해법에 있었다고 보아야 한다. 그러한 정신이 다수의 대중에게 실질적인 혜택을 줄 수 있었던 것이고 그래서 역사적 전환으로서 근대사회에 부합하는 건축이 될 수 있었다.

김정수 건축의 의미

앞에서 우리는 1950~60년대의 한국 상황에서 서양 근대건축을 받아들이면서 객관적이고 정확한 이해를 하기 어려웠기에 왜곡되게 받아들일 수밖에 없었던 점을 언급하였다. 사회·역사적 근대를 자생적으로 겪지 못한 우리는 그러한 변화의 불가피한 결과로서보다도 건축가의 작품으로서 근대건축을 받아들였다는 점, 과거에 귀족들만이 누렸던 고급 건축문화가 대중에게도 그 혜택이 돌아가게 되는 근대건축의 사회적 의미가 간과되어서는 안 된다는 점, 서양 근대건축이 잡지의 사진으로는 형태적 외관만이 전달되지만 그 전에 또는 그 안에 눈에 보이지 않는 기술적 진보를 깔고서만 가능했던 일이라는 점, 서양의 근대건축은 그 출현배경과 진전 과정에서 과학기술 및 기계생산과 구조적으로 물려 있는 일이었으나 우리는 심미적 표현 문제 위주로 받아들이게 되었다는 점을 들었다. 이러한 근대건축의 이해는 사실상 1950~70년대에만 해당되기보다 지금 우리들에게도 어느 정도 해당되는 일이기도 하다. 이러한 생각을 배경으로 김정수의 건축을 볼 때, 1950~70년대 한국사회에서 김정수 건축의 위치와 의미를 새롭게 조명하게 된다.

근대건축은 사회·역사적 근대를 실현하는 하나의 방편이었고 근대건축의 첫 번째 기여는 대중에게 보급된 거주환경의 개선이었다면 그 것은 형태적 조형에 의해 실현되기보다 재료, 기술, 공법의 개발과 보급에 의한 것이다. 건축의 심미적 표현의 의미 역시 그러한 재료, 기술, 공법의 표현으로서 의미가 우선적인 것일 수밖에 없다. 기술과 재료가 부족할 때 그 보완을 먼저 추구하는 것은 사실상 가장 근대적인 발상이고 그렇게 추구된 기술적 면모를 건축표현으로 시도하는 것은 근대건축의 핵심을 붙잡는 일이 된다. 기존의 기술을 활용한 조형성의 추구와는 사실상 차원을 달리하는 접근인 셈이다. 서양의 근대건축을 받아들이고 나서 조형적 번안을 시도하는 것과 기술개발을 추구하여 그 기술의 표현을 추가하는 것과는 근대건축을 근본에서부터 다르게 이해하고 다른 가치를 추구한 것이다. 김정수의 건축은 그러한 측면에서 당시의 다른 건축가들과 건축 이해방식과 접근방식이 달랐다.

그는 평소에 건축의 과학화를 강조하였다. 과학화된 건축이라야 시대를 잘 반영한다고 주장하였다.('현대건축의 과학화', 〈한국의 건축가 김정수〉, 1983 참조) 그때는 과학화를 강조하는 것이 새로운 것이 아닌 만큼 상투적인 표현일 수도 있었겠지만 김정수의 경우에는 실제적으로 과학화를 적극적으로 시도한 경우이므로 가벼운 주장으로 넘기기 어렵다. 그는 건축에서의 과학과 기술의 도입을 혼자서 분투하듯이 만들어 적용하였다. 당시 다른 건축가가 기존 기술을 활용하는 차원에서 접근하였을 때 그는 새로운 기술의 도입과 시도를 건축의 목적으로 생각했던 것처럼 보인다. 유럽에서 근대건축이 태동될 때 전통적 기술에서 벗어나 새로운 재료와 기술의 활용이 근대건축의 가능성을 열었듯이 그도 한국의 근대건축 역시 형태적 조형보다 과학기술적 적용이 핵심 내용이 되어야 한다는 점을 읽었던 것 같다. 근대건축의 대중적 기여 역시 과학기술의 보편적 적용으로 가능해진다.

이렇게 볼 때 김정수는 다른 어느 누구보다도 '모더니스트'였다. 근대의 본래적 정신과 근대 사회의 요구에 능동적으로 부응한 사람이었다는 얘기다. 그가 살았던 시대에서 건축가로서 얼마나 대중적으로 인기가 있었는가는 사실상 다른 측면의 이야기다. 김정수는 당시의 사회 요구와 시대 흐름에 적절히 그리고 적극적으로 대응한 사람이었다. 당시 한국 건축계가 진정으로 필요로 했던 것은 형태적 조형성보다 근대적 기술의 보급과 기술의 건축적 적용에 의해 한국 근대건축의 가능성을 넓히고 그 혜택을 보다 많은 사람들이 받을 수 있게 하는 문제였다. 그가 서양의 근대에 대해서 또는 근대건축의 본래적 속성에 대하여 얼마나 알고 있었기에 그렇게 했는지는 알 수 없다. 우리 짐작으로는 그가 특별히 교육을 받거나 책을 읽거나 해서 방향을 그렇게 잡았다기보다는 그의 성향이 그러했고, 그가 걸어온 길이 그로 하여금 그렇게 하게 했고, 그의 여건이 그렇게 하게 했다고 보고 싶다. 어쨌든 그는 진정한 의미에서 모더니즘 정신에 충실한 모더니스트였다.

1950년대에서 70년대에 걸쳐서 우리 건축계에 김정수가 있었다는 것은 참으로 행운이다. 그는 다른 많은 사람들이 한쪽 길을 갈 때 혼자서 다른 길을 갔다. 혼자 서 있는 소나무처럼 그 길에서 흔들리지 않고 묵묵히 자기의 길을 갔다. 한국사회가 일제강점기가 끝나고 전쟁을 치른 후 아무 사회적 기반이 없는 상태에서 자기만의 기술을 개발하고 그것을 건축으로 표현해 내는 길을 갔다. 온화하면서도 고집스럽게 자신의 길을 갔다. 그 길이 어떤 길이었는지 그때는 아무도 정확하게 알지 못했을 것이다. 지금 돌이켜보면 그가 간 길은 우리 모두가 갈 수밖에 없는 길이었다. 지금 우리 건축 현황은 그동안 그러한 기술적 보강을 거쳐서 가능했던 길을 가고 있다. 그가 강의시간에 미네소타대학 시절을 회상하며 했던 얘기가 생각난다. "다들 카메라 들고 건물 사진 찍으며 기분만 내려고 그러지, 아무도 나처럼 시공현장이나 재료공장에 가서 실무적인 것을 견학하고 배우려고 하지를 않아." 한국의 근대건축은 그가 갔던 길을 따라가면서 결국 지금에 이르렀다. 우리가 피할 수도 건너뛸 수도 없는 길이었다. 한국사회가 근대사회가 되기 위해서도 그렇지만 한국건축이 근대건축이 되기 위해서도 지나칠 수 없었던 길을 혼자서 묵묵히 걸어갔다. 그는 자기가 살았던 시대의 분위기와 상황을 읽고 누구보다 적극적으로 대응하였다. 아무도 열심히 동조해주지 않는 길을 혼자서 처절하리만큼 힘들게 갔다. 그의 묵직하고 외로운 발걸음을 우리는 그리워하고 또 고마워한다.

건축가 김정수,
사회를 향한 건축을 하다

글_ 안창모 경기대학교 건축대학원 교수

김정수는 작품을 통해서 쉽게 이해되는 건축가가 아니다. 그의 건축이 학교건축에서 종교건축과 병원건축 그리고 체육시설 등 다양한 장르에 걸쳐 있기 때문도 아니고, 그의 작품이 고도의 철학적 사유를 담고 있어 대중과 거리를 두고 있기 때문도 아니다. 오히려 너무나 평범해 보이는 그래서 누가 보아도 쉽게 이해하기 쉬운 모습으로 다양한 건축유형의 건축물이 지어졌기 때문이다.
우리와 항상 함께 있었을 것 같은 익숙한 모습의 건축이 존재하기 위해서는 누군가가 처음 시작했고, 그것을 보편적 가치로 만든 이가 있었다는 사실을 우리는 너무 쉽게 잊어버린다.

김정수의 작품에는 최초라는 수식어가 누구보다 많이 붙어 있다. 최초의 알루미늄 커튼월 건축인 구 성모병원, 최초의 실내체육관인 장충체육관, 최초의 모던한 서구식 쇼핑몰 공간으로 지어진 신신백화점, 최초의 프리캐스트 콘크리트 패널 공법의 근린생활시설인 동교동빌딩, 최초이자 유일한 국회의사당 등등.

그러나 그의 '최초'가 여느 '최초'와 구별되는 것은 보편적 가치를 획득했다는 점이다. 누구나 새로운 시도를 할 수 있는 것은 아니지만, 혹여 새로운 시도를 한다고 하더라도 그것이 보편적 가치를 획득하는 것은 보통 지난한 일이 아니다.

오늘날 널리 사용되고 있는 다종 다양한 인조석 외장재 중 하나인 연석(研石)을 처음 개발해서 보급한 사람이 김정수였고, 사무소 건축의 외벽에 보편적으로 사용하고 있는 건식공법의 하나인 프리캐스트 콘크리트 패널을 사용한 공법을 처음 실험하고 그것으로 특허까지 획득한 사람이 건축가 김정수였다. 그리고 현대도시의 경관을 주도하고 있는 알루미늄 커튼월을 전면적으로 도입한 건물을 처음 설계한 사람 역시 김정수였다.
그런데도 불구하고 건축가로서 김정수의 위상은 한국 건축계에서 그다지 뚜렷해 보이지 않는다. 그 이유가 무엇일까? 그것은 건축가를 평가하는 우리 시각의 편향성 때문이다.

우리는 건축에 입문하면서 '건축은 사회적 존재'라고 배웠고, 그래서 건축을 통해 사회에 기여할 수 있다는 생각에 건축에 대한 자부심을 한껏 키웠지만, 현실에서 건축이 너무나 비사회적인 존재라는 사실을 확인하는 것은 어렵지 않다.

우리는 건축을 배울 때 '건축은 사용자를 향해야' 한다고 배웠다. 그래서 우리는 이 말을 금과옥조처럼 여기고 있지만, 건축가의 작업이 사회보다는 '건축가 자신을 위한 건축'이 되어버리는 모습을 쉽게 목격한다.

건축역사나 비평 역시 마찬가지다. 소위 명품건축 중심의 건축평론이나 역사서술의 중심에는 건축가가 중심에 있을 뿐이다. 건축가뿐 아니라 비평가나 역사학자조차 건축물의 미학적 가치에 중점을 둘 뿐 사회적 존재로서의 건축 가치를 스스로 외면하고 있는 것이 현실이다. 이는 작가주의 건축가의 존재가치는 크게 부각시키지만, 사회와 함께하는 건축의 가치는 평가 밖에 존재할 수밖에 없는 현실을 잘 보여준다. 김정수가 동시대를 살았던 김중업, 김수근에 비해 평가받지 못하는 이유가 바로 여기에 있다.

건축가 김정수의 삶에는 우리나라 1세대 현대건축가의 삶이 모두 담겨 있다. 일제강점기에 엘리트로서 건축 교육을 받고, 졸업 후 관청에서 건축실무를 경험하다 해방을 맞이해서 미군정청과 행정부의 건축행정을 맡았고, 6.25전쟁 후에는 폐허가 된 도시와 건축의 재건을 떠맡은 세대가 바로 건축가 김정수세대다.

건축은 배웠지만 도시는 배우지 못했던 세대, 건축을 배워 설계에서 시공과 감리에 이르는 폭넓은 경험을 했지만 정작 자신의 책임하에 설계를 해본 적이 없는 세대, 건축을 학문이 아닌 기술로서 배웠던 세대, 건축의 사회적 책임보다는 기술자로서 도구적 삶을 몸으로 보여준 세대가 전후복구를 책임져야 했던 김정수 세대의 공통된 이력이다.

해방공간에서는 일본인이 떠난 자리를 메워야 했던 건축인들이 자신의 비전을 미처 준비하기도 전에 겪은 6.25전쟁으로 건축가들은 폐허화된 도시의 재건과 급속한 경제성장으로 과밀화된 도시 문제를 해결해야 하는 과제를 맡아야 했다. 여기에 우리 사회를 책임질 후속 세대 양성의 책무까지 맡겨졌다. 과제를 맡은 건축가들은 '건축 작가가 아닌 기술자를 원하는 사회' 속에서도 '건축은 문화이며 예술'이라는 가르침을 신념으로 삼았고, 그 신념에 충실했으나 '건축예술론'에 대한 사회의 반응은 싸늘했다.

건축가와 사회 사이에 이와 같은 극단적인 인식의 차이가 존재하던 시기에 김정수는 건축가로서, 기술자로서, 교육자로서의 삶을 살았다. 물론 김정수만이 이러한 삶의 조건하에서 살았던 것은 아니다. 김정수가 짊어졌던 짐은 동시대를 살았던 모든 건축인들에 똑같이 주어졌다. 그러나 자신에게 주어진 짐을 이고 가는 방법이 달랐고, 짐을 풀어놓는 방법도 각기 달랐다.

많은 이들은 건축가라는 직능에 대해 강한 프라이드를 갖고, '건축은 예술'이라며 스스로에게 채운 족쇄를 끊임없이 되뇌며 살았지만, 김정수는 '건축은 예술'이라는 족쇄에 얽매이지 않았다.

'건축은 예술'이라고 믿는 이들의 삶 속에서 서양의 모더니즘 건축은 삶이 아닌 자신들의 예술적 욕망을 재

워커힐 힐탑 바, 김수근 작   프랑스 대사관, 김중업 작

현하는 형식이었지만, '건축'을 사회가 자기에게 부여한 과제라고 생각한 이에게 모더니즘 건축은 당대의 문제를 풀어야 할 실천 양식이었다.

이러한 상반된 태도는 건축가의 삶도 다르게 만들었다.

해방 전 관청에서 근무하던 건축인들은 해방 후에도 자신이 근무하는 부서의 책임자가 되었으며, 해방공간과 전쟁 직후 복구사업이 본격화되면서 건설산업이 호황을 누리자 많은 건축인들이 건설청부업으로 진출했다. 이 과정에서 해방 전에 자신의 작품을 남긴 바 있는 많은 선배 건축인들이 건설청부업으로 진출했고, 김정수 역시 예외가 아니었다.

전후복구는 경제적으로 곤궁하던 시절에 건축인들에게는 일거리를 가져다준 더할 수 없는 기회였으나, 건축가를 필요로 하지 않는 전후복구기의 쏟아지는 건축 물량은 모든 건축인들로 하여금 건설업에 몰입하게 만들었다. 이로 인해 해방 후 10여 년간 건축가는 이 땅에서 존재가 사라졌다.

사라진 것은 건축가뿐이 아니었다.

건축교육의 근간도 붕괴되었다. 해방 후 도입된 4년제 대학교육에서의 건축교육 과정은 '고등공업학교'의 연장선상에서 이루어졌지만, 교수진 부족과 열악한 교육환경은 부실한 건축교육을 논하는 것 자체를 의미없게 할 정도였다. 건축이 예술이고 싶어도 예술로서의 건축을 가르칠 수 있는 교육여건이 아니었다. 그렇다고 기술로서의 건축교육 역시 제대로 이루어졌다고 할 수도 없었다.

대학에서의 교육 수준은 '건축이란 무엇인가?'에 입문하는 수준의 교육이 이루어졌다고 해도 과언이 아닐 정도였다. 그래도 '건축=예술'이라는 관념은 살아남았다.

건설청부업에 몰입했던 건축인들이 다시 건축가로 부활하는 데는 전후 응급복구가 끝난 후에 이루어진 미국을 비롯한 외국 원조에 의한 복구사업이 물리적인 범위를 넘어 건축교육시스템 정비로 확대되면서부터다. 전

정부 홍보물에 실린 연석을 사용한 70년대 문화주택   연석관련 광고

후복구 사업외에 교육제도의 복구와 4년제 건축교육제도의 구축을 위한 해외 연수프로그램이 도입되었다. 전후복구사업의 중심에 중견 건축인들이 있었다면, 외국연수의 기회는 젊은 건축인들에게 주어졌다. 선택된 젊은 건축인들에게는 전후복구사업을 위한 기술습득과 교육시스템 구축을 위한 외국연수 기회가 주어졌는데, 김정수도 그중 한 사람으로 선발되어 미국의 미네소타대학교에 유학할 수 있는 기회를 가졌다.

미국연수는 건축가 김정수의 건축 삶을 바꿔놓았다.

전후복구와 경제개발을 책임질 인력에 대한 사회적 수요가 급증하면서 많은 대학이 설립되었으며, 많은 대학에 건축과가 설치되었다. 이로 인해 현업의 많은 건축인들이 학교에서 교육을 담당했는데, 특히 외국연수 기회를 가졌던 건축인들의 학교진출이 두드러졌다. 1950, 60년대 한국 현대건축을 대표하는 건축가 김중업과 김수근 역시 학교에서 가르쳤다. 이들은 모두 외국에서 수학하였지만, 김중업이 달랐고, 김수근이 달랐다. 그리고 늦깎이 유학생이었던 김정수는 이들 모두와도 달랐다.

건축작품을 살펴보면 김중업과 김수근의 경우 그들의 지향점은 모두 그들이 수학했던 나라의 선생에 있었음을 쉽게 알 수 있다. 그런데 김정수는 달랐다. 김정수는 빼어난 건축가 한 사람을 선생으로 모시지 않았다. 사람을 선생으로 삼지 않고, 미국의 건축산업과 건축을 선생으로 삼았다.
김중업에게는 르 꼬르뷔제가 있었고, 김수근에게는 가깝게는 단게 겐조와 마에카와 쿠니오 멀리는 프랭크 로이드 라이트가 있었다. 세계적인 거장을 선생으로 둔 김중업과 김수근은 합리주의에 기초한 기능주의 건축에 몰입되어 있던 이 땅의 건축인들에게 워커힐의 '힐탑 바'와 '프랑스 대사관'을 통해서 건축이 조형예술임을 일깨워주었다.
그러나, 세계적 거장을 지향점으로 삼았던 건축가들의 작업에서 작가로서 개인적 고민과 성취는 읽히지만, 우리 사회가 당면했던 고민을 읽기란 매우 어렵다. 이에 반해 건축가가 아닌 미국이라는 사회를 선생으로 삼았던 김정수의 경우 미국의 건축을 우리의 건축 현실에 대입시켰고, 선진건축과 우리건축의 차이를 메우는 작업에서 자신의 역할을 찾았다. 그 과정에서 자신의 존재는 자연스럽게 숨겨졌다. 이러한 지향점의 차이가 만들어낸 결과는 너무 달랐고, 건축계에 미친 영향 역시 달랐다.

김정수가 남긴 미국유학생활의 기록 중에는 건축재료 생산공장 견학과 현장 견학에 대한 기록이 유난히 많이 남아 있는 점이 눈에 띈다. 특히 Vermiculite 생산공장이나 Cast Stone 공장 그리고 Anderson 창호공장 등에 대한 시찰은 귀국 후 연석 개발이나 커튼월 창호 디자인에 큰 영향을 미친 것으로 판단된다.

장충실내체육관 철골구조

대부분의 건축가들의 자신의 조형의지 구현에 혼신의 노력을 다할 때, 김정수는 재료를 개발하고, 새로운 구법에 대한 실험을 하였으며, 동시대 국제적 디자인의 흐름과 함께하기 위한 노력에 힘을 기울였다. 그 결과는 연석 개발과 공업화 건축에 대한 실험 그리고 국제주의 건축의 한국적 번안을 통한 조형의지 구현으로 나타났다.

첫 번째가 연석의 개발이었다. 연석은 서양의 애슐라 돌쌓기를 시멘트로 재현해낸 인공건축재료다. 1950년대 후반 우리나라에는 벽돌과 타일 그리고 새로운 건축경향으로 소개된 노출콘크리트 외에는 마땅한 건축외장재가 없던 시절이었다. 노출콘크리트가 새로운 건축경향이기는 했지만 노출콘크리트의 사용이 일반에 쉽게 받아들여지기 어려운 시절에 외장재는 벽돌과 타일이 전부라고 할 수 있었다. 건축재료의 불비가 건축가의 표현을 제한할 수밖에 없는 현실에서, 자연석을 재현해낸 연석의 개발은 건축외장재료의 선택 폭을 넓혀주었을 뿐만 아니라 다양한 채색을 통해 건축물의 표정을 풍부하게 만들었다. 연석은 중소 규모의 사무실과 상가건축을 비롯해서 주택 등에 광범위하게 사용되었다.

두 번째는 구법이었다. 김정수의 '연석' 개발이 건축 표피 문제를 해결하기 위함이었다면, 구법은 표피와 공간의 문제를 모두 다루고 있다. 김정수의 건축에서 나타나는 구법은 2가지로 구분되는데, 하나는 새롭게 등장한 대공간 구조물을 위한 건축구조 문제였고, 다른 하나는 공업생산력을 이용한 건축생산 문제였다.

김정수는 장충동에 실내체육관을 설계하면서, 대공간 구조물 설계를 위해 처음으로 철골구조를 도입했는데, 구조의 기술적인 문제는 최종완의 도움으로 해결되었다. 유선형의 날렵한 매스로 구성된 장충체육관은 하부의 철근콘크리트 구조 위에 32개의 철골트러스와 13개의 환상형 트러스로 상부구조가 구성되었으며, 지붕은

동교동 빌딩 시공모습

동교동 빌딩 외벽 패널 시공 모습

풍문여자고등학교 과학관

연세대학교 학생회관 전경

알루미늄 쉬트로 마감되었다.

철골구조를 사용한 두 번째는 서울스포츠센터 건립에서였다. 실내 빙상경기장으로 지어진 서울스포츠센터는 장충실내체육관과 같은 원형 돔과 장방형 평면에 철골트러스로 지붕을 갖는 아이스링크가 검토되었지만, 장방형 평면을 가진 철골트러스 구조가 선택되었다. 이후 체육시설뿐 아니라 공장건축물 등 대공간에서 철골구조 사용이 보편화되었다.

그러나 체육시설에 사용한 철골구조가 대공간구조물 설계에 사용되었다는 사실 이외에 특별히 건축가 김정수를 이해하는 데 중요한 단서를 제공해주지 않는 데 반해 프리캐스트 콘크리트 구법에 대한 실험과 실천은 건축생산시스템에 대한 도전이라는 측면에서 중요한 의미를 갖는다.

일찍이 전후 복구사업에서 대한주택공사 주도로 공업화 건축을 통해 주택부족 문제를 해결하려는 시도가 있었지만, 사무소와 상가건축에서 공업화건축을 시도한 예는 없었다. 건축의 생산성에 관심이 많았던 김정수는 급증하는 건축의 사회적 수요에 대응하기 위해서는 공장생산을 통한 건축공급이 필요하다고 판단했고, 이는 곧바로 실천으로 옮겨졌다. 프리캐스트 콘크리트 공법에 대한 첫 시도가 이루어진 것은 자신의 주택 겸 병원 용도로 설계된 동교동빌딩이었다.

고딕건축양식의 명동성당과 대비를 이루고 있는 성모병원

수작업에 의한 커튼월

동교동빌딩에서 김정수는 시공성을 고려한 적정 크기의 패널과 패널의 강도를 높이기 위한 패널 디자인 등에 대한 실험을 했고, 그 결과는 프리캐스트 콘크리트 외벽 패널 공법의 특허 출원으로 이어졌다. 공업화 건축에 대한 실험은 풍문여자고등학교 과학관에서 완성되고, 연세대학교 학생회관에서 미학적 수준에 도달하게 된다. 특히 연세대학교 학생회관에서는 미션스쿨의 이미지를 건축물에 구현하는 것이 과제였는데, 연세대학교 학생회관은 전통적인 교회의 이미지와 공업생산에 기초한 현대건축의 디자인 감각이 조화된 결과다.

연세대학교 학생회관은 테크놀로지와 조형성을 동시에 지향하는 김정수의 테크놀로지의 조형적 완성을 가장 잘 보여주는 예라고 할 수 있다.

김정수의 공업화건축에 대한 도전은 그가 학교에 근무했기 때문에 가능했던 부분이기도 하다. 김정수는 학교에서 건축설계 이외에 구조와 시공을 함께 가르치면서, 급증하는 건축에 대한 수요를 충족시키기 위한 건축 생산시스템 개선을 위해 공업화건축을 연구한 결과다. 구조나 시공을 전공자가 아닌 건축가에 의한 구법 연구와 실천은 건축가 김정수의 지향하는 바가 무엇이었는지를 가장 잘 보여주는 예라고 할 수 있다.

세 번째는 국제적 수준으로 도약하고자 하는 디자인에 대한 의지다. 구명동성모병원은 국제적 수준의 작품에 대한 강한 의지를 드러낸 작품이었다. 김정수가 명동성모병원에서 시도했던 알루미늄 커튼월 디자인은 20세기 산업혁명을 겪으면서 공업기술미학에 기초한 새로운 건축디자인 패러다임의 상징이었다.

그러나 알루미늄 바를 생산할 능력이 없던 우리나라에서 알루미늄 커튼월에 대한 도전은 디자인과 따로 생각할 수 없는 재료와 구법의 문제가 일체화된 해법을 요구하는 문제였고, 여기서 김정수는 공업기술미학의 정수라고 할 수 있는 커튼월 디자인을 크래프트맨십에 의해 구현하였다. 김정수는 알루미늄 바를 대신하는 디테일을 직접 고안했고, 알루미늄 쉬트를 접고 두들겨서 알루미늄 커튼월을 만들어냈다. 따라서 엄밀한 의미에서 오늘날의 커튼월은 아니었고, 알루미늄 커튼월 외관을 갖는 창호디자인이었다고 할 수 있다.

명동성모병원은 준공 후 건축계에는 기존 명동성당과 극단적으로 대비되는 외관이 이슈가 되었는데, 이에 대해 김정수는 "명동성당과의 조화보다는 현대와 고전의 대비"가 자신의 디자인 의도였으며, "자동차를 망치로

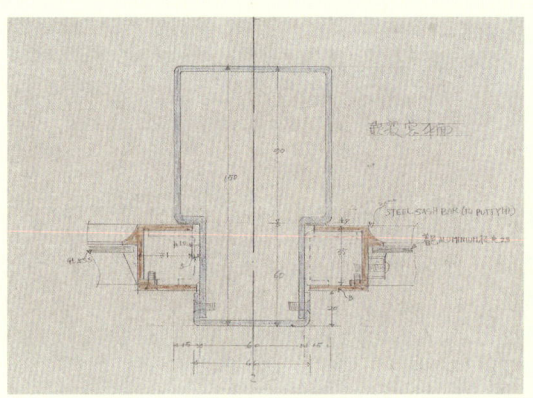
수작업에 의한 창호 멀리언 상세도, 배재대학교 본관

명동성모병원 멀리언 상세

두드려 만드는 식으로 손으로 두드려 만든 알루미늄 커튼월일 망정 한 번 시험적으로 시도해본 것"이라고 명확하게 자신의 의지를 밝힌 바 있다.

알루미늄 쉬트를 접어서라도 커튼월의 미학을 구현하겠다는 김정수의 의지는 1955년 이미 드럼통을 펴서 시발자동차를 만들어 한국자동차 산업의 새로운 기원을 개척한 국제차량공업사의 성공에 힘입은 바가 컸을 것이다.

시발자동차

김정수의 성공은 척박한 건축생산시스템의 한계를 극복하고자 하는 건축가의 실천의지가 어느 정도였는지 짐작케 하는 부분이다. 명동성모병원에서의 성공 이후 김정수는 많은 프로젝트에서 금속제 커튼월 디자인을 시도했지만, 실제로 지어진 경우는 많지 않았다.

배재대학교 본관이 대표적인 예다. 배재대학교의 경우 전체 매스는 당초 설계대로 지어졌지만, 창호 디자인은 설계와 다르게 지어졌다. 현존하는 1959년 배재대학교 창호 멀리온 디테일 도면은 알루미늄 바의 디테일이 수작업에 의해 어떻게 만들어졌는지를 잘 보여준다.

창호 멀리온 디테일에서 멀리온은 알루미늄 쉬트를 접어서 만들었지만, 창틀은 철제로 만들어졌다. 이는 명동성모병원이 멀리온과 창틀 모두 알루미늄 쉬트를 접어서 만든 것과 비교된다. 이는 접는 면의 폭이 좁은 창틀의 경우 두꺼운 알루미늄 쉬트를 접는 것이 용이하지 않았기 때문으로 판단된다.

명동성모병원에서 자신감을 얻은 김정수는 여러 학교건축과 사무소 건축을 설계하면서 다양한 커튼월 디자인의 조적조 번안 또는 콘크리트 번안을 시도하였다. 그중에서 벽돌이나 콘크리트에 의한 번안은 도면상으로는 금속제 커튼월 디자인과 구분되지 않을 정도로 완벽했지만, 도면의 상세를 따르지 못하는 현장 여건으로 인해 지어진 건물 중(이화여자고등학교 교사, 수도여자사범대학교사 등)에서 도면에 따라 제대로 조적조와

배재대학 본관, 커튼월로 디자인된 배재대학 본관 투시도

준공 후 동덕여대 본관시절 모습, 커튼월이 일반 창호로 바뀌었다.

콘크리트조로 번안된 커튼월 디자인은 많지 않다. 그 중에서 대한화재빌딩과 한일빌딩은 커튼월 디자인의 콘크리트 번안 중 수작으로 꼽힌다.

명동성모병원보다 2년 늦게 지어진 남산의 원자력 병원은 커튼월 디자인을 전면적으로 사용하지는 않았지만, 단순한 입방체에서 돌출부 없이 커튼월 창호와 벽면의 구성만으로 완벽한 모더니즘 건축의 미학을 구현해 낸 작품이다. 김정수가 합리주의에 기초한 기능주의 건축디자인을 많이 남겼지만, 조형적 건축어휘 구사를 외면했던 것은 아니었다. 단지, 해당 건축이 필요로 하는 우선순위에 대한 생각이 달랐을 뿐이다.
명동성모병원의 현관 캐노피와 수원농사원 본관의 현관 캐노피의 구성과 곡선처리는 김정수 건축이 동시대 오스카 니마이어로 대변되는 제3세대 건축가 그룹의 건축흐름을 충분히 인지하고 있었음을 보여준다.

1960년 김중업과의 대화에서 성모병원과 같이 전형적인 국제주의양식의 건축디자인도 한국 사람이 지으면 한국적일 수밖에 없다는 입장을 표명했던 김정수지만, 국회의사당을 설계하면서 한국건축에 대한 그의 입장에 큰 변화가 생겼다. 그는 「공간」에 게재한 '국회의사당 설계전모' 글을 통해서 "해방 후 오늘날까지 우리들은 국제 선진국에 비하여 뒤떨어진 것을 보충하기에 여념이 없어 우리의 것을 공부할 시간적 여유가 없었던 것은 사실이지만 이제부터는 우리의 것을 찾아야 할 때가 왔다는 것을 말할 수 있으며, 특히 우리 건축계의 젊은 후진들에게 충고하고 기대하고 싶은 마음 간절하다"고 밝히고, 국회의사당 설계를 마치면서 한국건축에 대한 연구의 필요성을 절감했다고 밝힌 바 있다.
모더니스트였던 김정수가 1975년에 '한국의 종교건축에 관한 연구'로 박사학위를 받은 것도 그 연장선에서 이해된다. 김정수는 1983년 '한국건축의 족적과 미래상'을 주제로 한 종강 강의에서 "이제 우리들은 우리의 것을 되찾기 위하여, 또 우리의 순수성을 되살리기 위하여 동양건축 가운데 한국 전통의 미와 아름다움을 가미시킨 현대건축을 재창조하여 한민족의 우수성을 온 세계에 알려야 할 것이다"라면서 확실하게 달라진 모습을 보였다.
이러한 김정수의 변신은 국회의사당이라고 하는 한 나라를 상징하는 건축물을 설계해야 한다는 부담 속에서

남산 원자력 병원   농촌진흥청 본관

형성된 측면이 강하지만, 한편으로는 경제성장과 함께 서구의 것으로는 채워지지 않는 무엇인가를 우리 것에서 찾아야 한다고 생각했던 듯하다.

김정수의 건축작업은 미네소타대학교 연수에서 돌아온 이후 10년에 집중되어 있는데, 이 시기는 전후복구기와 제1차 경제개발5개년 계획기간과 일치한다. 한국경제가 제1차 경제개발계획을 성공적으로 마무리하면서 고도성장의 기반을 구축했다는 사실을 감안할 때, 1960년대 초 김정수의 재료와 구법에 대한 실험은 한국 현대건축의 성장을 위한 기본기를 갖추는 시기의 의미있는 작업이었다고 할 수 있다.

김정수의 건축작업이 1960년대 중반 이후 현저하게 감소한 것은 1960년대 교수의 설계활동이 법적으로 금지된 영향이 크지만, 다른 한편으로는 지난 10년 동안 김정수가 개인적으로 시도했던 재료의 개발과 구법에 대한 실험 등이 성장한 산업구조 속에서 사회의 역할로 돌려졌기 때문이기도 하다.

시대가 요구하는 건축에 대한 정확한 이해와 그에 대한 해법 제시는 건축가 김정수가 갖고 있는 가장 중요한 부분이라고 할 수 있을 뿐 아니라, 김수근이나 김중업과 비교되는 부분이기도 하다. 일반적으로 김중업과 김수근이 한국 현대건축을 대표한다고 이야기되지만 그들은 전후복구와 경제개발기에 자신들에게 주어진 기회를 사회적 요구에 대한 실천보다는 작가적 의지의 구현에 사용했는데 반해, 김정수는 사회가 요구하는 건축이 무엇인지에 대한 통찰력과 함께 실천력을 가지고 있었던 건축가이다.

비록 작가주의 작품을 중심에 놓는 한국건축계의 편향성으로 인해 김정수는 점차 잊혀진 건축가가 되고 있지만, '사회를 향해야 한다'는 건축의 기본과 존재의의를 실천에 옮긴 김정수의 건축작업은 겉으로 드러난 이상의 가치를 지니고 있다.

누군가가 만들어놓은 재료와 구법의 테두리 내에서 자신의 작업을 한정짓는 데 익숙했던 건축가들이 일반적이던 시절에 사회가 필요한 건축재료와 구법을 직접 연구개발하고, 자신의 작가적 의지를 구현하기 위해 망치질도 서슴지 않던 김정수의 도전과 실천은 한국 현대건축사에서 아무리 강조해도 그 가치가 바래지 않는 부분이다.

KIM JONG SOO

Works 작품편

시민회관	배재대학교 본관	풍문여자고등학교 과학관
신신백화점	종로 YMCA	연세대학교 학생회관
국제극장	장충실내체육관	연세대학교 중앙도서관
한일은행 광교지점	원자력 병원	연세대학교 종합교실
공보처 영화제작소	한남동 루터란 서비스센터	국회의사당
정신여자중고등학교 과학관	서강대학교 과학관	연세대학교 건공관
수원농사원 본관	동대문 실내스케이트장	서대문 장로교회
감리교 신학대학 본관	장충동 장로교회	한일빌딩
감리교 신학대학 예배당	서울예고 교사 및 이화여고 특별교실	공군본부
명동성모병원	대한화재해상회관	
수도여자사범대학 교사	동교동 빌딩	

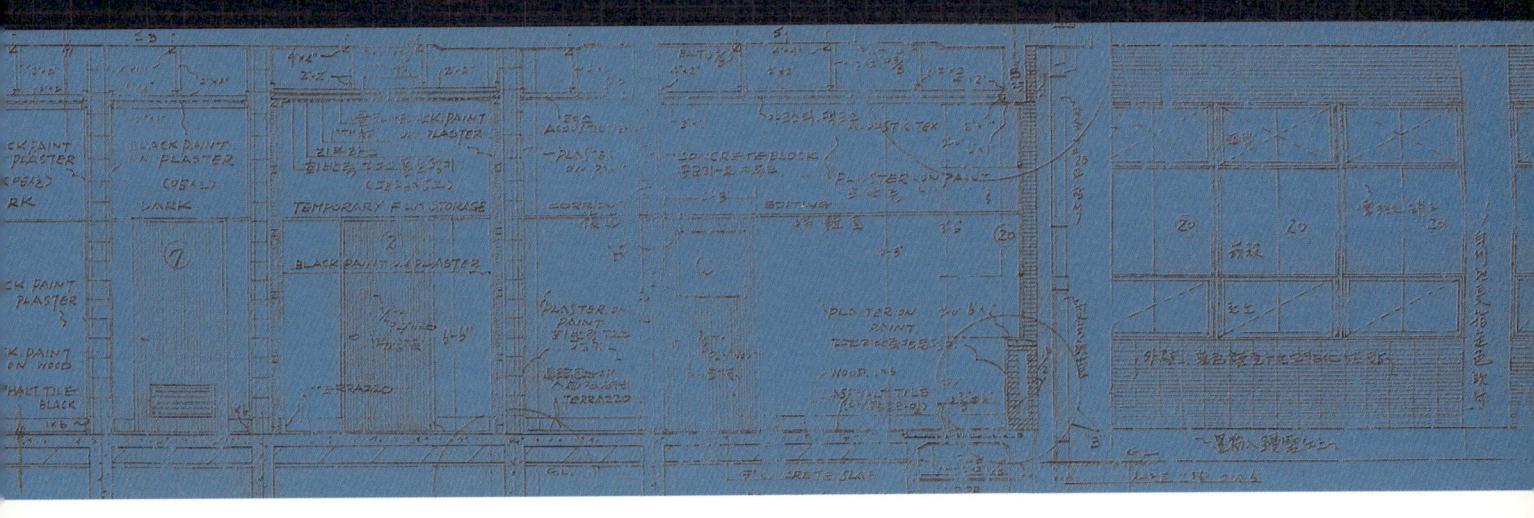

시민회관

1956
서울 종로구 세종로 1가

서울에 지어진 최초의 문화회관으로 이승만 대통령 80회 생일을 기념한다는 의미에서 우남회관으로 불렸다. 대지 3천 9백2평, 연건평 2천9백 평에 3천 7백 명을 수용할 수 있는 대강당과 3백 50명을 수용하는 소강당으로 구성되었다. 대강당과 타워의 매스 구성은 이전 시기 문화시설과 그 구성상 유사하나 커튼월의 전격적인 도입으로 구성된 타워와 정면의 디자인은 부분적이지만 우리나라에서 본격적인 커튼월 디자인의 등장을 예고하였다. 세종로에 면해 있으면서 주출입구가 남쪽에 위치한 것은 규모보다 협소한 대지로 인해 주출입구 전면에 광장을 확보하기 위함이었다. 1972년 12월 2일 MBC TV 10대 가수청백전 진행 중 화재로 전소하고 그 자리에 세종문화회관이 들어섰다. 시민회관은 이천승과 합작으로 운영한 종합건축의 시대를 연 작품이다.

□ 모형사진

□ 동아일보사에서 바라본 세종로. 시민회관과 중앙청(구 조선총독부 청사)이 보인다 _『대한민국정부기록 사진집 4』

□ 시민회관 전경. 시민회관 뒤로 한옥 동네의 모습이 이채롭다. (안창모 소장 사진)

□ 중앙청 방향에서 바라본 세종로와 오른편의 시민회관 _『대한민국정부기록 사진집 4』

□ 시민회관 전경, 1963년 _『사진으로 보는 서울 4』

□ 시민회관 객석

□ 시민회관 개관행사, 1996년 『사진으로 보는 서울 4』

신신백화점

1956
서울 종로구

한인 최초의 건축가인 박길룡에 의해 설계된 화신백화점이 백화점 재벌로 알려진 박흥식에 의한 해방 전 한인자본을 상징했다면, 신신백화점은 전후 복구기에 세워진 현대백화점의 새로운 유형을 제시한 건축이다. 공간구성은 물론 디자인에서도 신신백화점은 화신백화점과 비교된다. 화신백화점이 단일공간에 복합용도를 수용한 역사주의 양식건축의 틀을 벗어나지 못한 쇼핑센터였는데 반해, 신신백화점은 국내 최초로 쇼핑 몰의 공간구성 뿐 아니라 알루미늄 루버를 사용한 외관과 저층부의 쇼윈도우는 현대적 감각의 쇼핑센터 면모를 갖추고 있다. 전후 복구기에 가건물로 지어졌지만, 1984년 철거될 때까지 화신백화점과 함께 서울의 근대적 상업시설을 대표하는 상업건축이었다.

1930년대 한인상권을 대표했던 화신백화점(우측)과 마주한 신신백화점. 신신은 새로운 화신이라는 뜻으로 백화점 재벌이었던 박흥식의 재기를 위한 프로젝트였다.

신신백화점 전경 _『화신 50년사』

□ 신신백화점 전경 _『화신 50년사』

□ 신신백화점 쇼핑몰 _『사진으로 보는 서울 3』

□ 영화 '자유부인'의 무대가 된 화신백화점

국제극장

1957
서울

전후 복구기에 지어진 국제극장은 철제 창호에 의한 커튼월 디자인과 1,800석을 갖춘 스타디움형식의 관객석 구성으로 극장건축의 새로운 면모를 선보인 건축이다. 태평로변 주 출입구 입면의 유리커튼월과 신문로변의 콘크리트 외관의 매스 구성은 창고형 객석에 극장 홀이 위치한 전면부만 디자인되었던 기존의 극장건축과 구별되는 새로운 시도였다. 주출입구의 커튼월 디자인과 색채는 명동성모병원의 디자인과 동일하다. 한편, 외관의 모던함 못지않게, 내부 음향처리를 위해 코펜하겐 리브를 사용한 음향 처리와 흡음문 등의 디자인은 당시 극장건축의 새로운 전형이 되었다. 1985년 4월 14일 '사막의 라이온'을 마지막으로 폐관하고 철거되었다.

□ 국제극장과 신문로 풍경 _「대한민국정부기록 사진집 4」

국제극장 야경

□ 개관직전의 국제극장 모습. 건물 전체는 아니지만 전면에 커튼월을 사용했다.

□ 객석 아래 휴게실 「Welcome to Seoul 1962」

□ 국제극장 로비

□ 국제극장 야경. 상영 중인 영화 '인생 복덕방'은 1959년 개봉영화로 김승호, 박노식, 허정강 등이 출연했다.

한일은행 광교지점

1957
서울 중구 남대문로 2가

현존하는 구 한일은행 광교지점 도면은 군더더기 없는 간결한 매스의 디자인으로 지어지기까지 여러 가지 디자인이 검토되었음을 보여준다. 전형적인 신고전주의 건축양식의 디자인과 모던한 디자인 중에서 모던한 디자인이 선택되었는데, 이 디자인이 실시설계과정에서 더욱 단순 명료하게 정리되었다. 서양건축에서는 전통적인 패턴의 이미지를 가진 연석과 이탈리아 신합리주의를 연상시키는 절제된 모던한 입면의 디자인은 신뢰를 생명으로 하는 은행의 이미지가 일반적이던 당시로써는 매우 파격적이었다.

□ 한일은행 신축 당시 모습 1959년

□ 한일은행 광교지점_『한일은행 40년사』

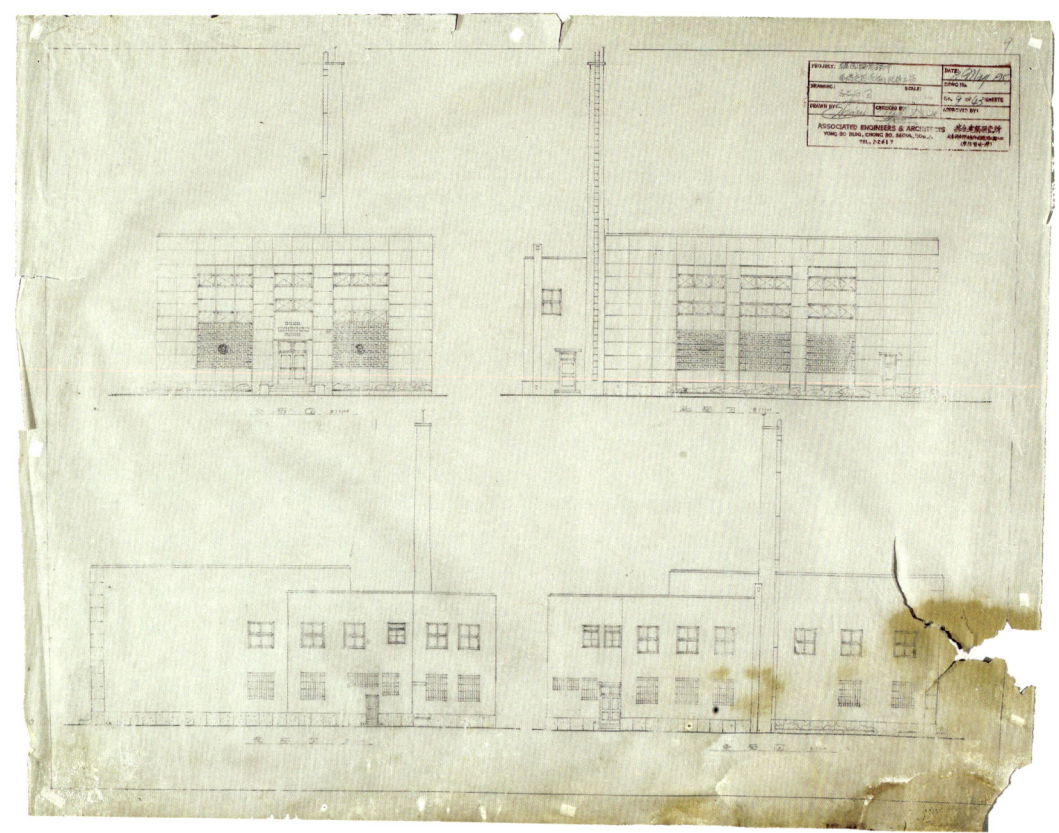

☐ 입면도

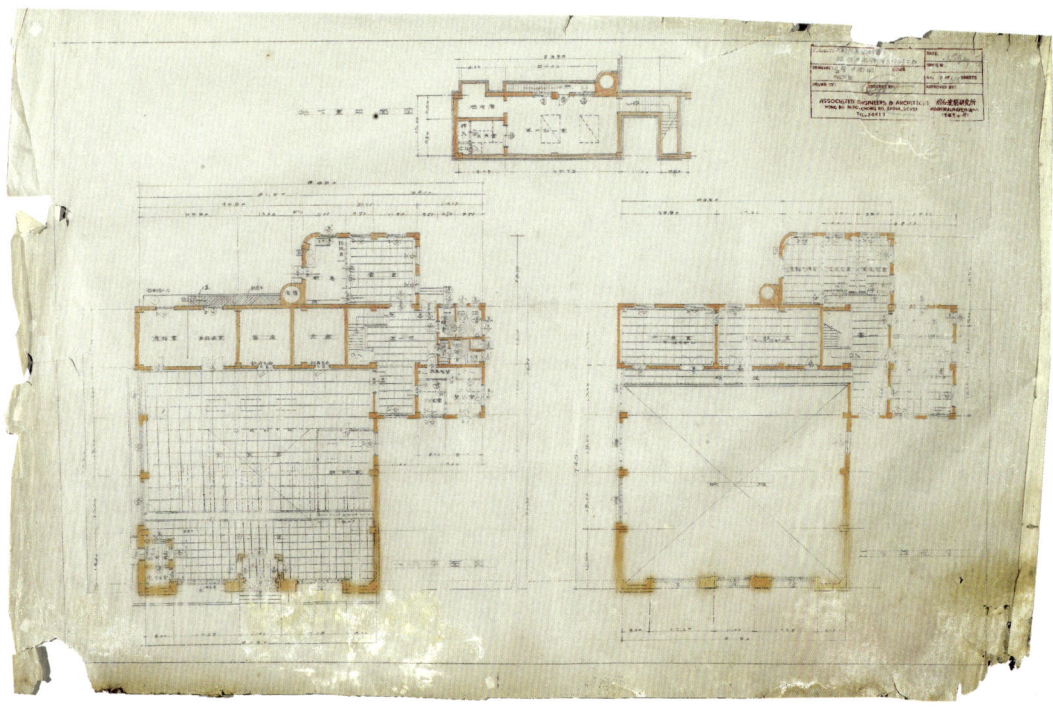

☐ 평면도

공보처 영화제작소

1957
서울

단순한 매스에서 볼륨과 면을 미세하게 조절하면서 디자인한 건물이다. 장방형 매스의 단조로움을 다양한 창호와 면 분할로 극복하면서도, 간결한 디자인을 위해 보를 감추기 위한 조적조 디테일을 사용하는 등 재료사용의 디테일이 돋보이는 건물이다. 별도의 현관 홀을 갖지 못할 정도로 밀도 있게 구성된 정방형에 가까운 평면을 가진 영화제작소는 연석으로 마감된 현관의 돌출된 날개 벽체가 진입의 방향성과 함께 내부공간의 밀도를 외부공간으로 분출시켜 내부공간의 긴장감을 완화해준다.

☐ 진입부 전경

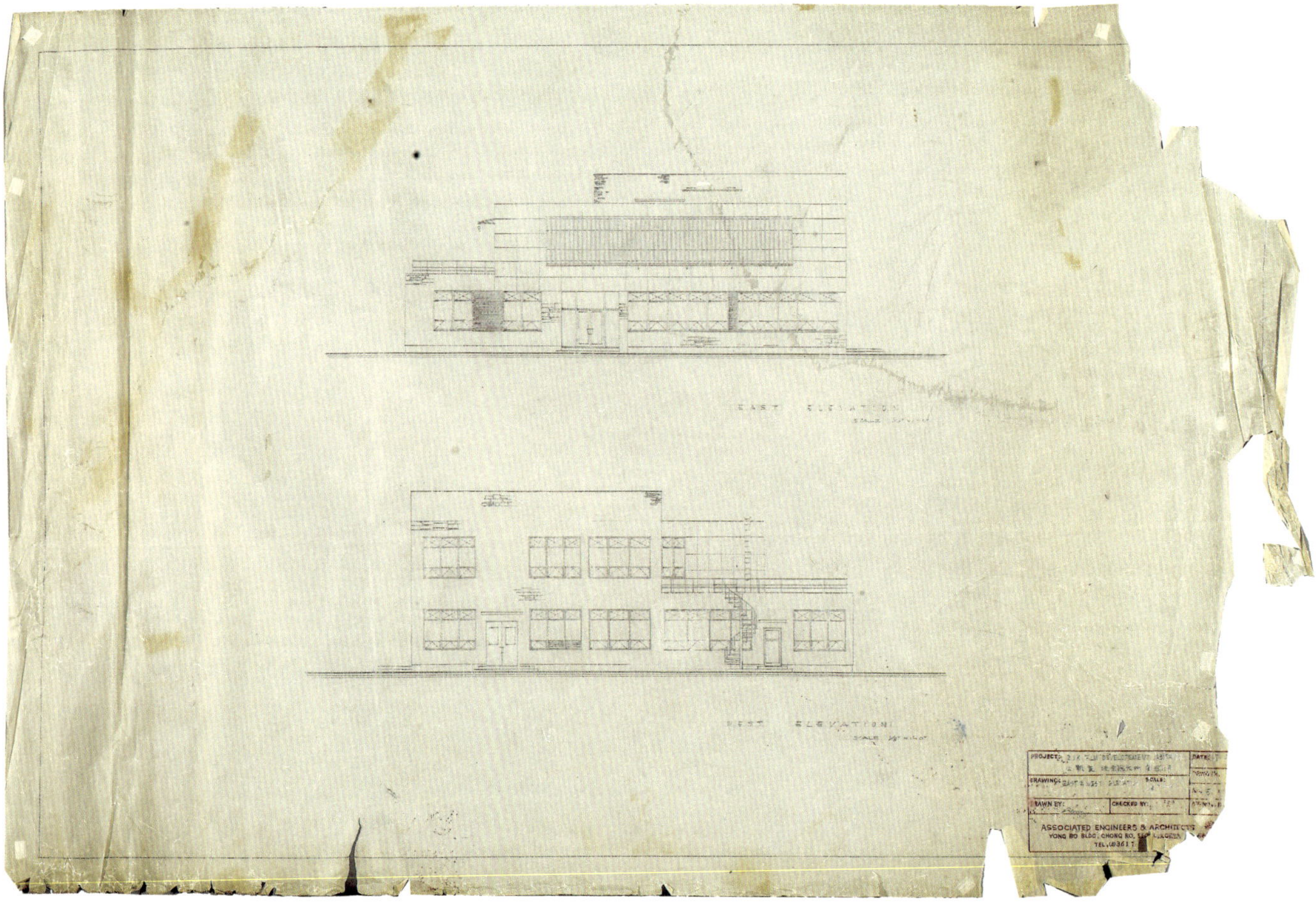

☐ 입면도

□ 현관

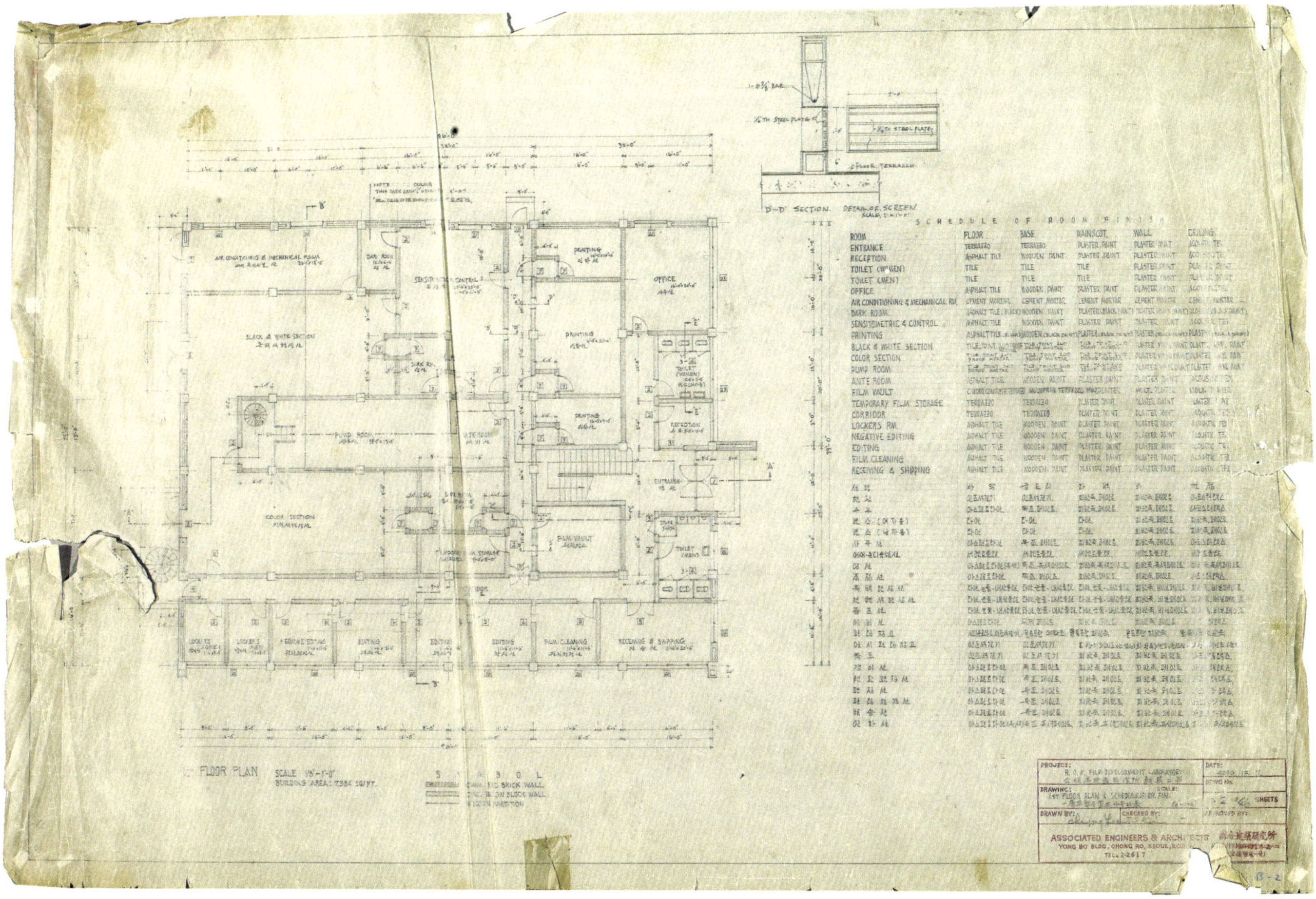

□ 평면도

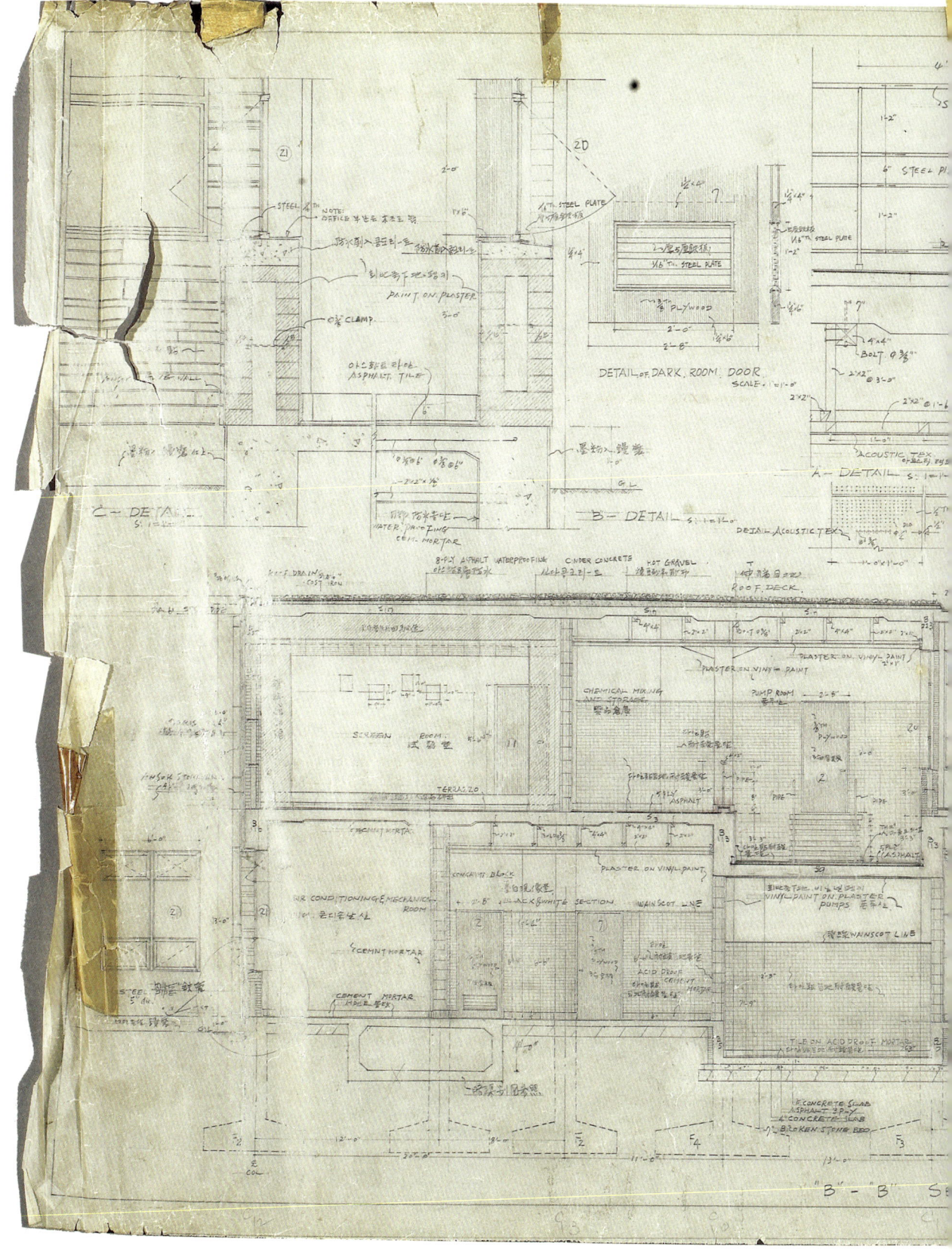

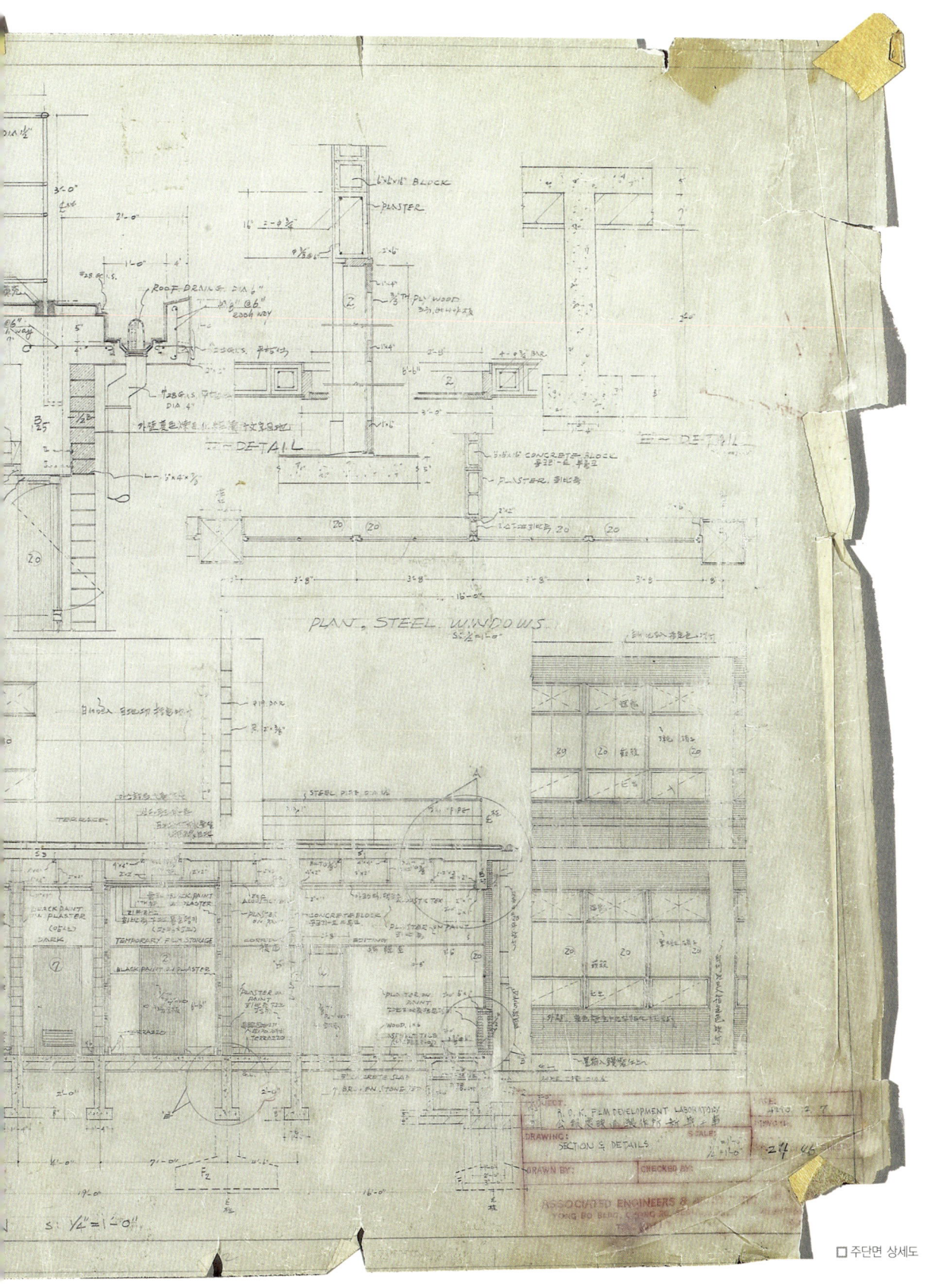

주단면 상세도

정신여자중고등학교 과학관

1958
서울 종로구

구 정신여고 과학관은 다른 커튼월 디자인을 한 저층부와 고층부의 매스가 각기 다른 방향성을 가진 건축이다. 여타 건축과는 달리 건물의 표피 디자인뿐 아니라 입방체에 기초한 근대건축 디자인을 동시에 추구하고 있다는 점에서 한국 모더니즘 건축의 가치를 높인 건축이다. 특히 운동장에 면한 저층부의 커튼월과 상층부의 콘크리트 입면 구성은 다른 재료의 사용에도, 절제된 비례에 기초한 명징한 입면구성을 갖고 있다. 건물의 규모는 작지만, 자신이 개발한 연석의 사용, 커튼월 디자인과 국제주의 건축디자인의 수용 등 김정수의 작품세계를 가장 잘 보여주는 작품이다. 김정수는 1960년 이 작품으로 서울시 문화상을 받았다.

□ 두 방향의 상이한 매스 구성

□ 전경

□ 저층부 매스

□ 저층부 출입구와 커튼월 창호

□ 스틸 커튼월

□ 신축 당시 스틸 커튼월 모습 _『현대건축』, 1961년 4월호

□ 화장실동 _『현대건축』, 1961년 4월호

□ 화장실동(현재 모습)

□ 체육관

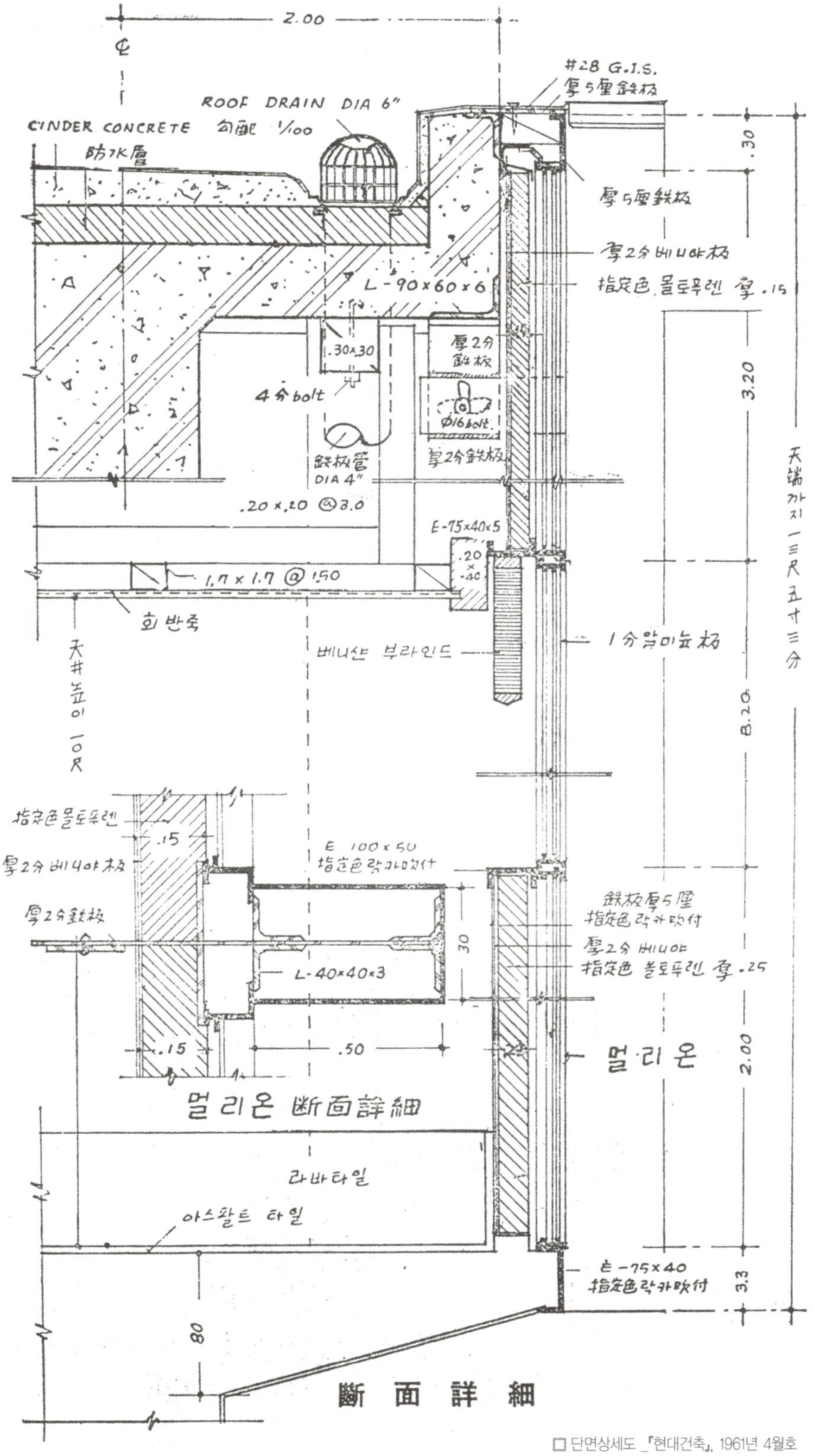

교실 입구

단면상세도 _ 『현대건축』, 1961년 4월호

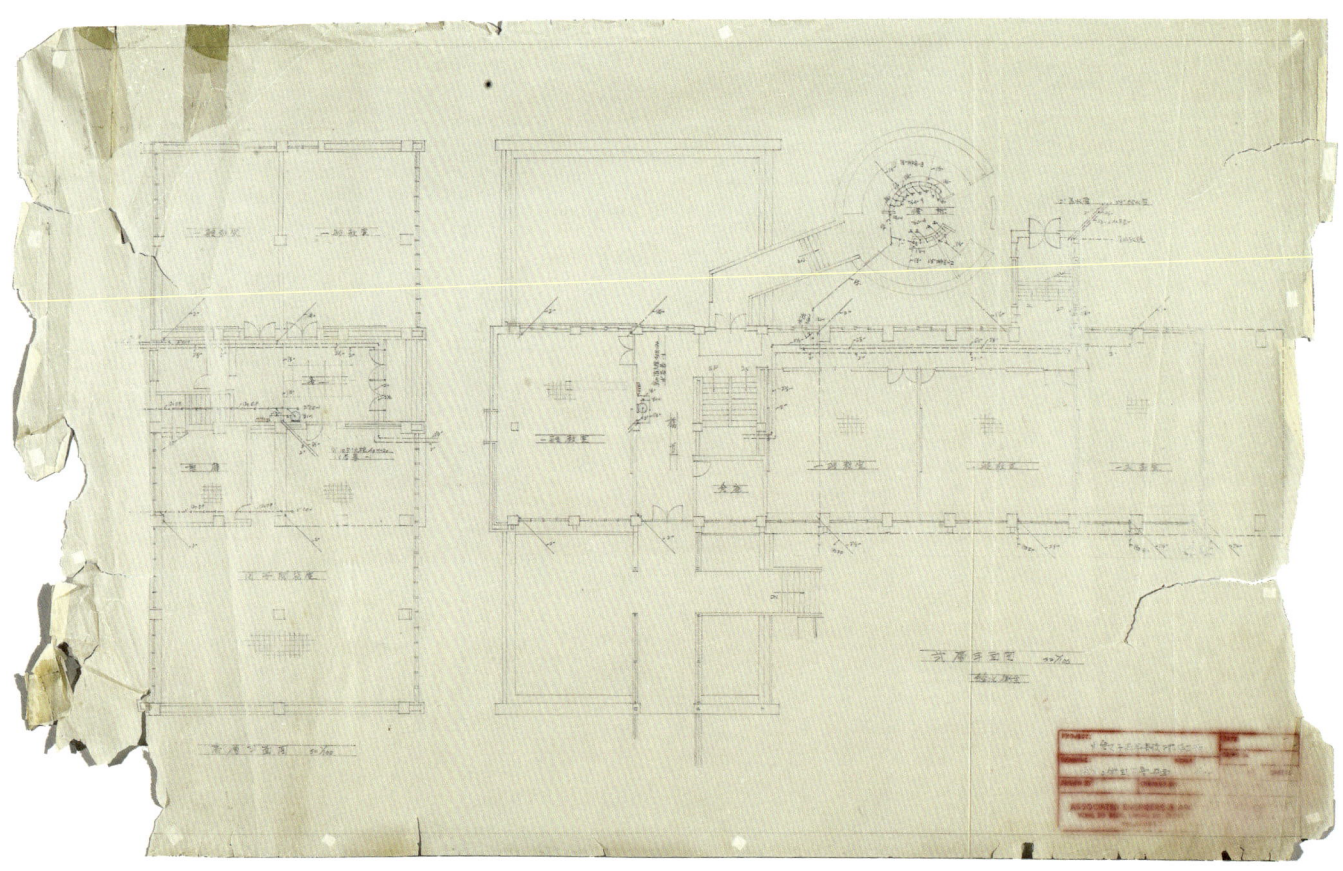

□ 평면도

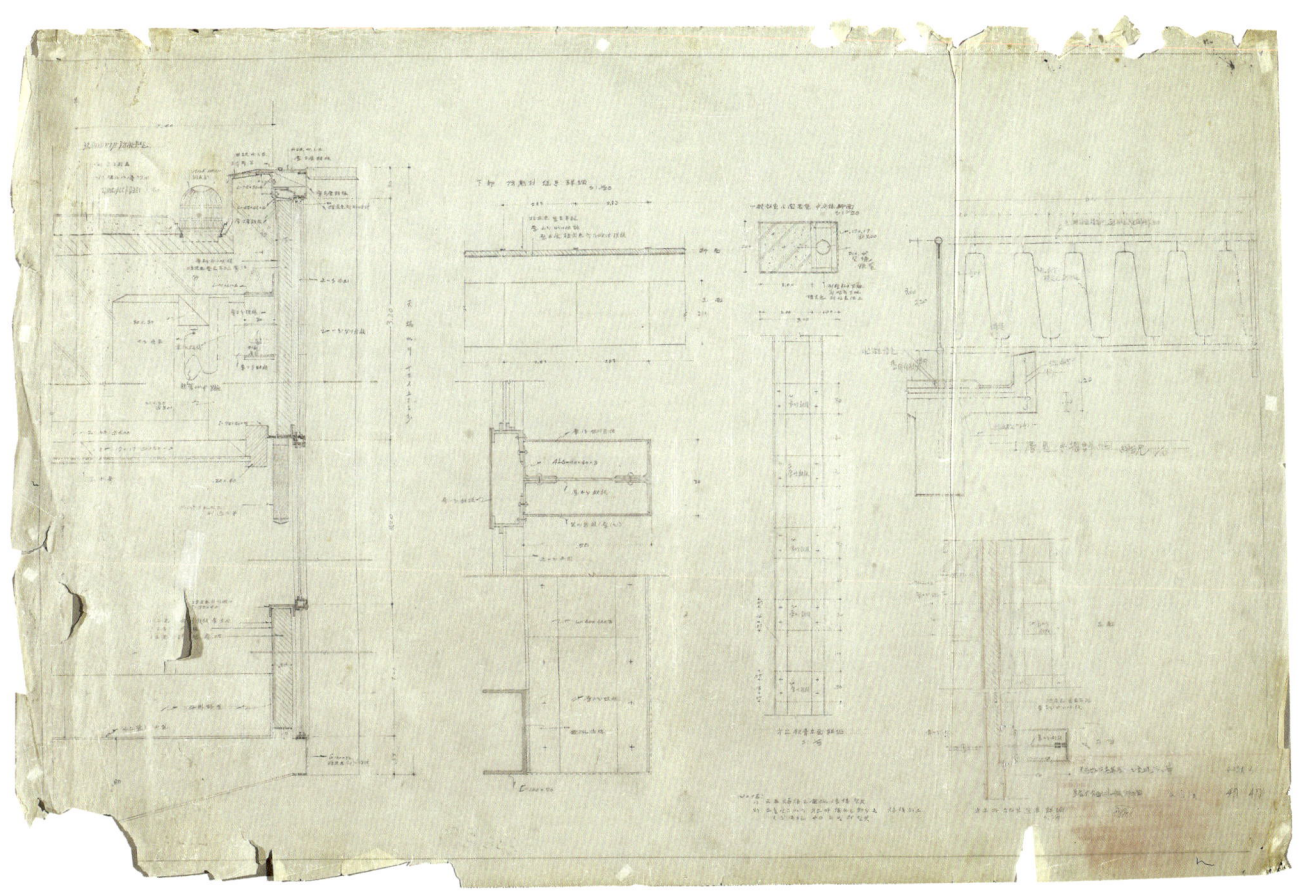

□ 단면 상세도

수원농사원 본관
(현 농촌진흥청 본관)

1958
수원시 권선구 서둔동

1958년 한국농업진흥 부흥사업의 하나로 USOM의 지원하에 지어진 건축이다. 전체 마스터플랜은 김정수, 김중업, 이균상이 맡았고, 김정수가 본관, 공보관, 강당을, 김희춘이 도서관 설계를 맡았다. 장방형의 2층 건물로 수평으로 긴 띠 창을 가진 단순 명쾌한 건축이다. 현재의 본관은 좌우 양 날개 부분이 증축되어, 지면에 낮게 펼쳐져 있다. 2층 건물이지만 낮게 깔린 긴 매스로 인해 강한 인상을 주는 건축이다. 특히, 'T'형 캐노피의 완만한 곡선처리는 경직된 박스형 매스 디자인의 단순한 구성과 대비된다. 당시 김정수는 미국에서 새롭게 개발된 경량 철재 칸막이와 미장용 석고재료 등 신재료를 적극 사용하였으며, 현대적축미학의 특징의 하나인 수평으로 긴 띠 창을 구성하려고 기둥을 실내에 위치시켰다.

□ 농촌진흥청 캐노피 상부

농촌진흥청 정면

☐ 신축 당시 농사원 본관(농촌진흥청 제공 사진)

☐ 본관 주출입구(농촌진흥청 제공 사진)

Works_ 058
059

□ 공보관(농촌진흥청 제공 사진)

□ 공보관의 현재 모습

□ 주 출입구 캐노피

□ 창문 상세

□ 농촌진흥청 전경

▢ 철거된 강당(농촌진흥청 제공 사진)

감리교 신학대학 본관

1960
서울 서대문구

감리교신학대학 본관은 해방 전 선교사학을 대표했던 연희전문학교와 이화여자전문학교 그리고 민족사학을 대표하는 보성전문학교의 본관의 공통점인 고딕건축의 대학본관을 건축가 김정수 자신이 미국 연수 후 개발한 인조석(상품명: 연석)으로 설계한 건축이다. 김정수가 개발한 연석은 목재와 붉은 벽돌 그리고 화강석 이외에 건축마감재가 없던 시절에 공공건축물과 주택을 비롯한 각종 건축의 주요 마감재로 사용되었는데, 특히 감리교 신학대학에서 대학본관과 교회를 비롯한 여러 건물에 본격적으로 사용되었다.

□ 주출입구

□ 감리교 신학대학 옛 정문

연석으로 무령된 튜더식 고딕 건축양식의 본관

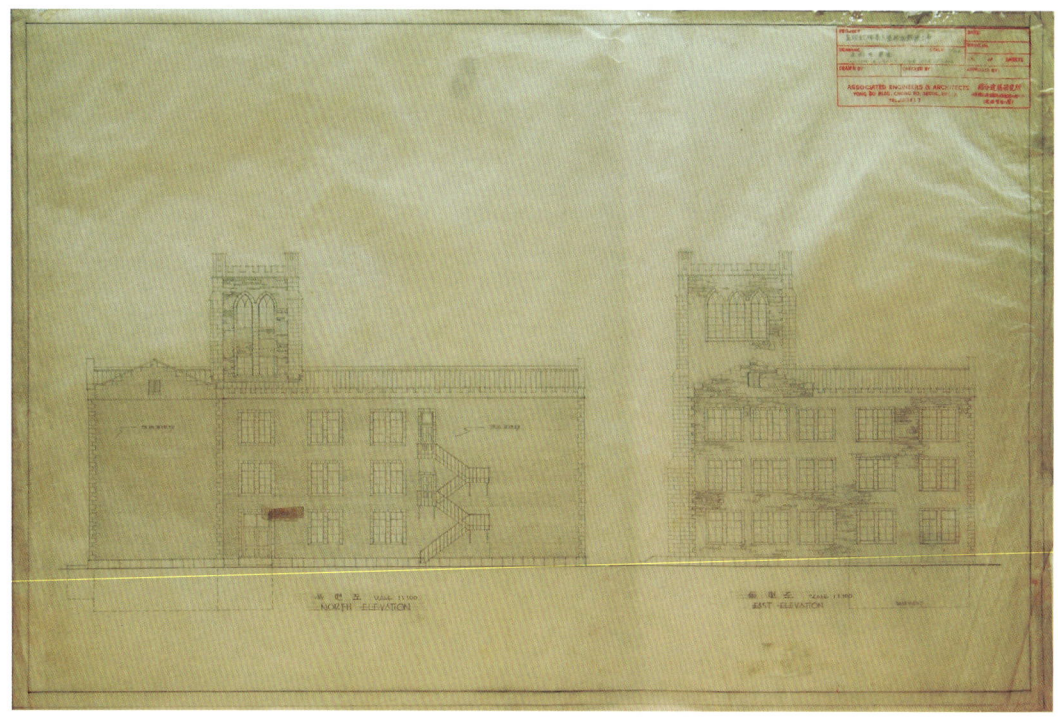
☐ 입면도

☐ 본관 전경

감리교 신학대학 예배당

1958
서울 서대문구

감리교신학대학의 웰치기념예배당은 1916년 5월 미국 감리회 한국 감독으로 내한한 웰치(Herbert Welch, 1862~1969) 목사가 자신의 재임기간에 자신의 이름으로 지은 건축물이다. 고딕건축을 간략화한 웰치기념 예배당은 화강석 대신 김정수가 개발한 인조석인 연석으로 마감되었다. 2002년 한 독지가의 헌금으로 새 교회 신축이 가시화되면서, 감신대의 역사가 담긴 유서깊은 교회의 보존이 현안이 되었으나, 교회이름의 주인공인 웰치 감독의 친일활동이 쟁점이 되면서 결국 철거되었다.

□ 전경

□ 주출입구

□ 학교 정문에서 바라본 예배당

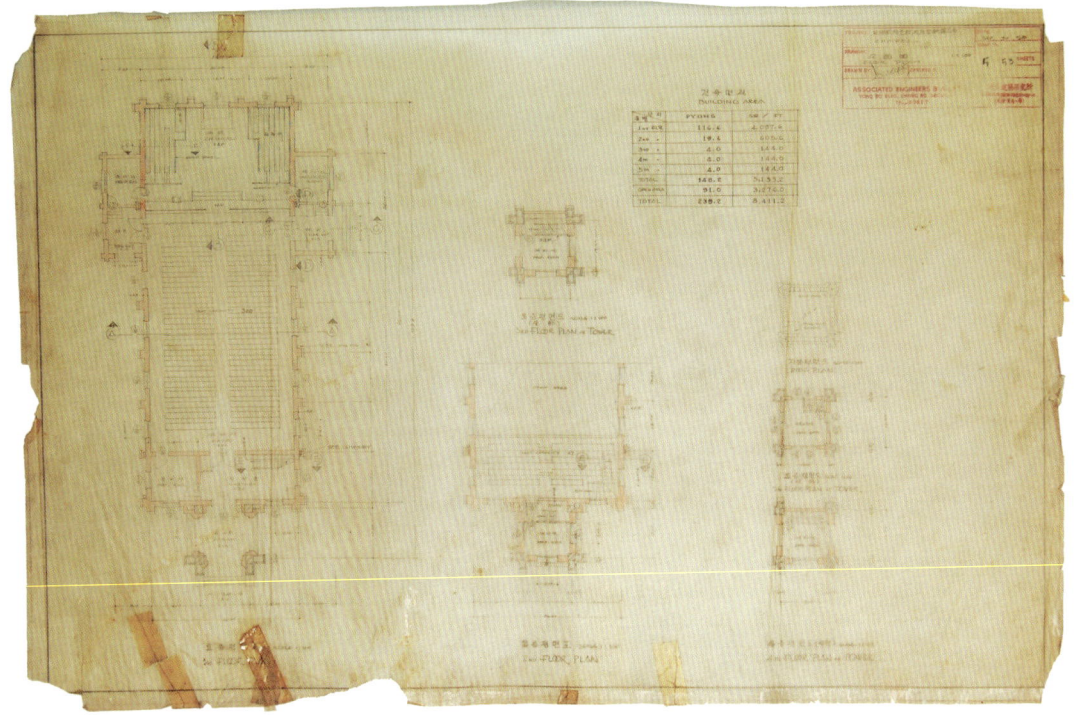
□ 평면도

□ 입면도

□ 철거현장, 2002년 2월 2일 오후 3시 11분

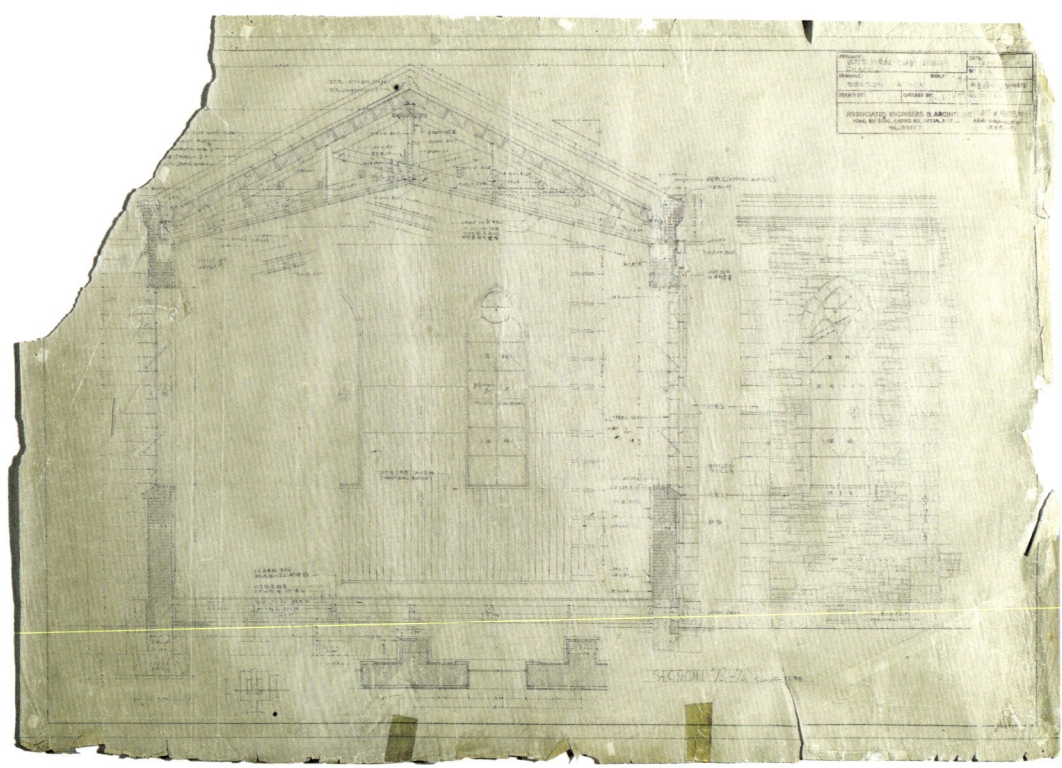
□ 단면도

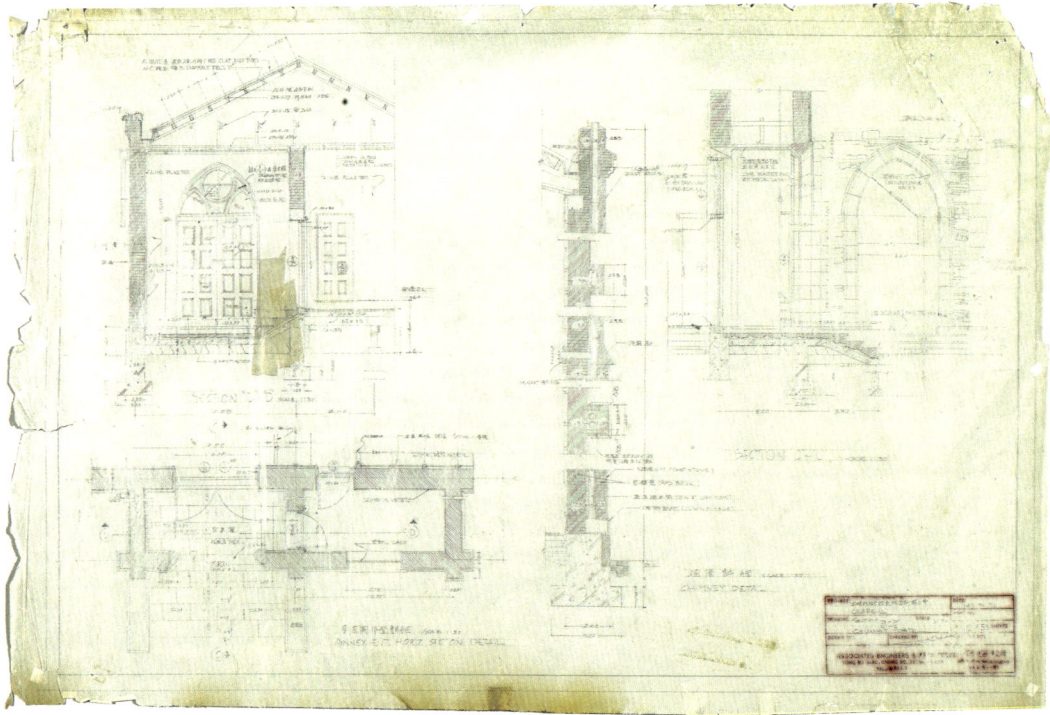
□ 단면 상세도

□ 감리교 신학대학 여자기숙사

□ 감리교 신학대학 여자기숙사 (1959)

□ 감리교 신학대학 여자기숙사 _「건축」1959년

명동성모병원
(현 가톨릭회관)

1958~1961
서울 중구 명동

구 명동성모병원은 작가 자신이 직접 "한국에 처음으로 알루미늄 커튼월의 아름다움을 소개하려던 야심작"이라고 밝힐 만큼 김정수의 작품을 대표하는 건축물이다. 이 건물은 국내 최초로 알루미늄 커튼월을 건물 전면에 사용한 건축이자 최초로 색채를 외관에 도입한 건축으로 평가받고 있지만, 오늘날의 커튼월 건축과는 다른 과정을 통해 만들어졌다. 구 명동성모병원은 신축 당시 국내에는 알루미늄 바를 생산할 수 없었지만, 건축가는 국제적인 디자인을 지향하는 자신의 디자인 의지를 구현하기 위해 알루미늄 시트를 접어서 알루미늄 커튼월 디자인을 구현했다. 구 명동성모병원은 공업기술 건축미학의 정수인 커튼월을 수작업에 의한 크래프트맨쉽(Craftsmanship)으로 구현함으로써, 당시 한국의 건축가가 한국건축생산시스템의 한계를 어떻게 극복하였는가를 보여주는 대표적인 사례다. 구명동성모병원은 준공후 건축계에서 기존 명동성당과의 조화가 이슈가 되었는데, 이에 대해 김정수는 명동성당과의 조화보다는 현대와 고전의 대비가 자신의 디자인 의도였으며, 자동차를 망치로 뚜드려 만드는 식으로 손으로 두르려 만든 알루미늄 커튼월일 망정 한번 시험적으로 시도해 본 것이라고 밝힌 바 있다.

□ 명동성모병원과 명동성당 전경

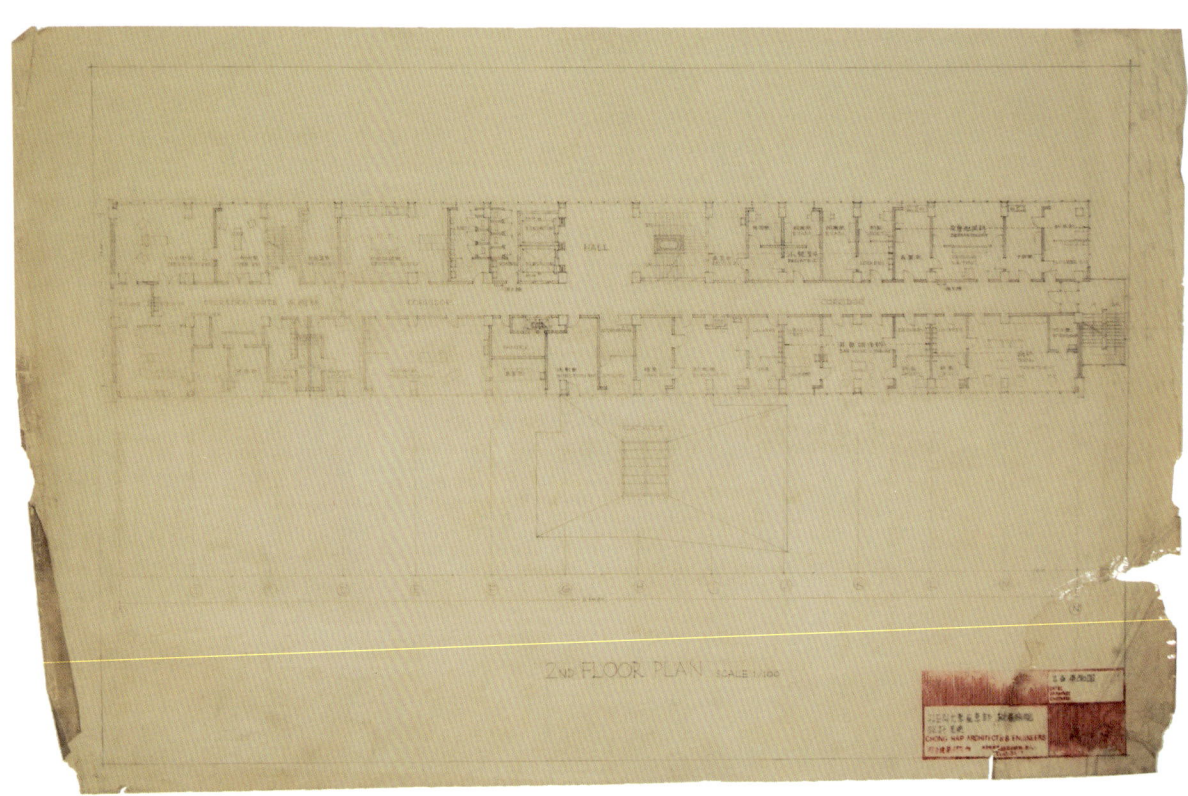
▢ 2층 평면도

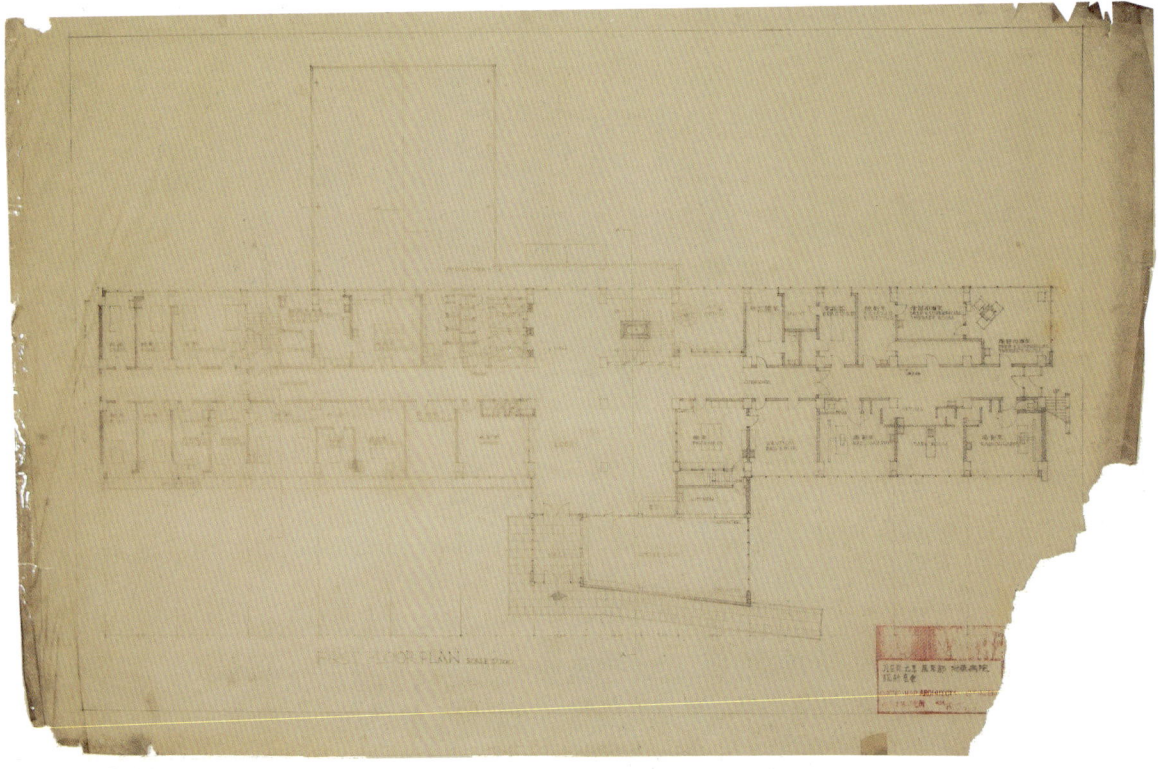
▢ 1층 평면도

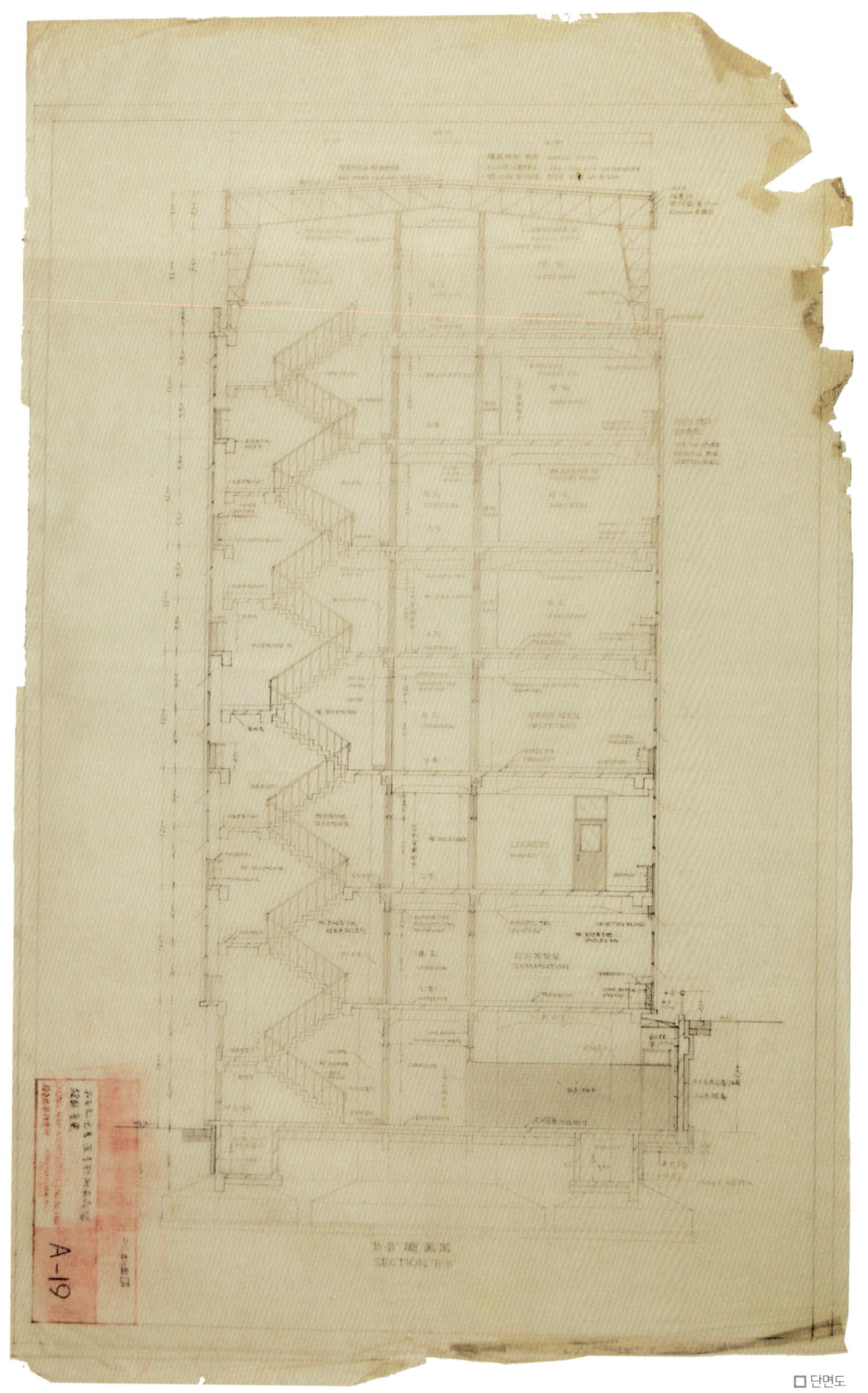

□ 단면도

□ 명동의 주도적인 경관을 형성했던 명동성모병원과 명동성당의 대비 _『대한민국정부기록 사진집 4』

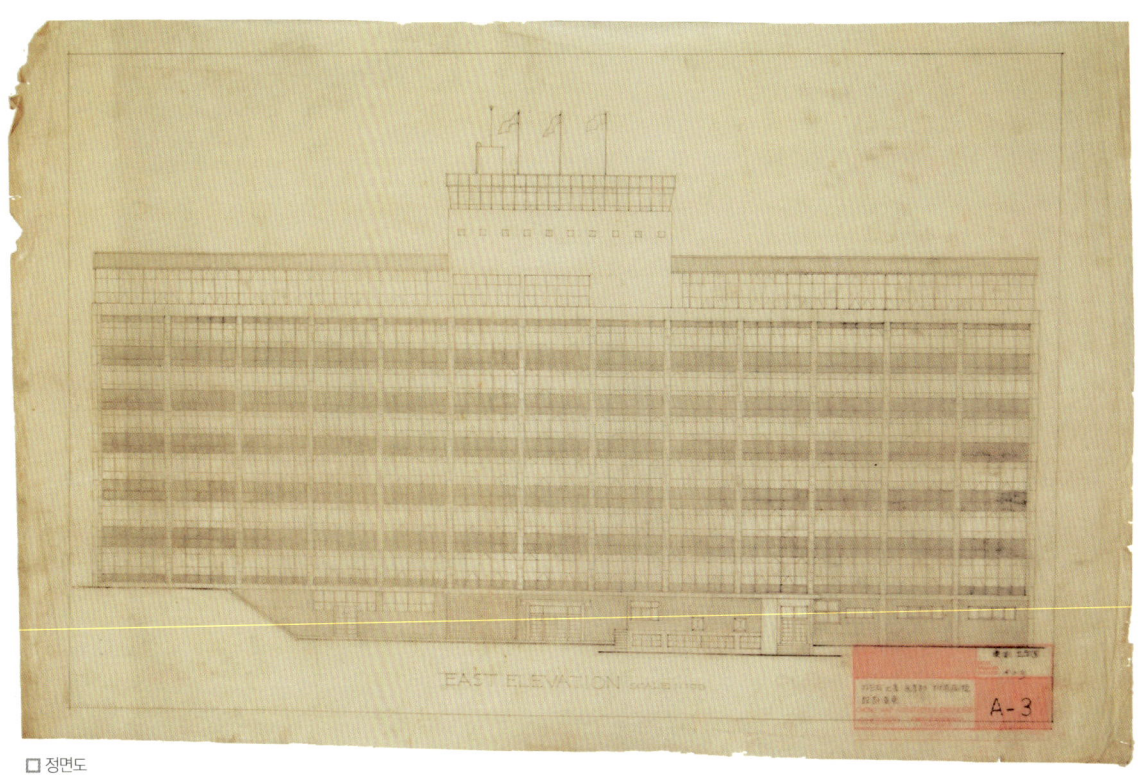

☐ 정면도

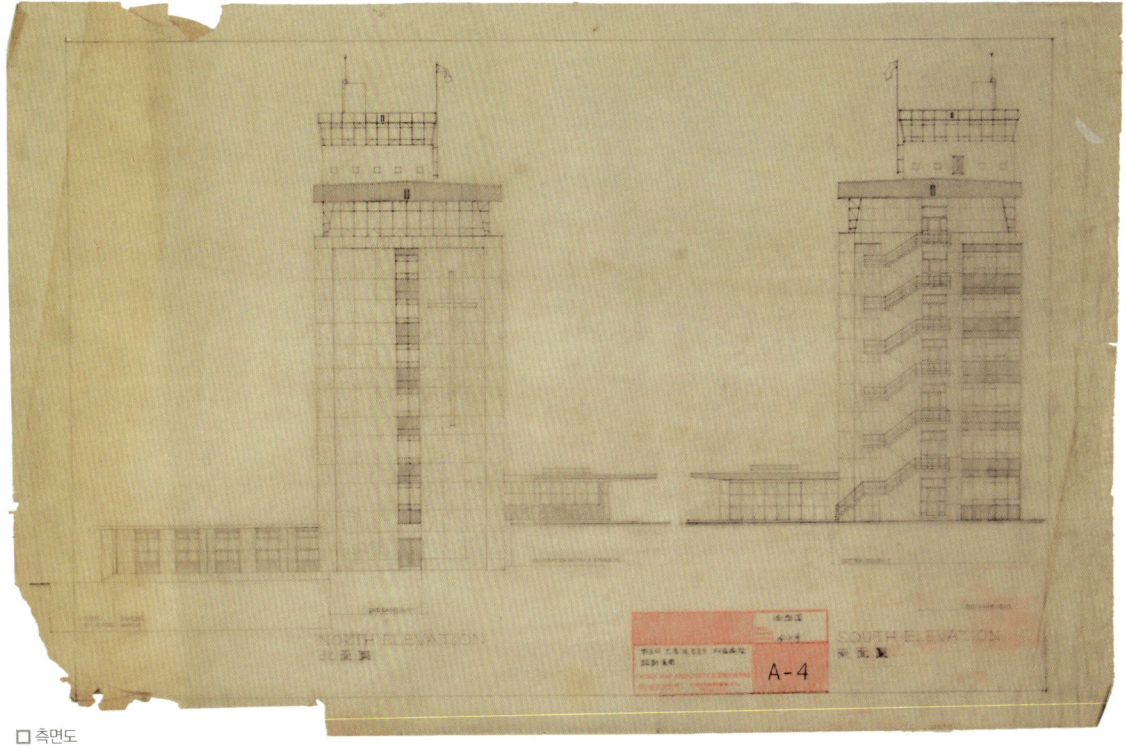

☐ 측면도

□ 주출입구와 캐노피

□ 캐노피 상부 성모상

수도여자사범대학 교사
(현 세종대학교)

1958
서울 광진구 군자동

3층으로 설계되었던 구 수도여자사범대학 교사는 공사 중에 6층으로 변경되어 준공되었다. 알루미늄 커튼월로 디자인된 배재대학교와 전체적인 입면구성은 유사하지만, 알루미늄 커튼월이 아닌 조적벽체에 철제창호로 구성된 입면으로 디자인되었다.

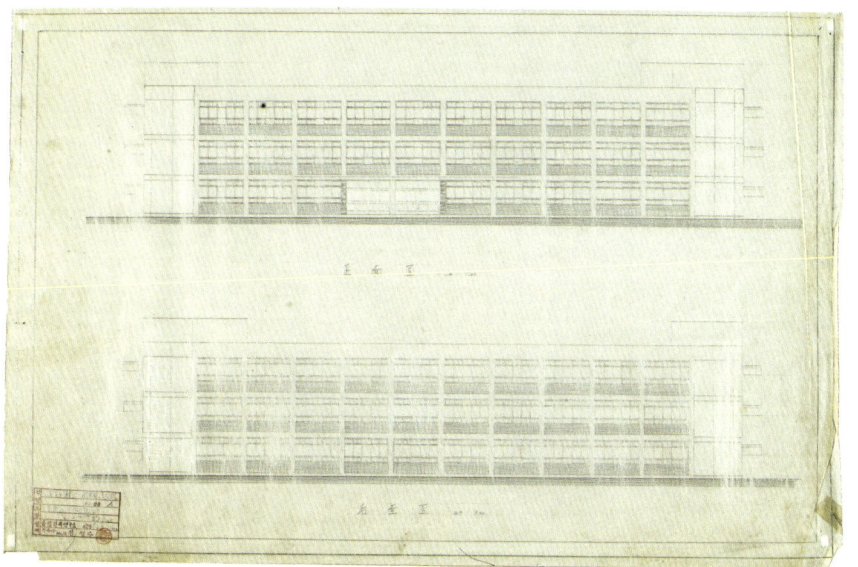

□ 입면도

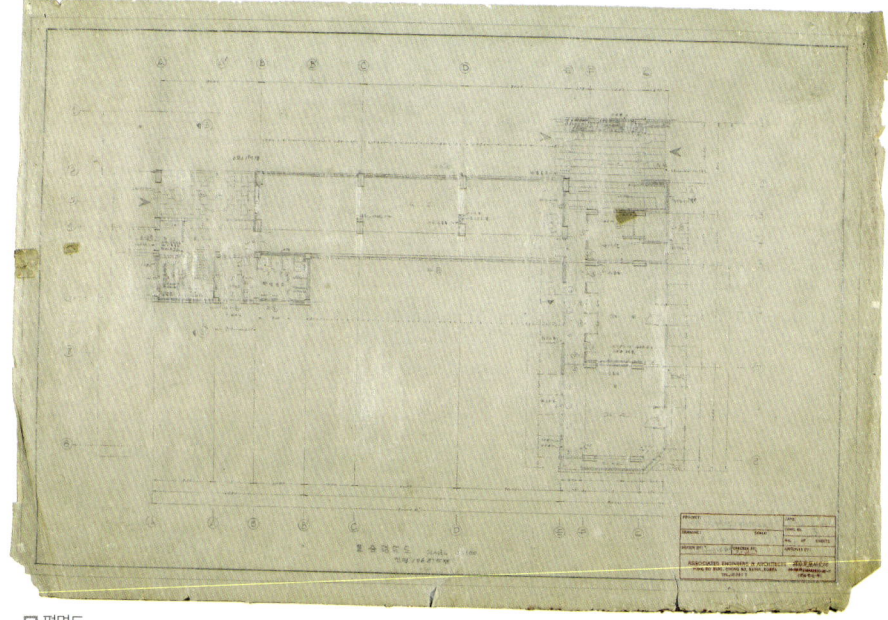

□ 평면도

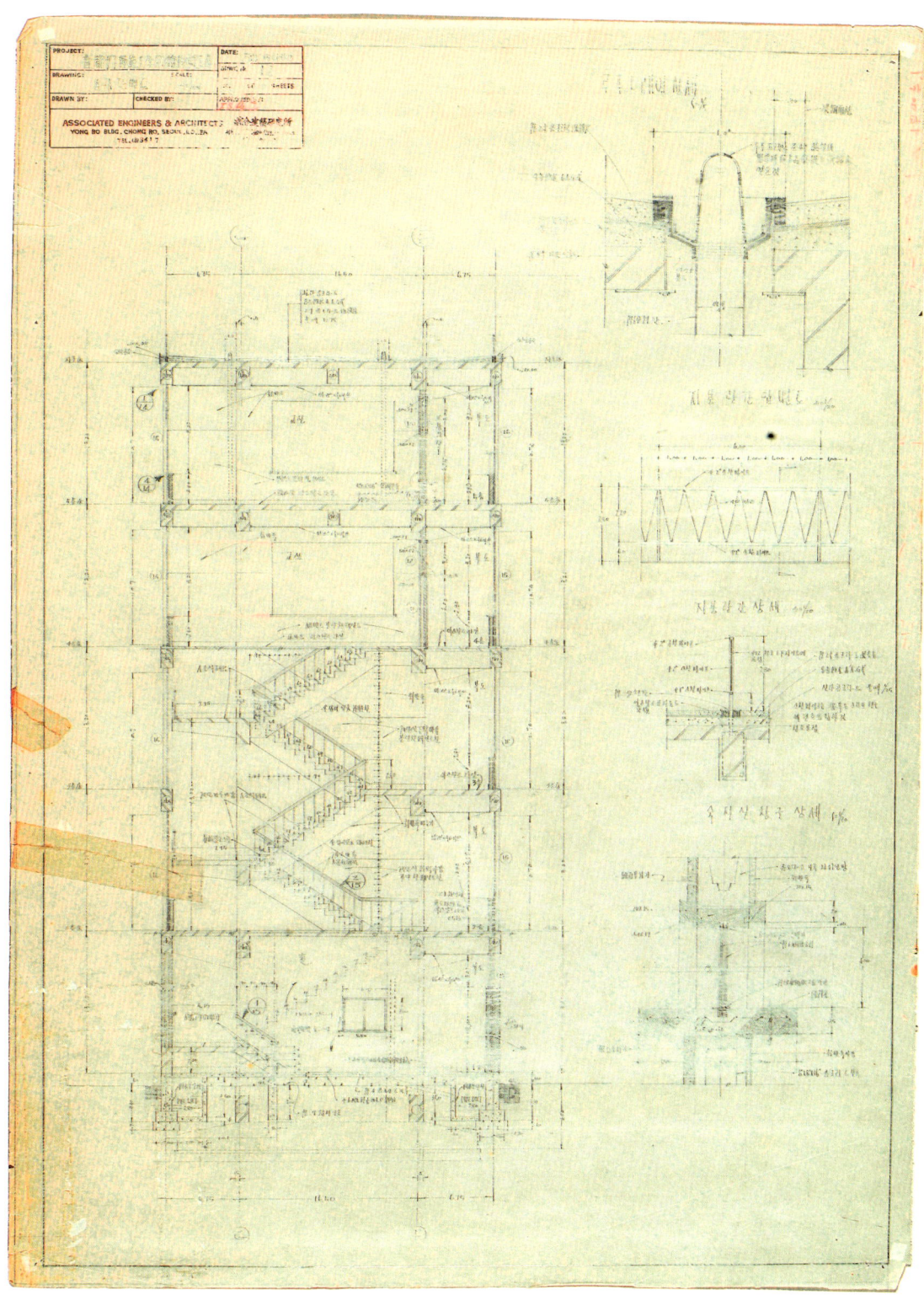

단면 상세도

배재대학교 본관
(현 동덕여자대학교 본관)

1959
서울 성북구 하월곡동

배재대학교 본관 건물로 신축되었으나 배재대학 캠퍼스가 동덕여대 캠퍼스로 바뀌면서 현재는 동덕여자대학교 본관으로 사용되고 있는 건물이다. 신축 설계 시에는 기둥 사이의 창호가 모두 알루미늄 커튼월로 디자인 되었으나, 시공과정에서 디자인이 변경되어, 층간으로 슬라브에 의한 수평줄눈을 두고 매 층마다 낮은 벽체 위에 창호를 설치하는 디자인으로 변경되었다. 군더더기 없는 명쾌한 철근콘크리트 골조와 철제 새시와 알루미늄 멀리언 디테일 도면은 알루미늄 바가 생산되지 않는 국내 건축생산시스템 하에서 국제적인 건축디자인을 수용하기 위한 건축가의 극복의지를 잘 보여준다. 현재 모습은 1992년 고딕건축양식으로 바뀌었다.

□ 동덕여자대학교 전경(동덕여자대학교 제공 사진)

□ 고딕 건축 양식으로 리노베이션된 본관

□ 골조 완공 후 공사가 중단된 모습_『배재90년사』

□ 공사 중인 배재대학교 본관(배재학당 박물관 제공 사진)

□ 동덕여자대학교 본관(동덕여자대학교 제공 사진)

□ 주출입구(동덕여자대학교 제공 사진)

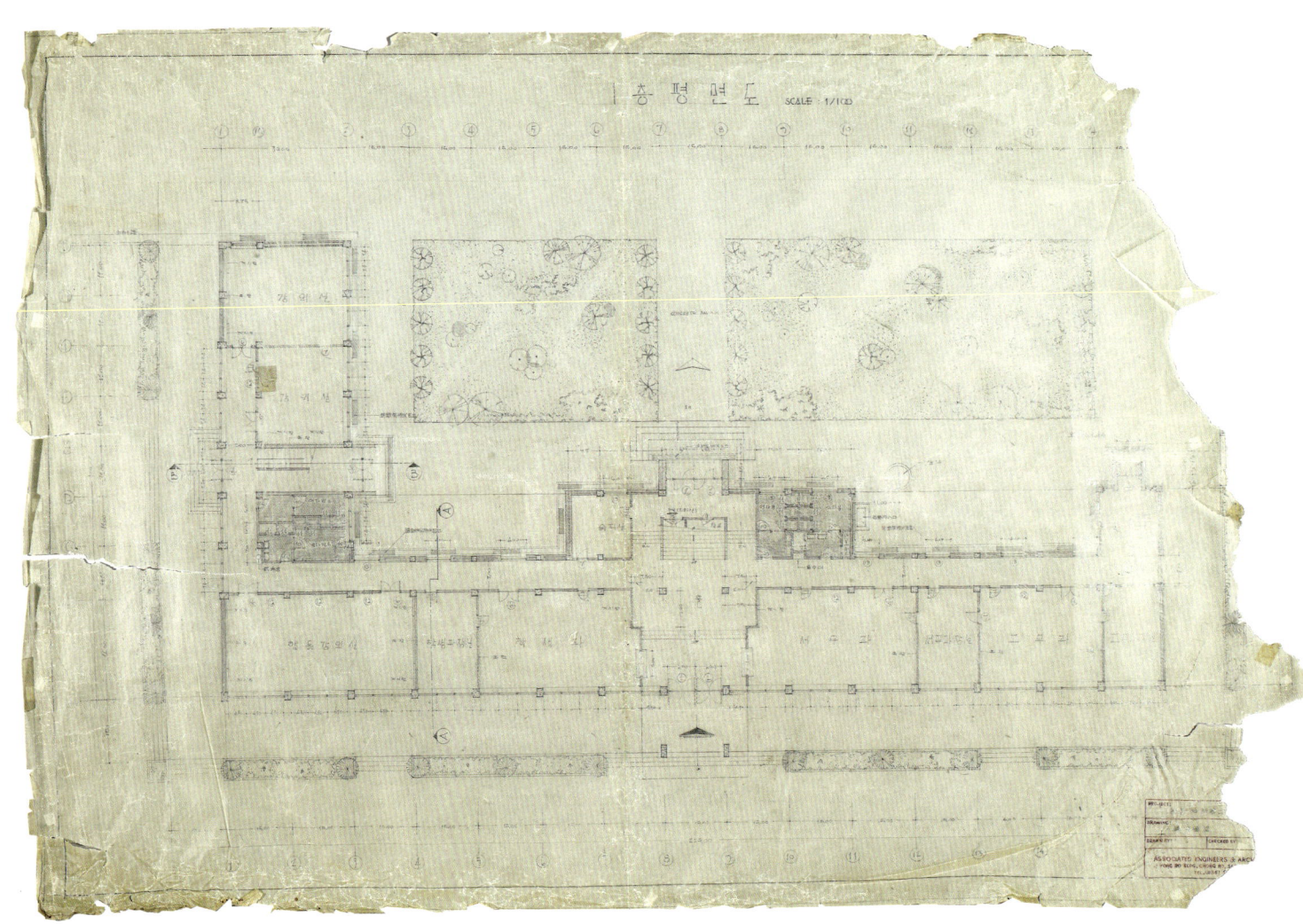

□ 1층 평면도

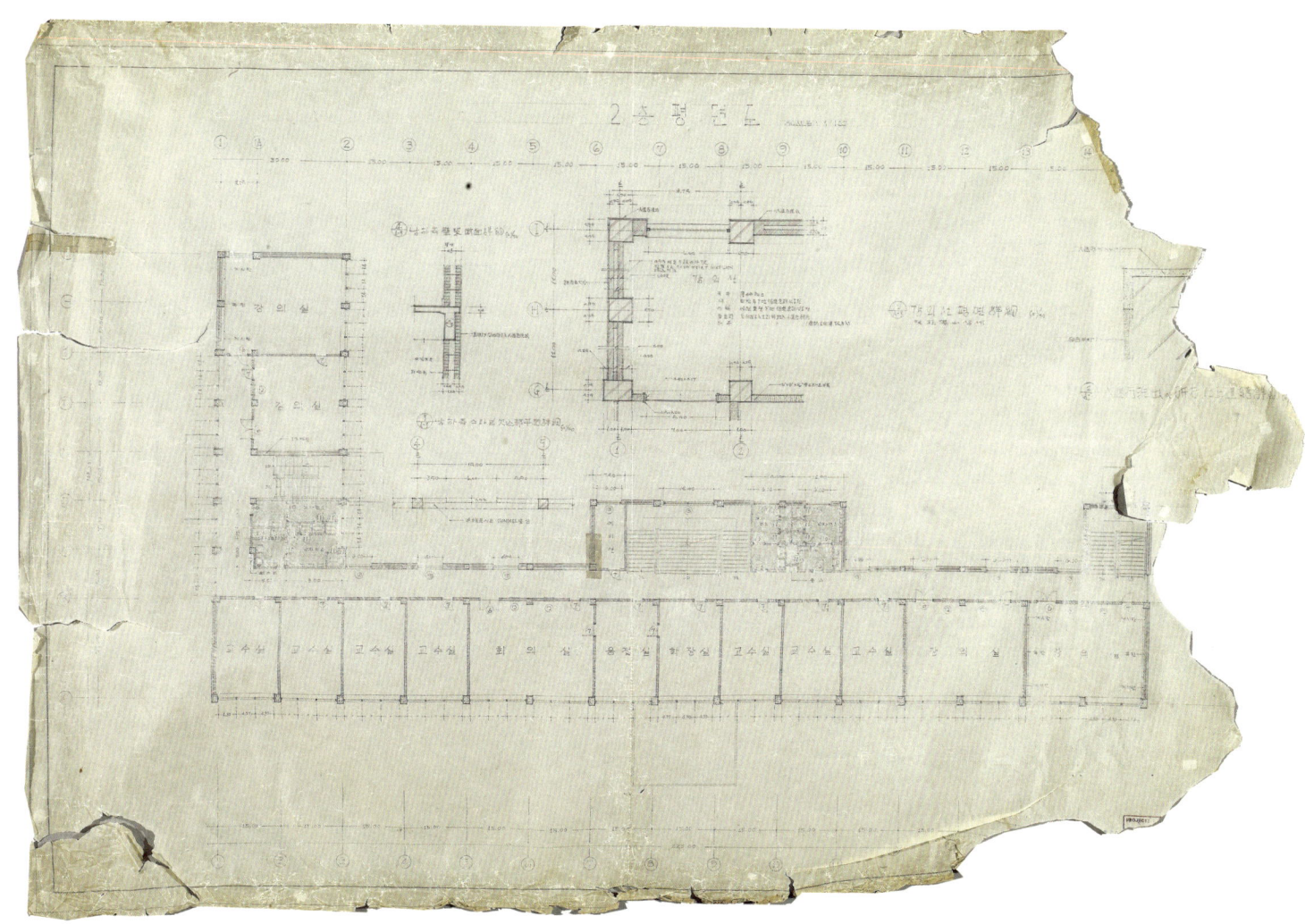

□ 2층 평면도

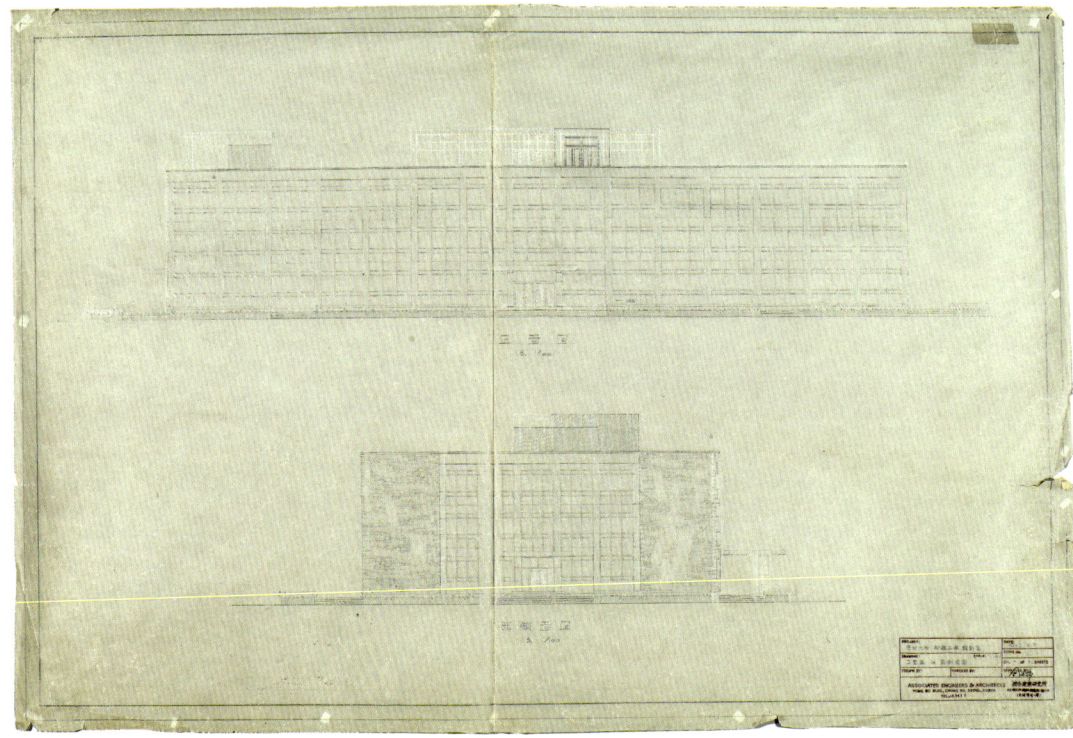
□ 입면도

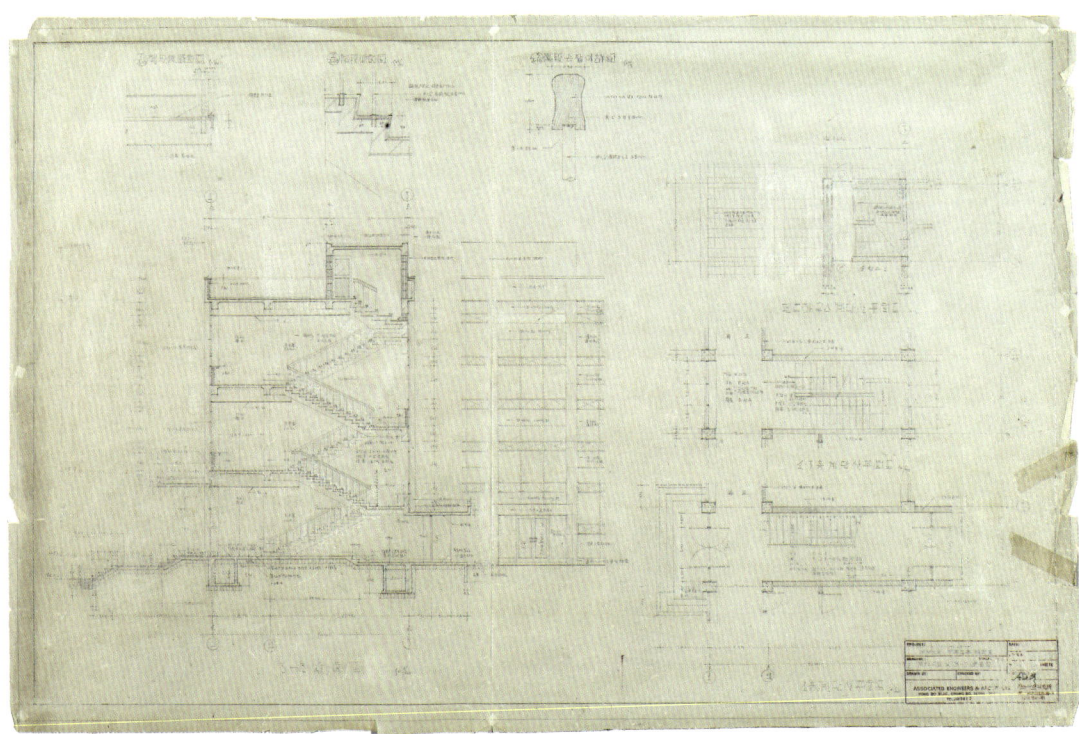
□ 단면도

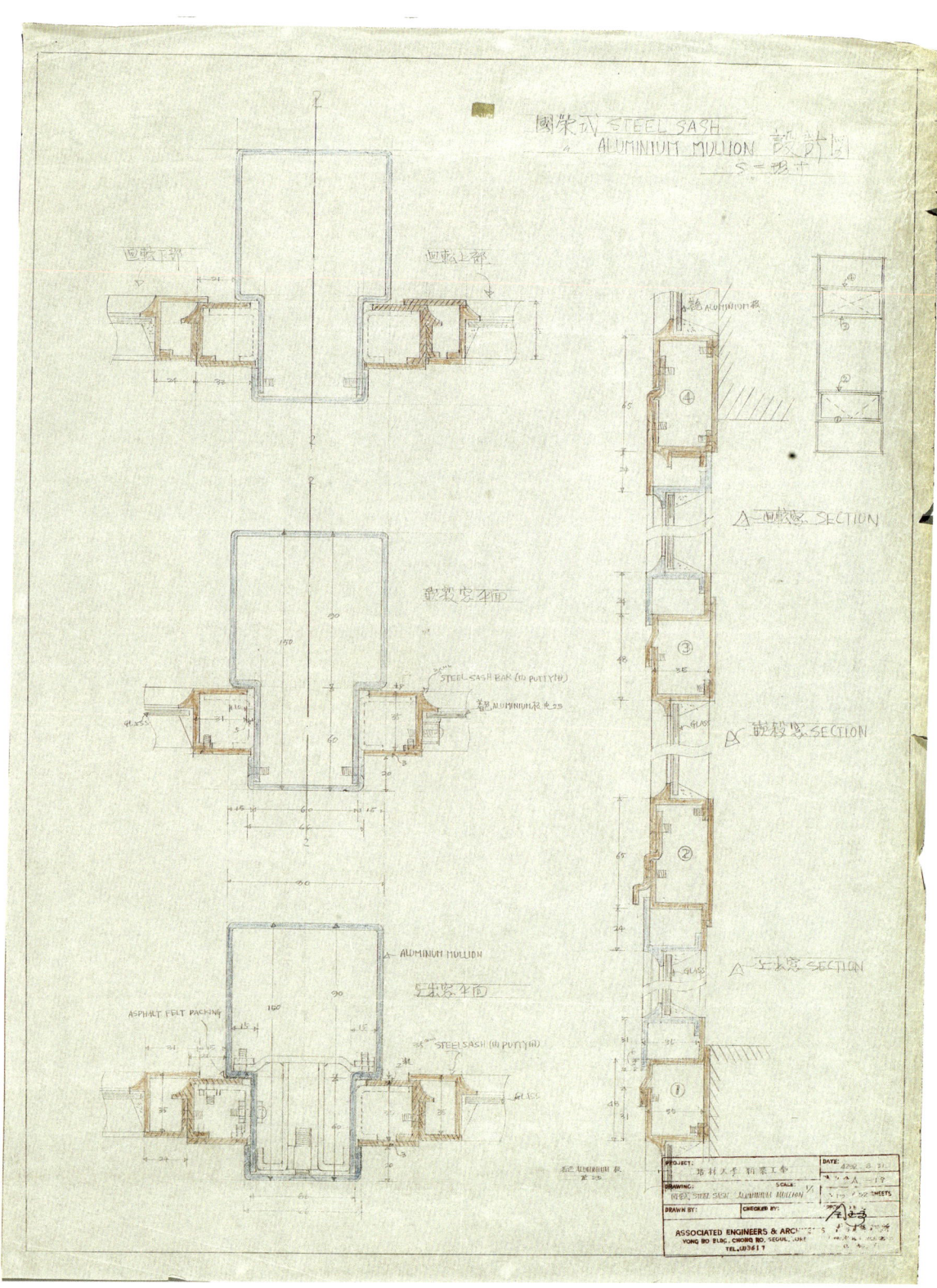

알루미늄 멀리언과 철제 창호 상세도

종로 YMCA

1960
서울 종로구 종로2가

정신여고 과학관과 시민회관 그리고 국제극장 등을 통해 부분적으로 사용되던 커튼월 디자인이 명동성모병원을 통해 완성된 이후에 이루어진 종로 YMCA빌딩은 커튼월 디자인의 새로운 번안을 보여준다. 외견상 명동성모병원과 비슷한 입면 비례와 구성을 갖는 커튼월의 모습으로 디자인되었지만, 종로 YMCA는 커튼월 입면이 아니다. 한국 YMCA의 본부로써 각종 운동시설과 함께 사무소가 주 기능을 이루고 있는 종로 YMCA는 커튼월 디자인을 시도하기에 적합했지만, 예산상의 이유로 커튼월 외관을 조적조와 타일로 구현했다. 한편, 수영장을 비롯한 각종 체육시설을 갖고 있는 YMCA빌딩은 대공간 구성을 위해 장스팬의 콘크리트 구조 외에 콘크리트 쉘, 프리캐스트 콘크리트 빔, 철제 퀀셋 구조 등 다양한 구법을 사용하고 있어, 건축구조의 집합체라고 할 수 있다.

□ 공사 중 부분 개관 모습

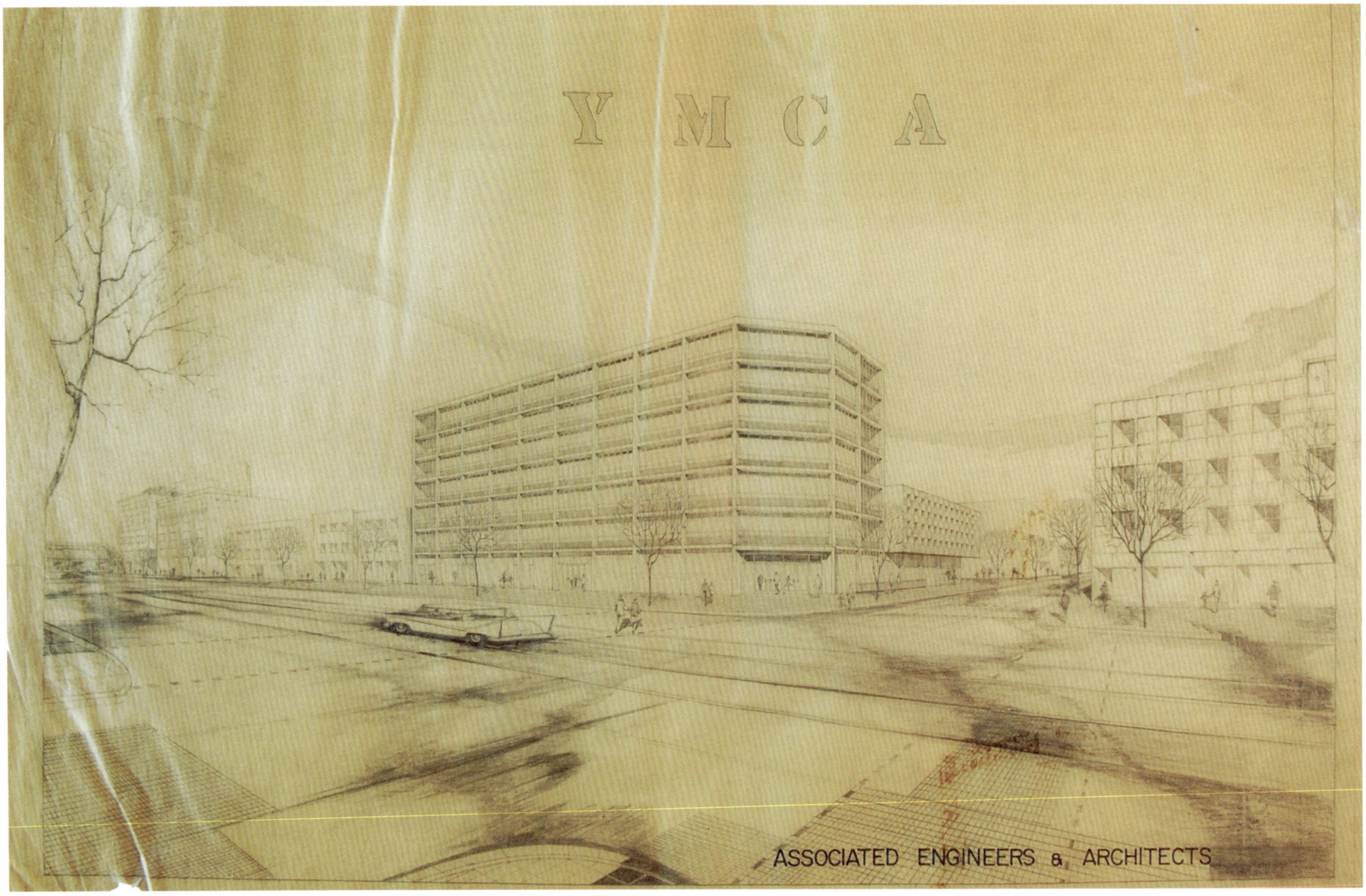

□ 투시도

YMCA 전경

☐ 후면 벽체 디자인

☐ 1층 로비와 부조

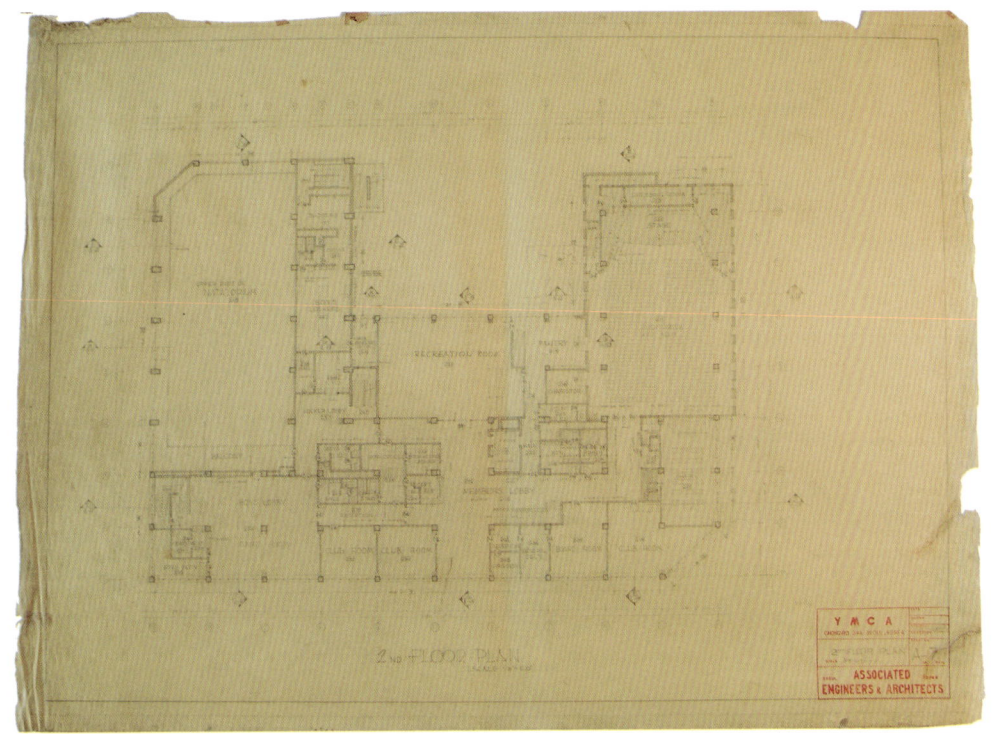
□ 2층 평면도

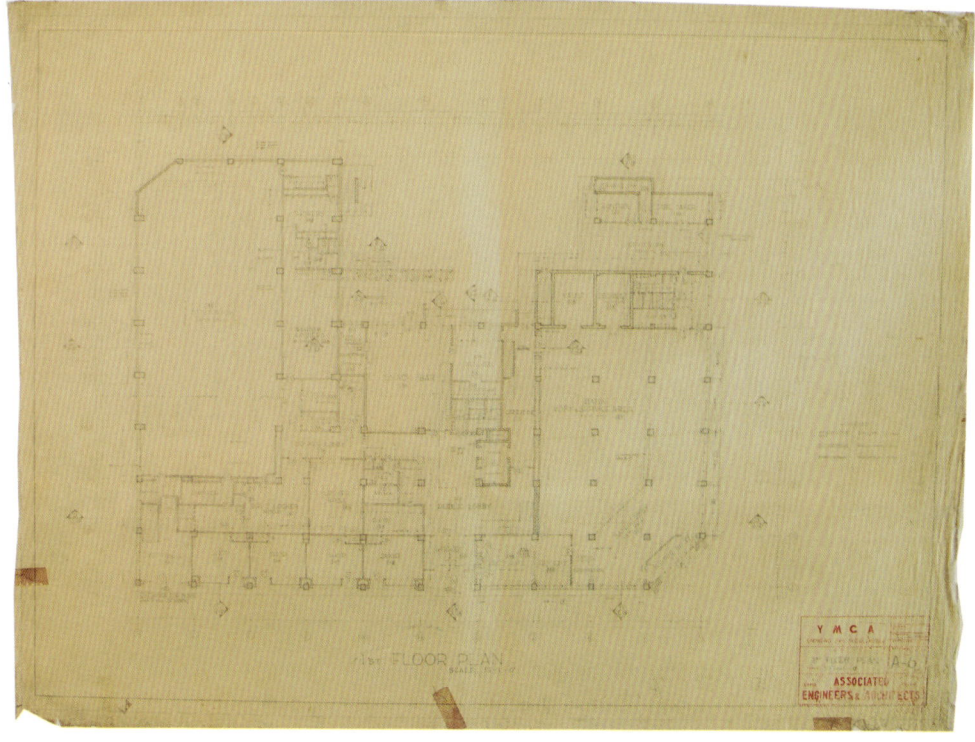
□ 1층 평면도

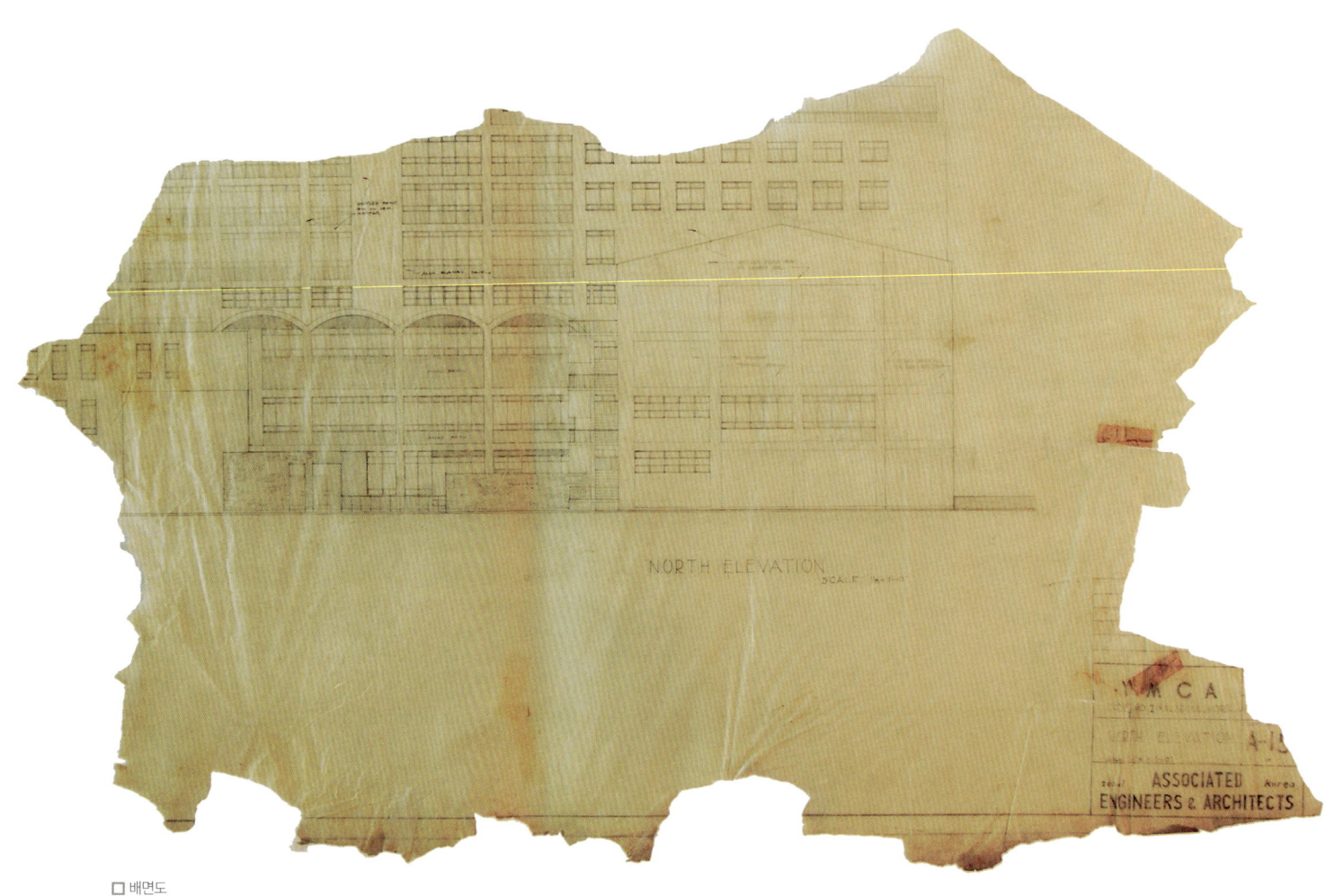

□ 배면도

©안창모　　　　　　　　　　　　　　　　　　　　　　　　　　　　□ 배면 전경

©박완순　　　　　　　　　　　　　　　　　　　　　　　　　　　　□ 실내체육장과 쉘구조

□ 트러스구조에서 퀀셋 구조로 변경되어 시공된 실내농구장

Works_ 098
099

□ 실내수영장

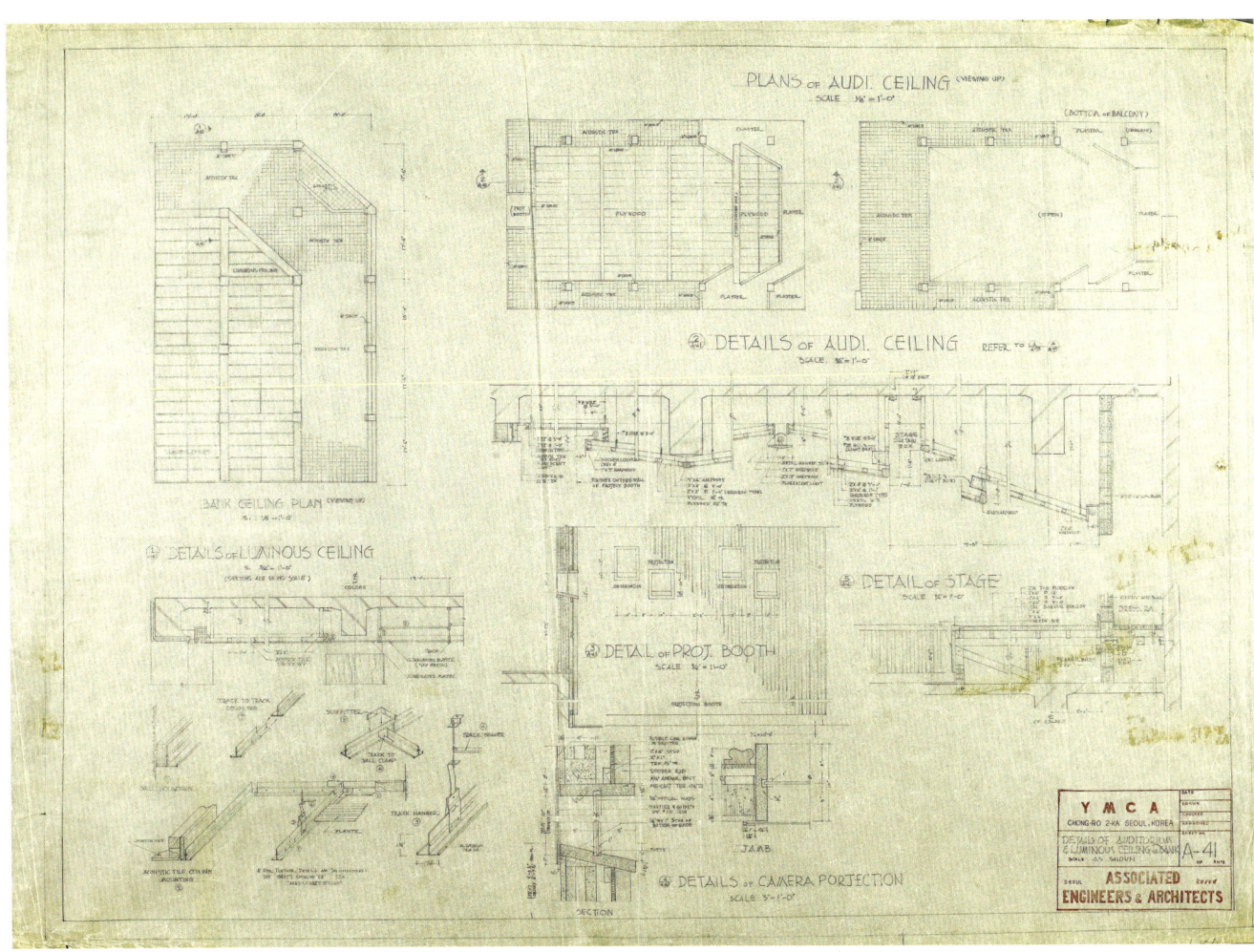

강당 상세도

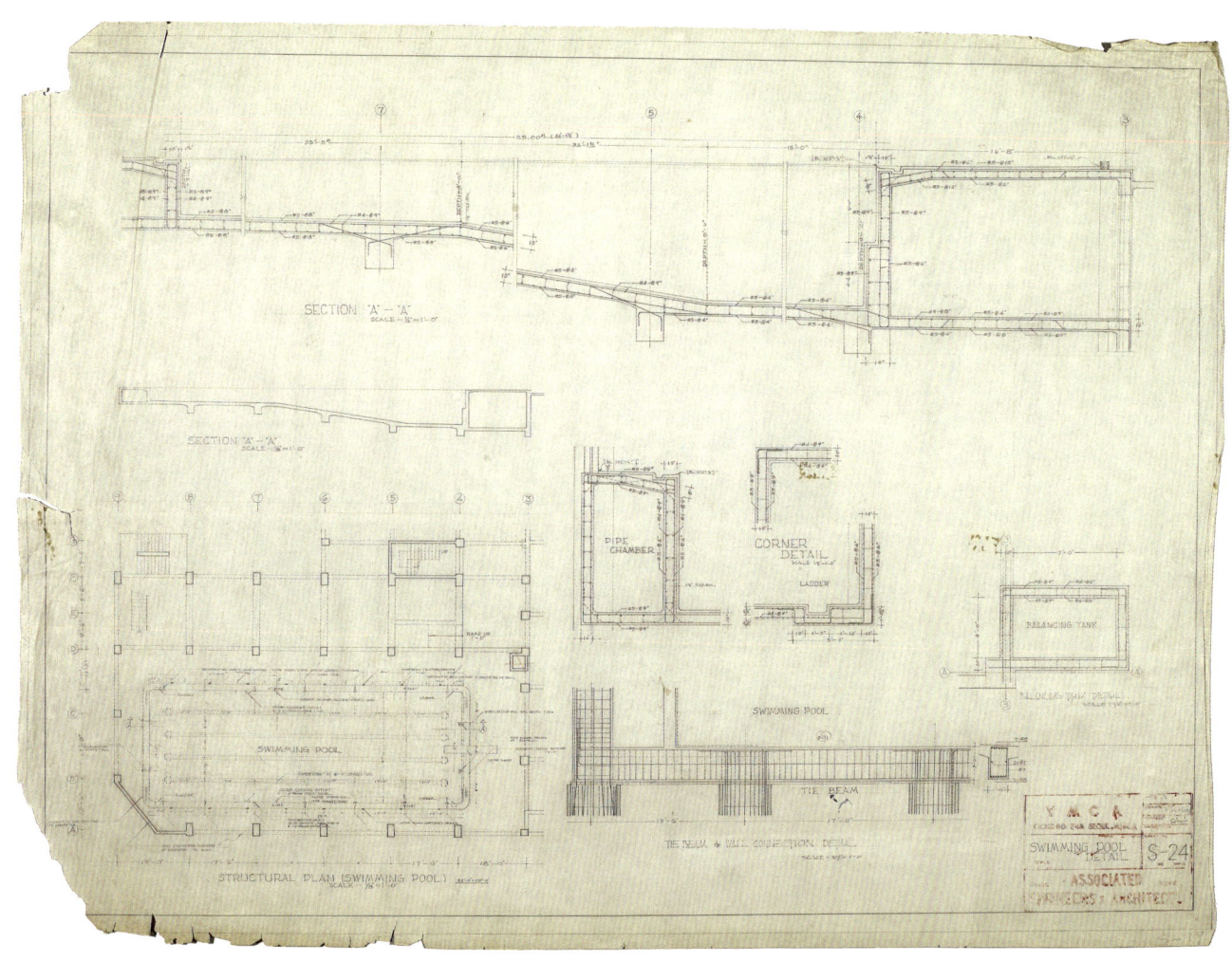

실내수영장 상세도

장충실내체육관

1962
서울 중구 장충동

지름 80m에 달하는 철골구조의 장충체육관 건설은 건축기술이 취약했던 당시 우리나라 건축계의 기술적 성과로 평가된다. 트러스로 구성된 철골 돔은 미국에서 구조를 전공한 최종완의 구조설계로 완성되었다. 유선형의 날렵한 매스로 구성된 장충체육관은 하부의 철근콘크리트구조위에 32개의 철골트러스와 13개의 환상형 트러스로 상부구조가 구성되었으며, 지붕은 알루미늄 시트로 마감되었다. 장충체육관은 전후 복구사업이 마무리되어가던 1960년대 초 사회기반시설 확충 차원에서 건축되었으며, 1960년대 이후 본격화된 대공간 체육시설의 효시가 되는 건축이다.

신라호텔에서 바라본 장충실내체육관 전경

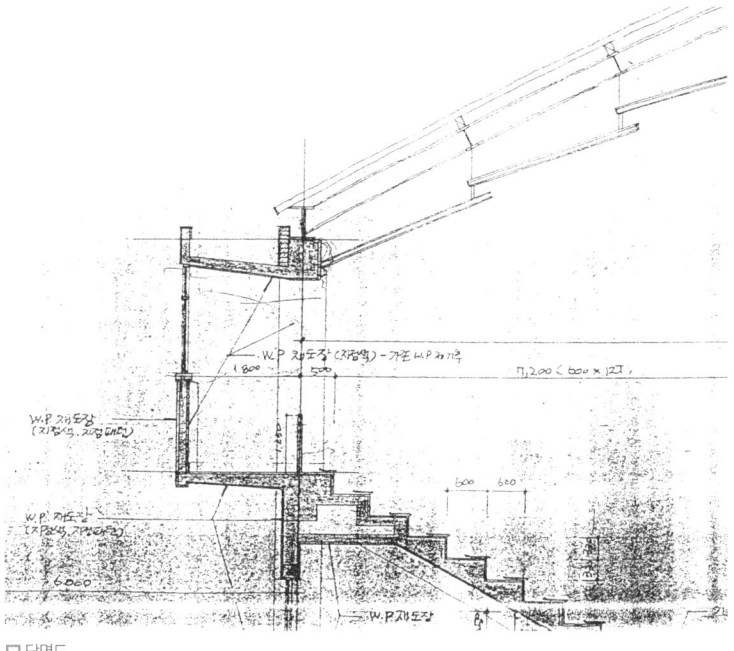
□ 단면도

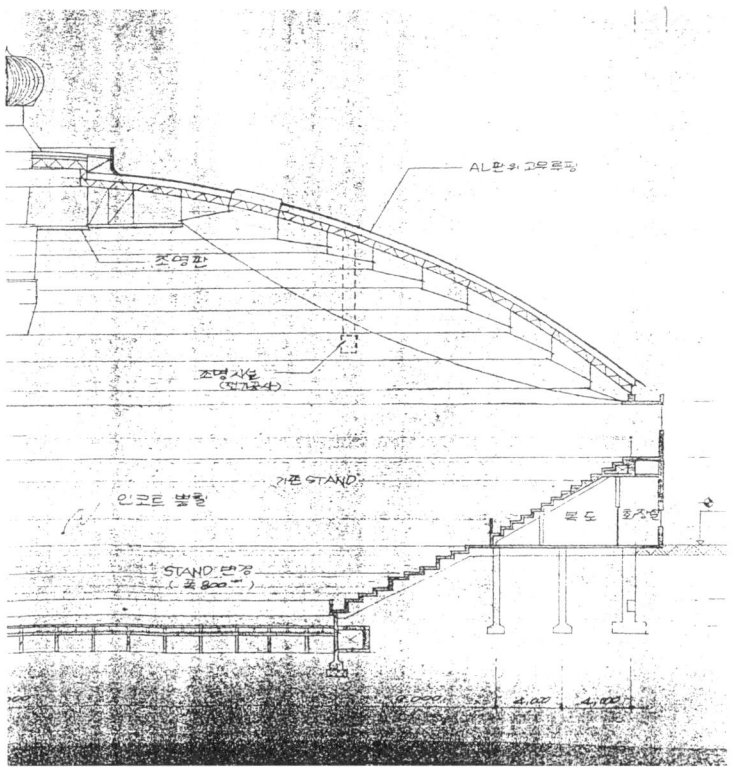
□ 단면도

□ 시공 현장 사진 _『꾸밈 21호』

□ 골조 시공사진

과거 경기 모습__『사진으로 보는 서울 4』

원자력 병원
(현 서울애니메이션 센터)

1960
서울 중구 남산

단순한 장방형의 평면과 입방체의 매스로 구성된 건축이다. 장방형의 매스 한쪽에 필로티를 가진 주 출입구가 위치해 있어, 돌출부를 억제하고 기능적으로 필요한 부분에 최소한의 커튼월 형식의 창호가 디자인된 건축이다. 평면 구성과 입면 그리고 매스의 단순 명쾌한 구성 속에 모더니즘 건축의 멋을 갖춘 빼어난 디자인의 건축이다. 특히, 입면의 하부와 상부 끝까지 유리 커튼월을 설치함으로써 창호와 벽면의 절제된 면 구성 그리고 4면이 각기 다른 입면 구성으로 단순한 매스에 다양함을 구현했다.

원자력 병원과 남산 KBS방송국

신축 당시 원자력 병원

□ 전경

□ 원자력병원의 현재 모습. 구 남산 조선총독부 자리에 들어섰다.

□ 주출입구

□ 계단실과 창호

□ 모서리의 주출입구와 건물 배면

한남동 루터란 서비스센터

1961
서울 용산구 한남동

루터란교회의 선교거점으로 한남동에 지어졌다.
루터란 서비스센터는 예배당과 사택 그리고 사무동으로 지어졌으나 현재 철거되었다.

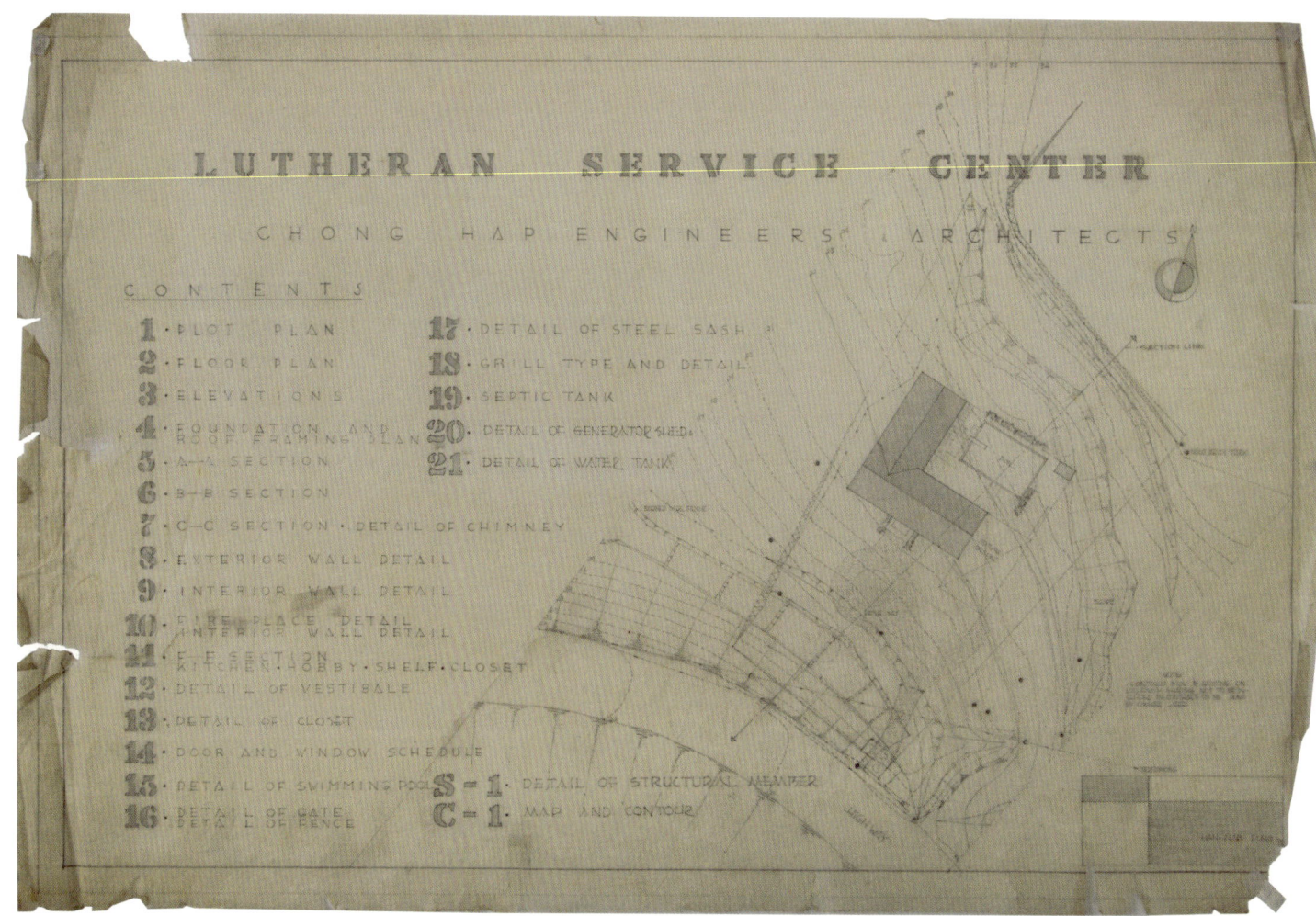

□ 배치도

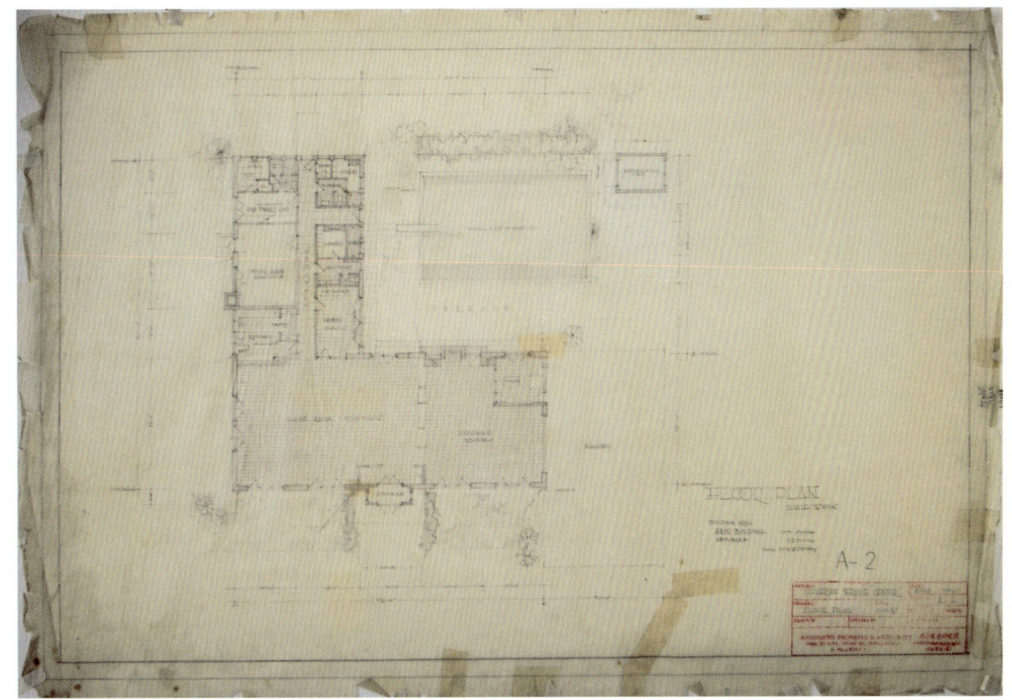
□ 사무동 평면

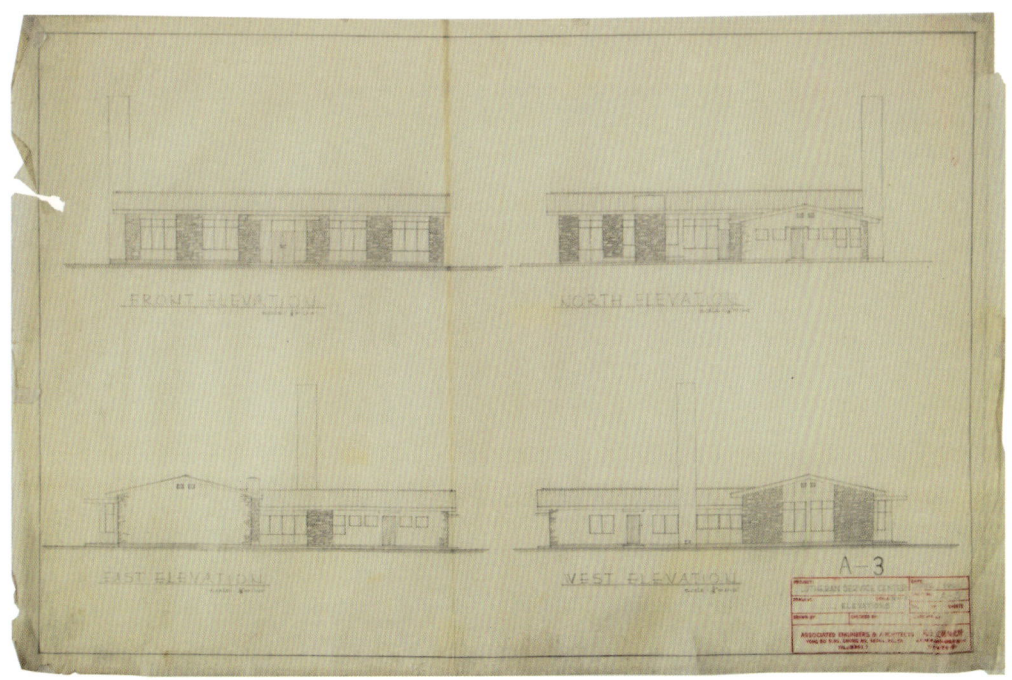
□ 사무동 입면

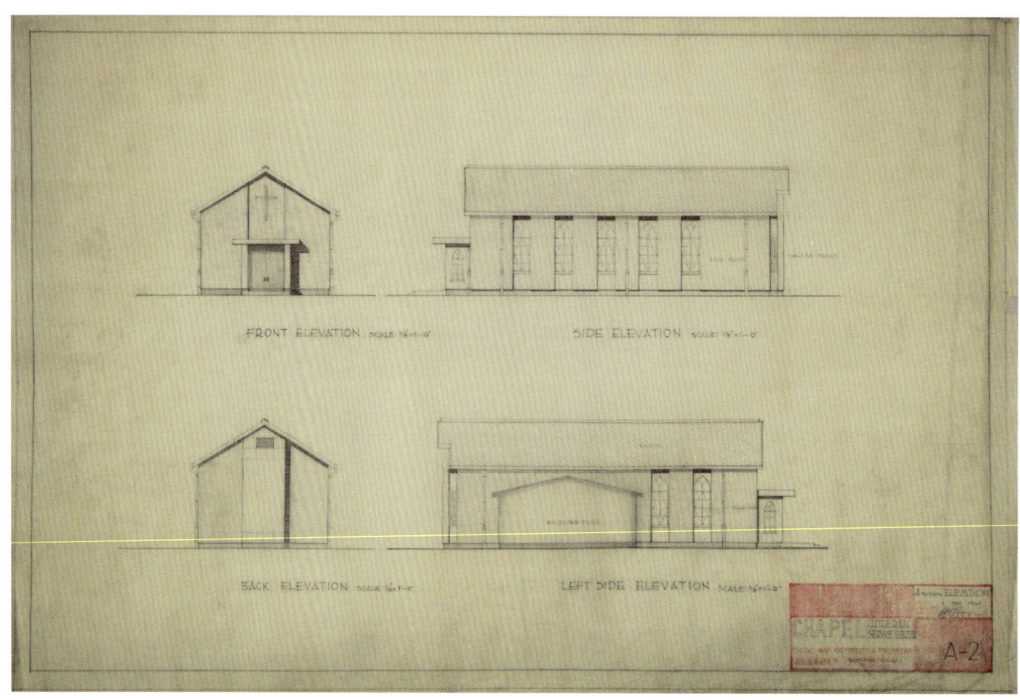
□ 채플 입면

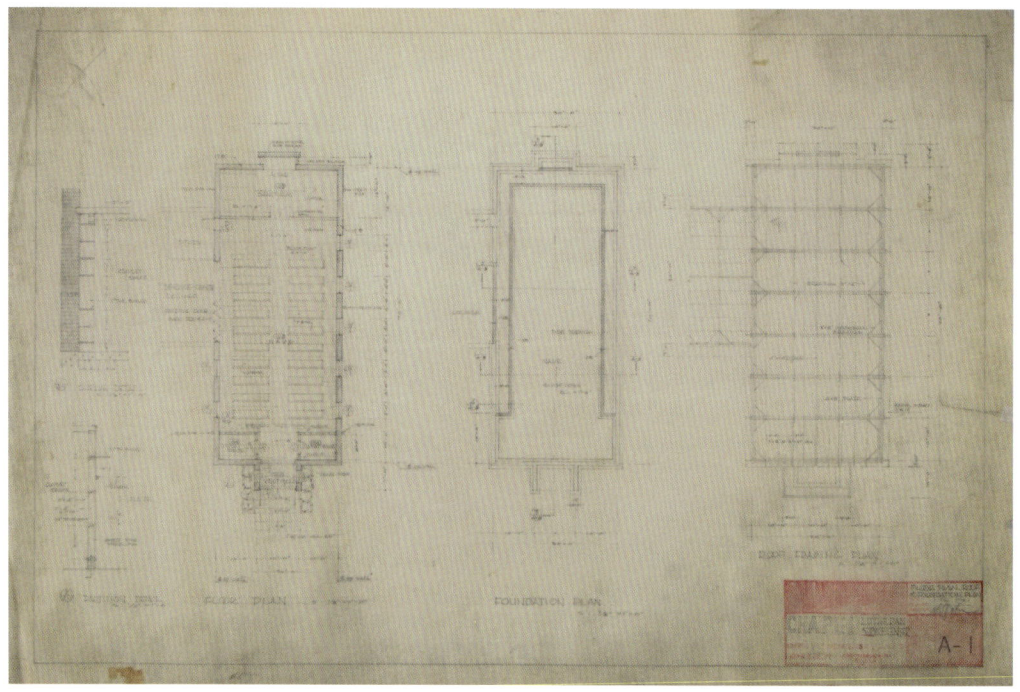
□ 채플 평면

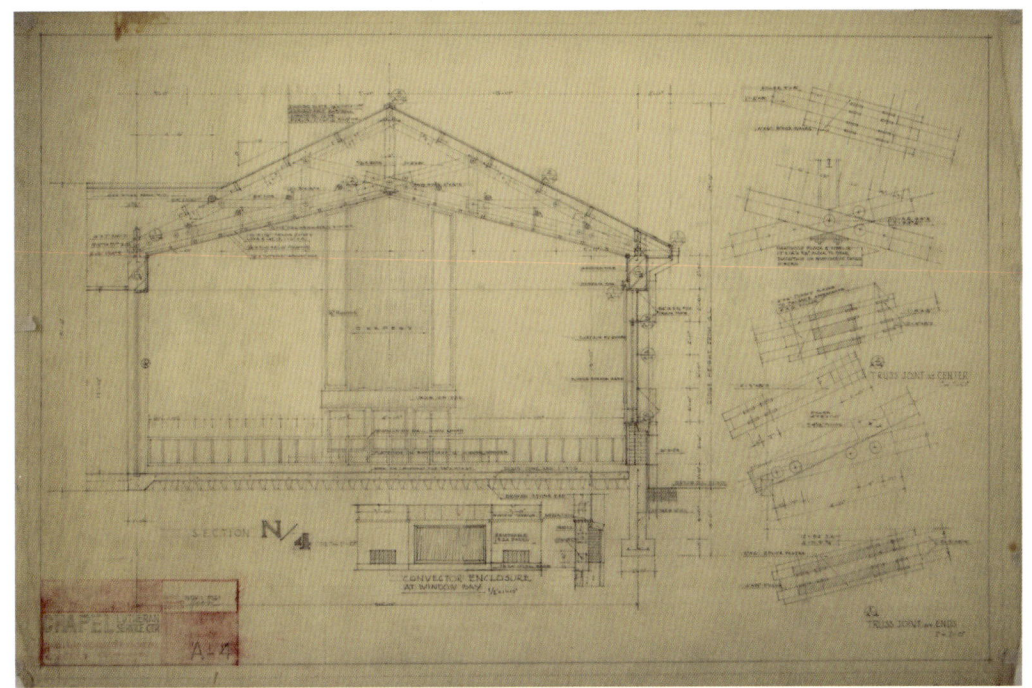

□ 채플 주단면도

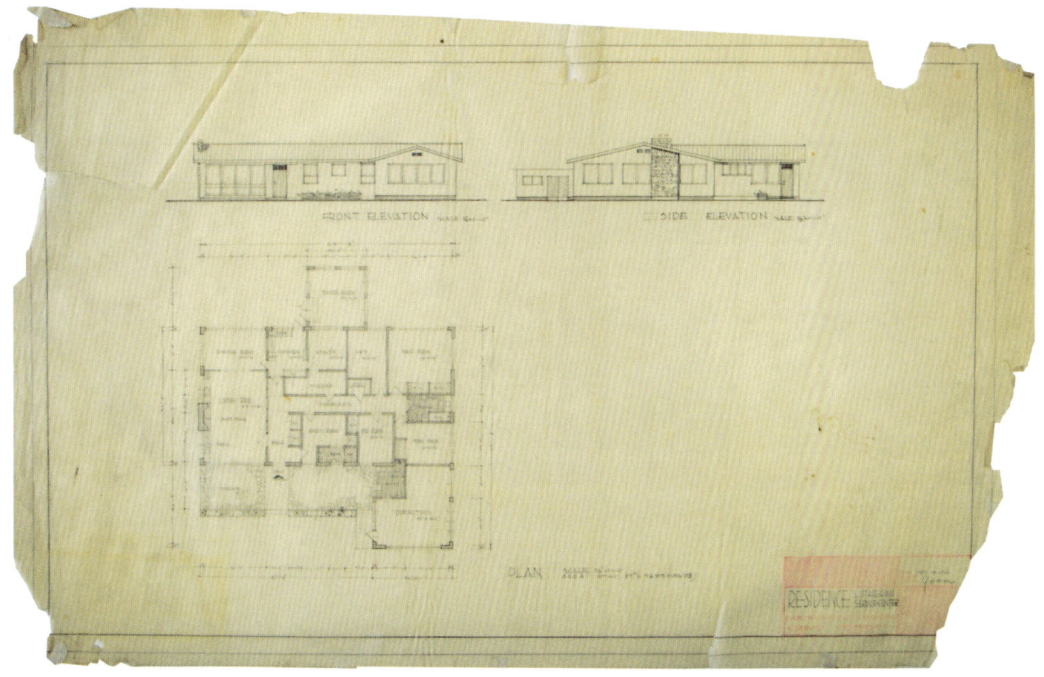

□ 주거동 평면도와 입면도

서강대학교 과학관
(현 학생회관)

1961
서울 마포구 신수동

서강대학교 학생회관은 김중업의 대학본관과 비스듬한 위치에서 절판구조의 지붕으로 덮인 복도로 연결되어 있다. 전체적인 입면구성은 종로 YMCA와 유사하지만 기둥간격 등은 교실의 모듈에 따라 조정되어 YMCA와는 전혀 다른 건물처럼 보인다. 저층부에는 식당을 비롯한 지원시설이 위치하고, 상층부에는 실험실이 배치되었다. 기준층에서 인접한 실험실의 출입구를 복도에서 후퇴시켜 위치시킨 것은 중앙 복도의 폭을 합리적으로 유지하면서, 공간 효율성을 극대화하려는 방안이었다. 서쪽 입면에 계획되었던 벽화는 이루어지지 않았다. 돌출된 저층부의 모서리를 곡면으로 처리한 것은 절제된 매스에 변화를 주어 단조로움을 해소하였으나 지금은 증축되어 그 모습을 찾을 수 없다.

□ 신축 당시 모습. 뒤에 보이는 건물이 김중업이 설계한 서강대 본관 건물

□ 저층부 매스. 저층부의 곡면 매스가 일률적으로 확장되었고 최상층도 일부 증축되었다.

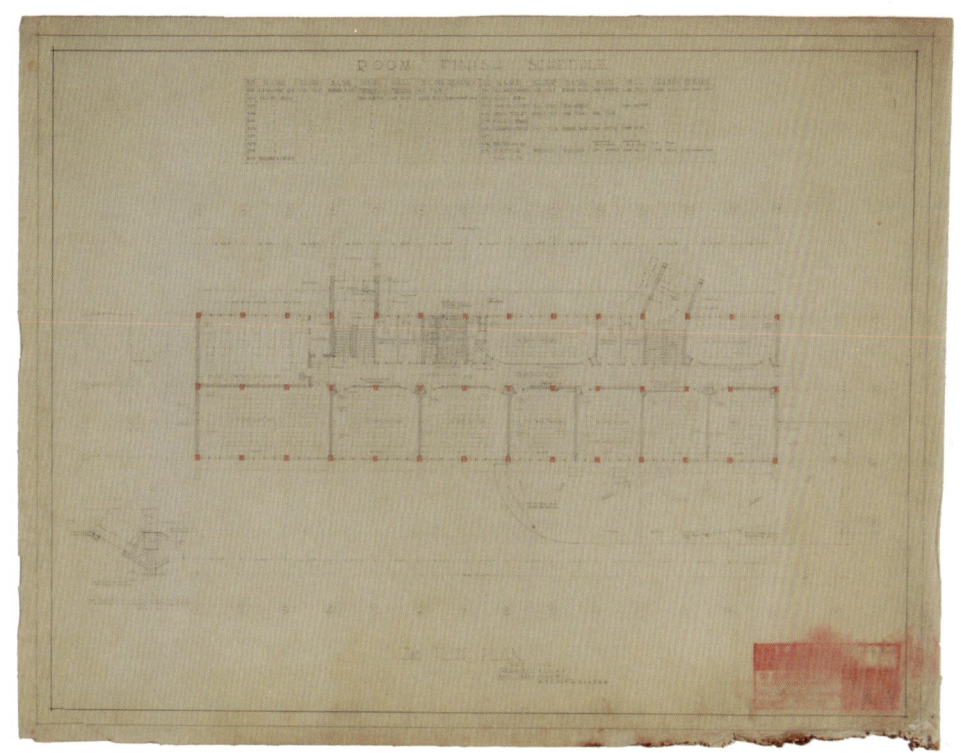
□ 기준층 평면도

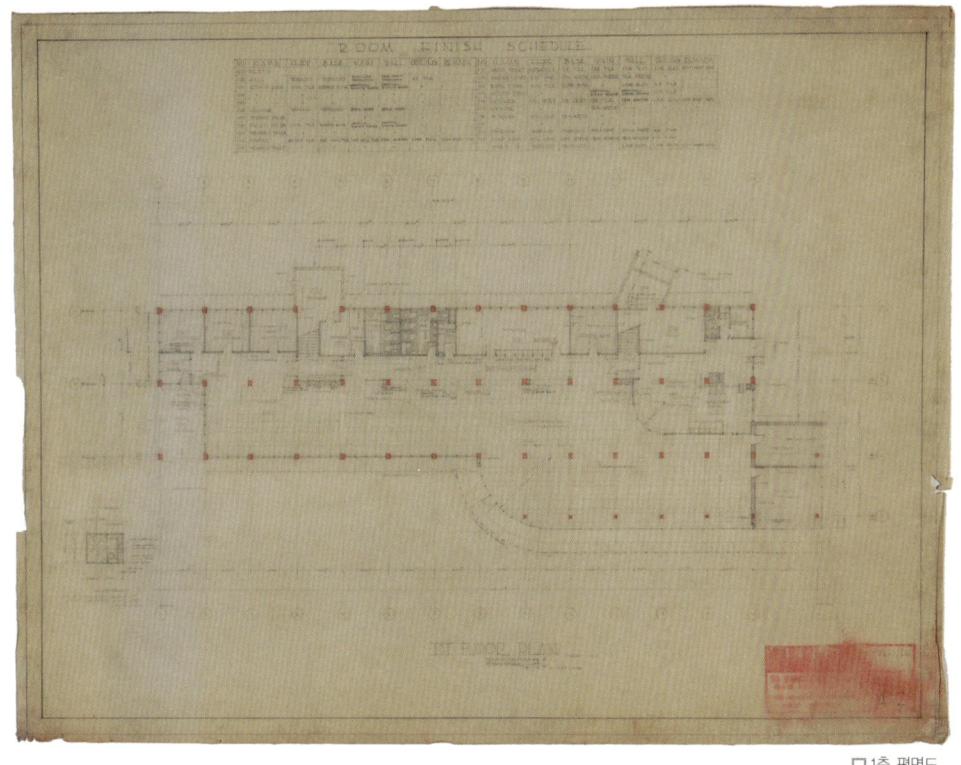
□ 1층 평면도

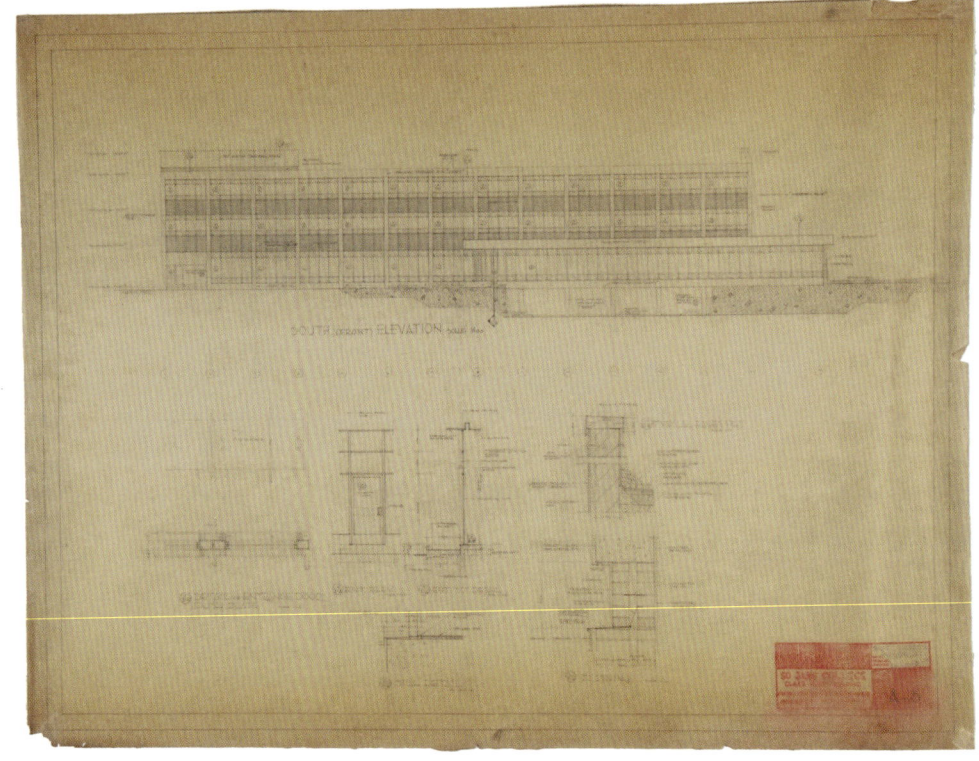
□ 입면도

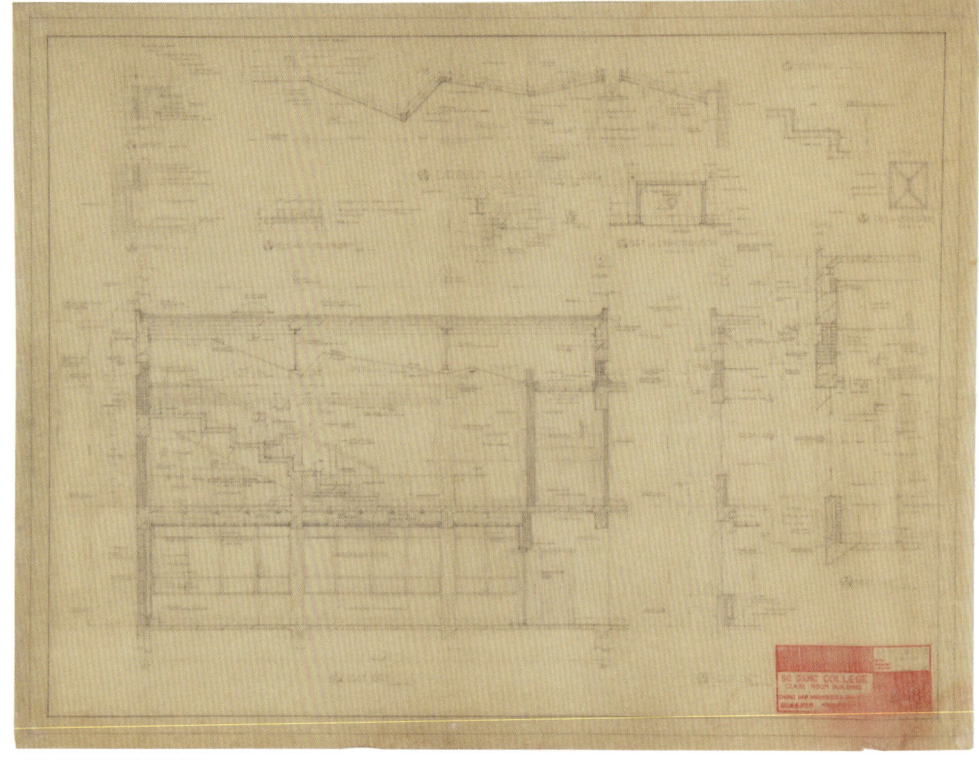
□ 계단식 강의실 주단면도

계단실과 복도

강의실 출입구

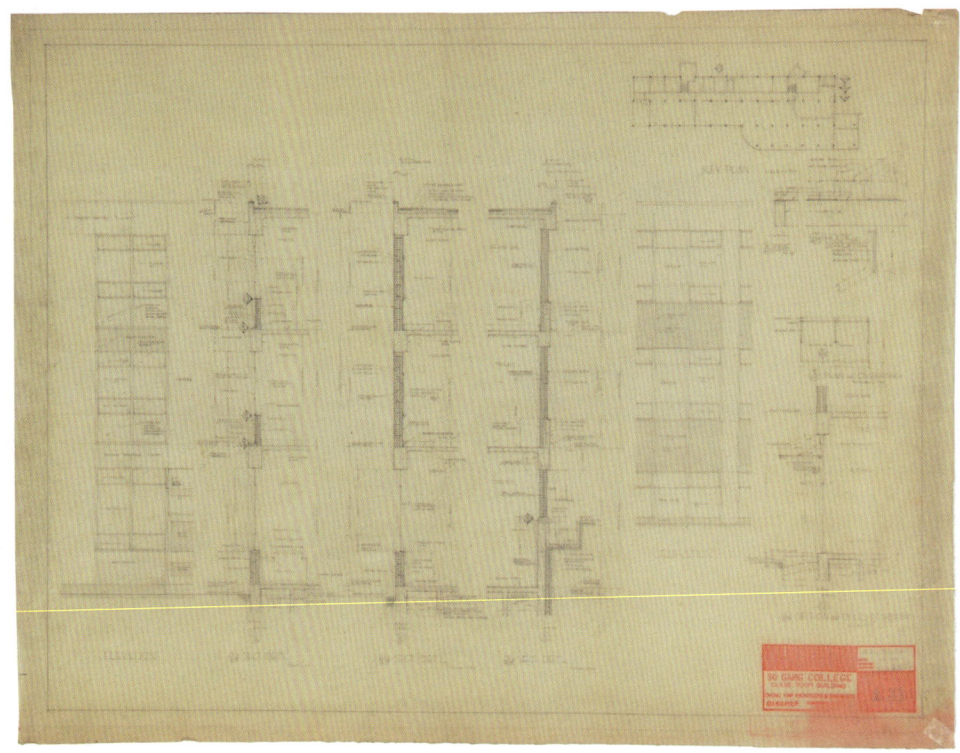
☐ 입단면 상세도

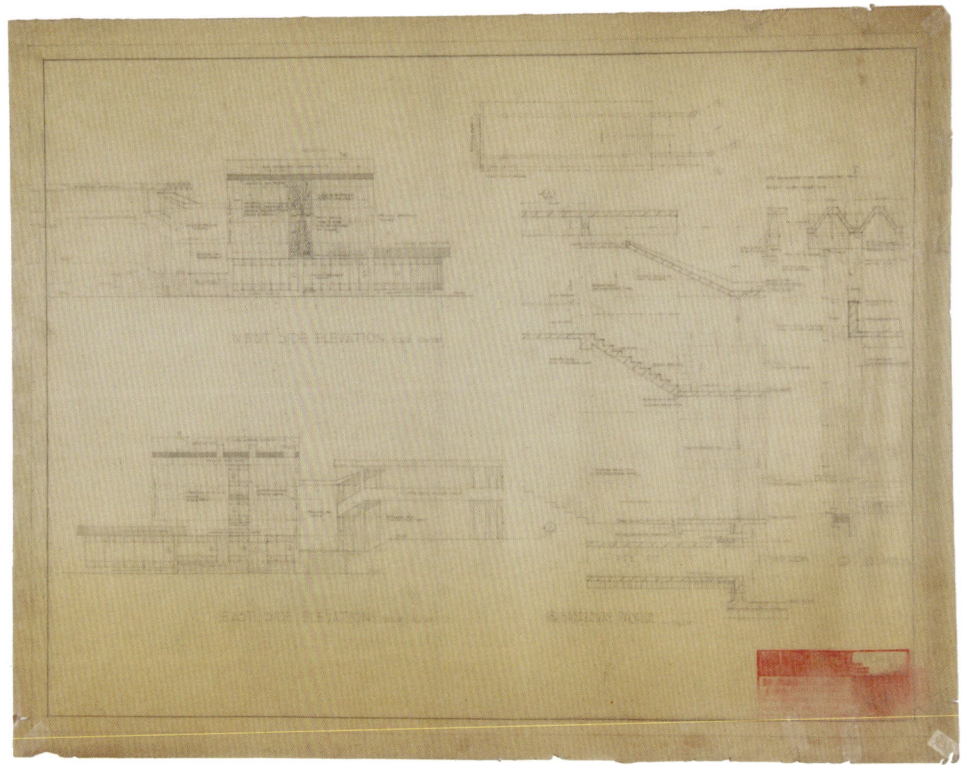
☐ 입면도와 연결부 상세도

□ 본관 연결 브리지와 상부 절판 구조

동대문 실내스케이트장

1961
서울 종로구

서울스포츠센터의 아이스링크로 지어진 동대문 실내스케이트장은 2차례에 걸쳐 디자인이 진행되었다. 첫 번째 디자인은 장충체육관과 같이 원형의 실내체육관이었다. 현존하는 도면을 보면 원형 실내체육관으로 실시 설계까지 완료된 것으로 판단되나, 실제 지어진 것은 장방형의 철골 트러스로 새롭게 설계되었다. 1964년 1월 준공된 동대문실내스케이트장은 우리나라 최초의 실내빙상경기장으로 동계스포츠의 메카가 되었으며, 1985년 철거되었다.

□ 계획안 투시도

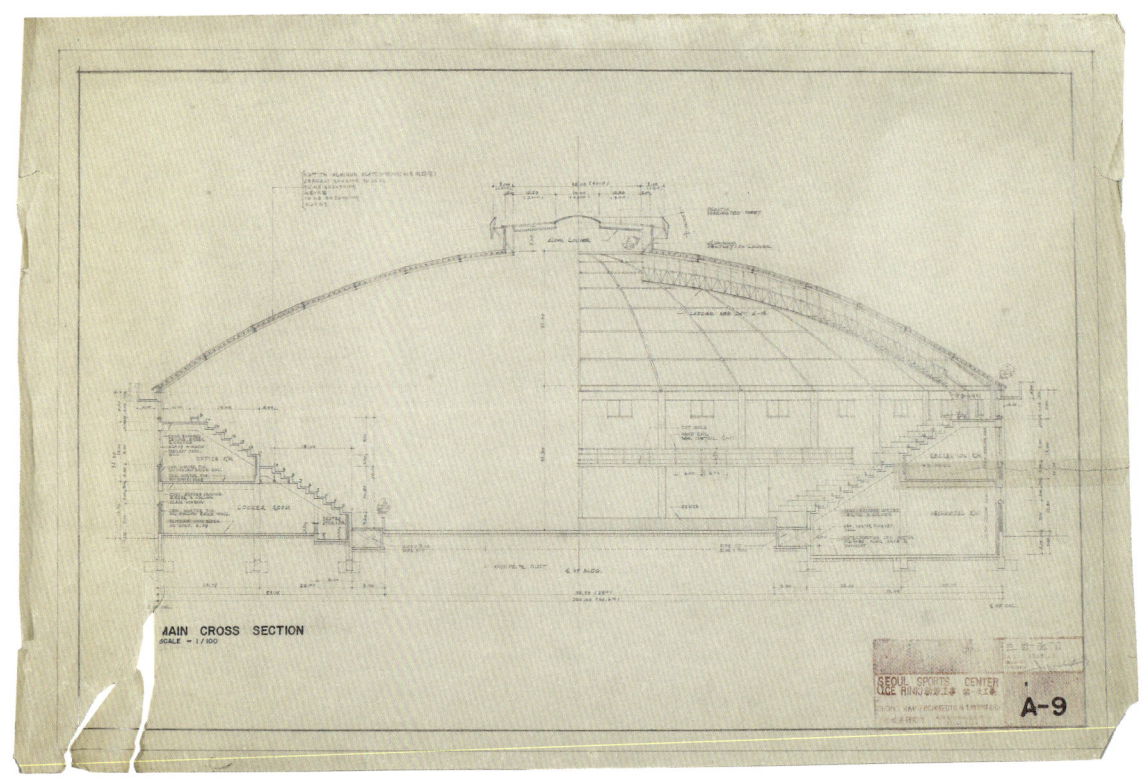

□ 계획안 단면도

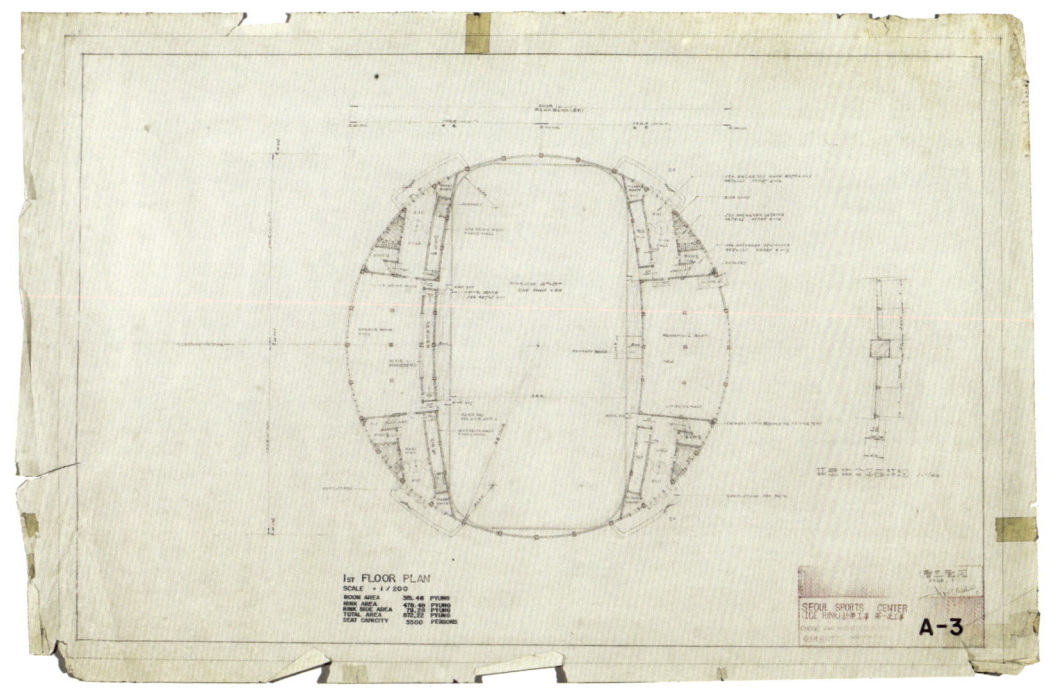

□ 계획안 1층 평면도

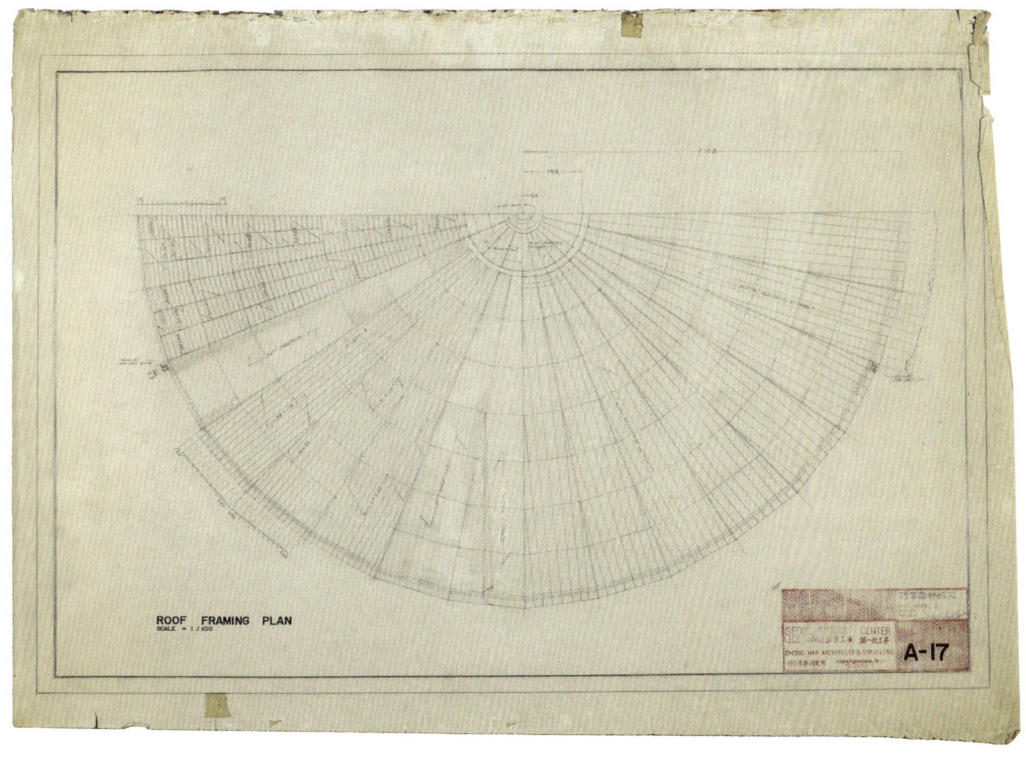

□ 계획안 지붕층 구조 평면도

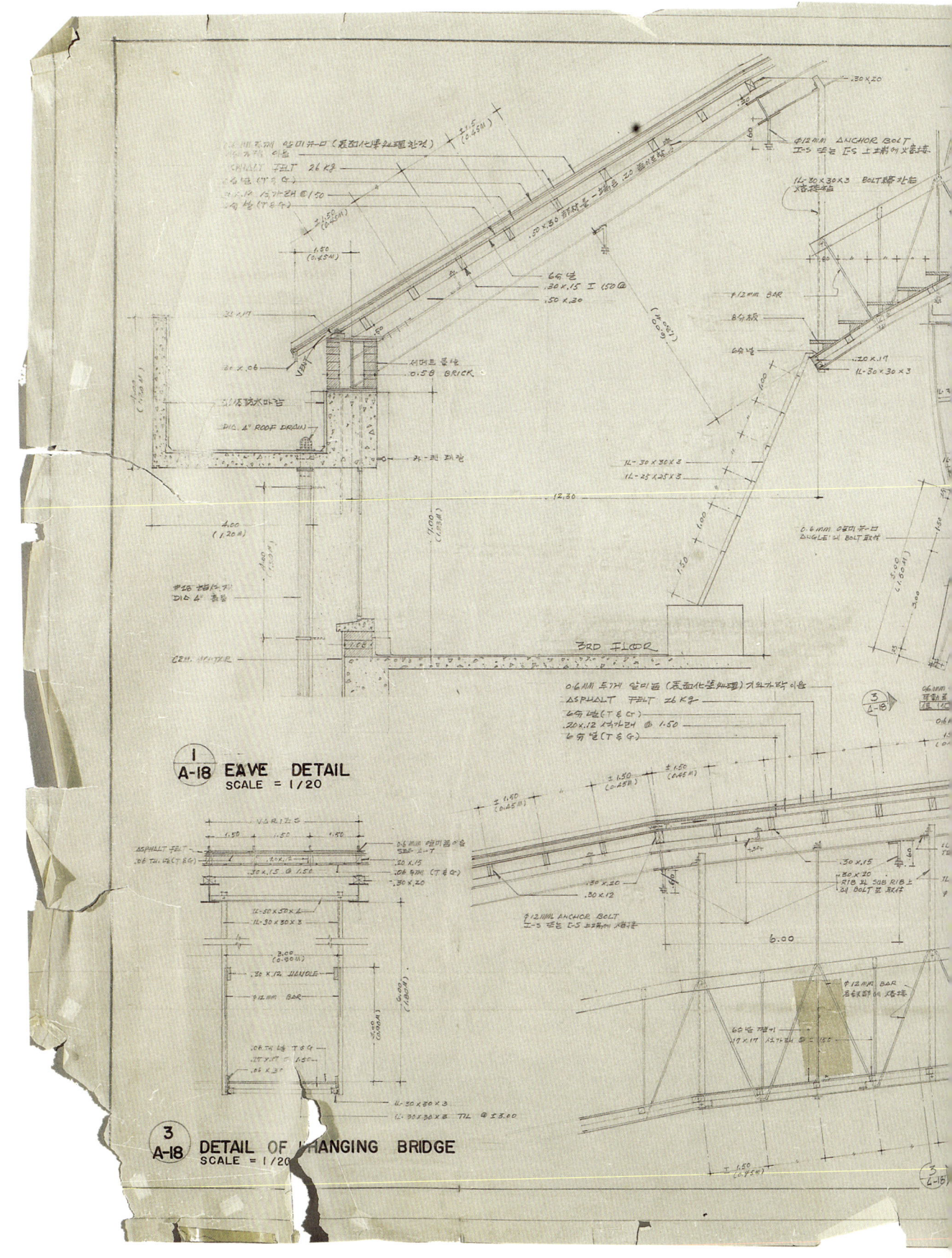

(1/A-18) EAVE DETAIL
SCALE = 1/20

(3/A-18) DETAIL OF HANGING BRIDGE
SCALE = 1/20

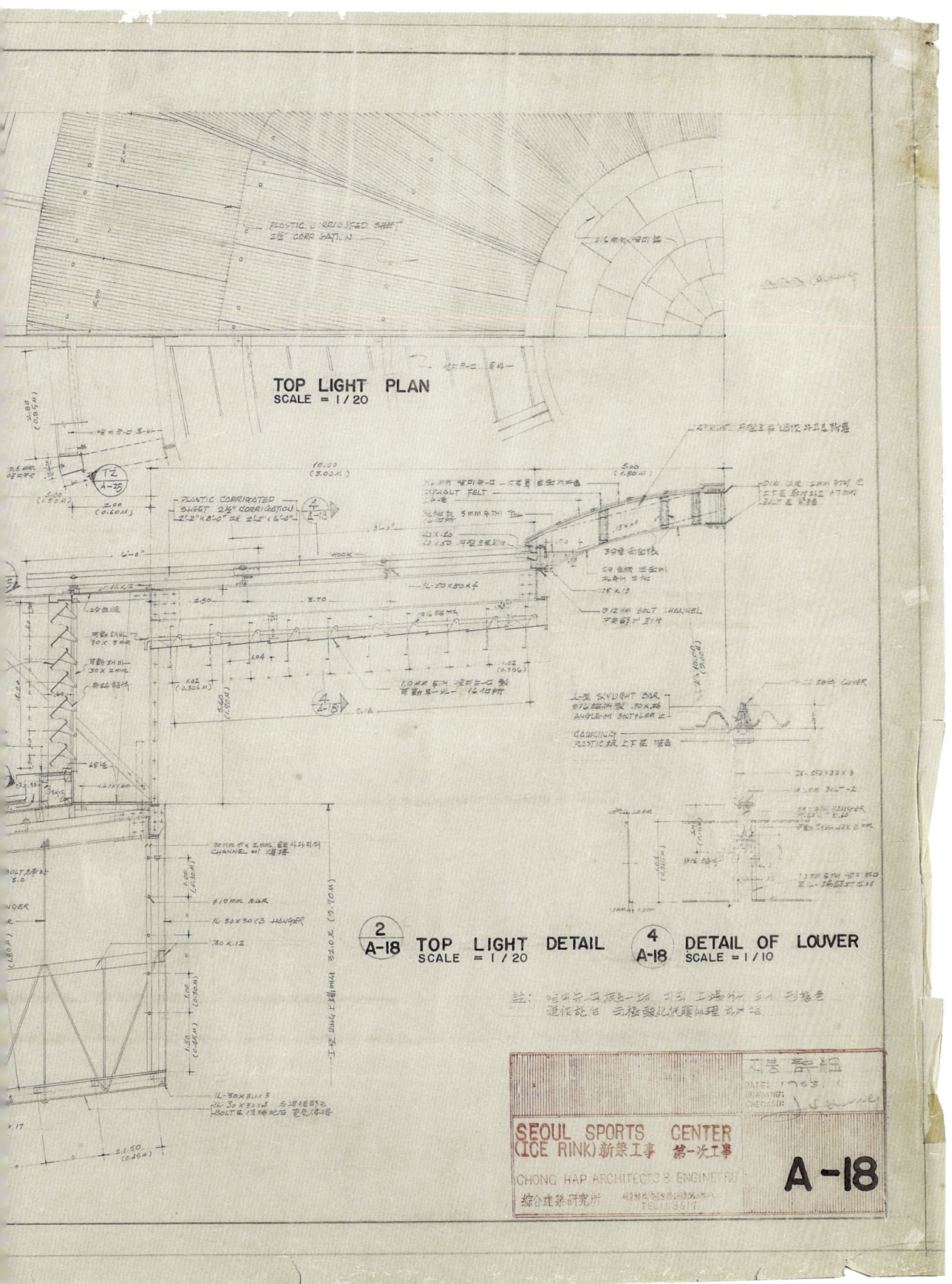

계획안 철골구조 단면 상세도

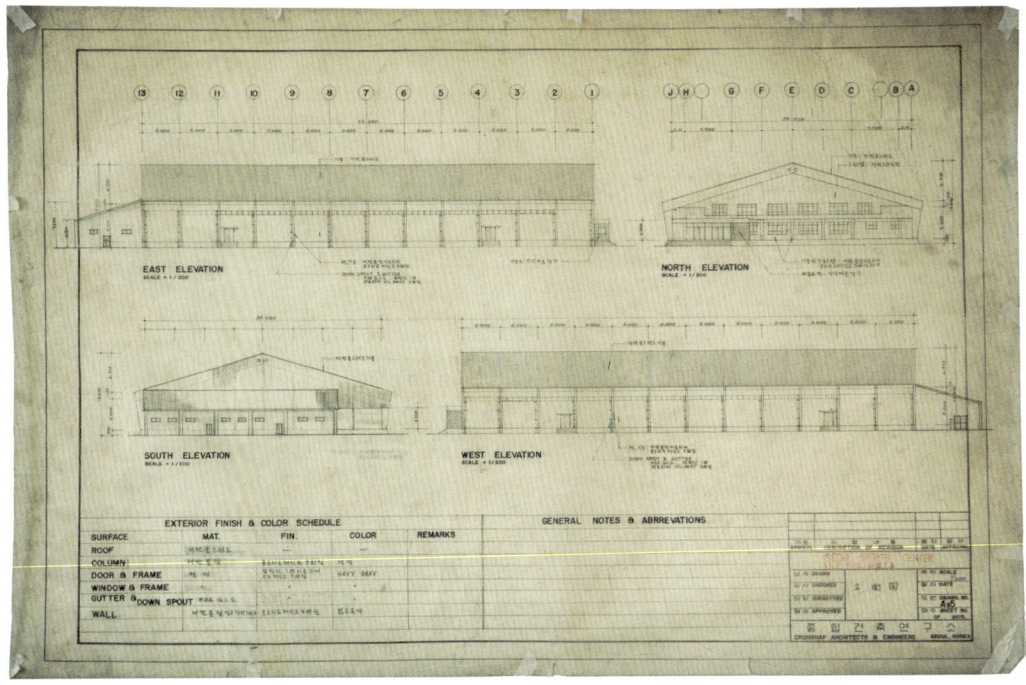
□ 입면도

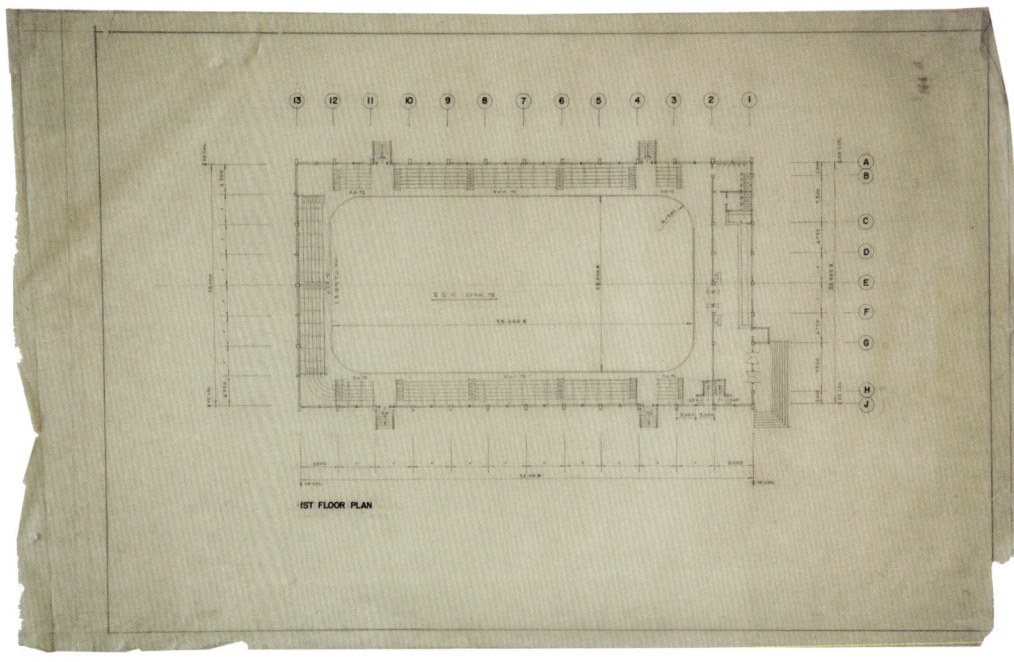
□ 평면도

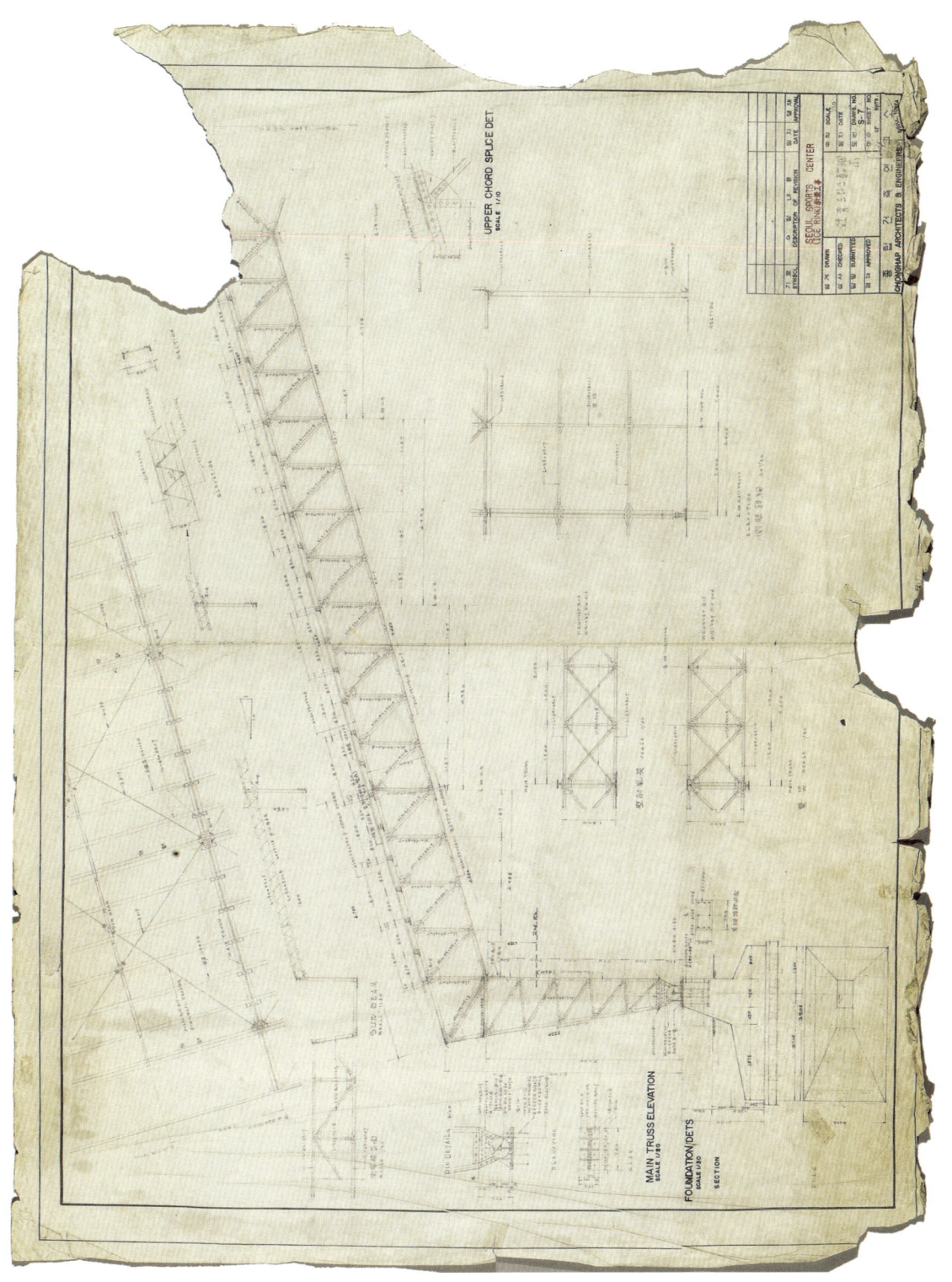

□ 철골 트러스 상세도

장충동 장로교회

1961
서울 중구 장충동

장충장로교회는 고딕 건축양식의 디자인 모티브를 근대건축구법으로 구현하여 기능과 구조 미학을 결합한 교회건축이다. 기둥이 없는 무주공간을 만들기 위해 원통형 쉘로 장스팬의 지붕구조를 만들고 이를 횡 방향으로 배열하여 기둥이 없는 예배공간을 만들었다. 대 공간을 위한 원통형 쉘의 단면에 의해 외부에 드러난 반원형 아치와 반원형 아치의 교차를 통해 구현한 고딕 건축의 수직성과 고딕 건축의 장식적 특징인 트레이서리를 구현한 디자인은 현대건축구법의 기본 물성에 충실하면서 전통적인 교회건축의 상징성을 구현해낸 수작이다. 2006년 철거되었다.

□ 투시도

□ 전경

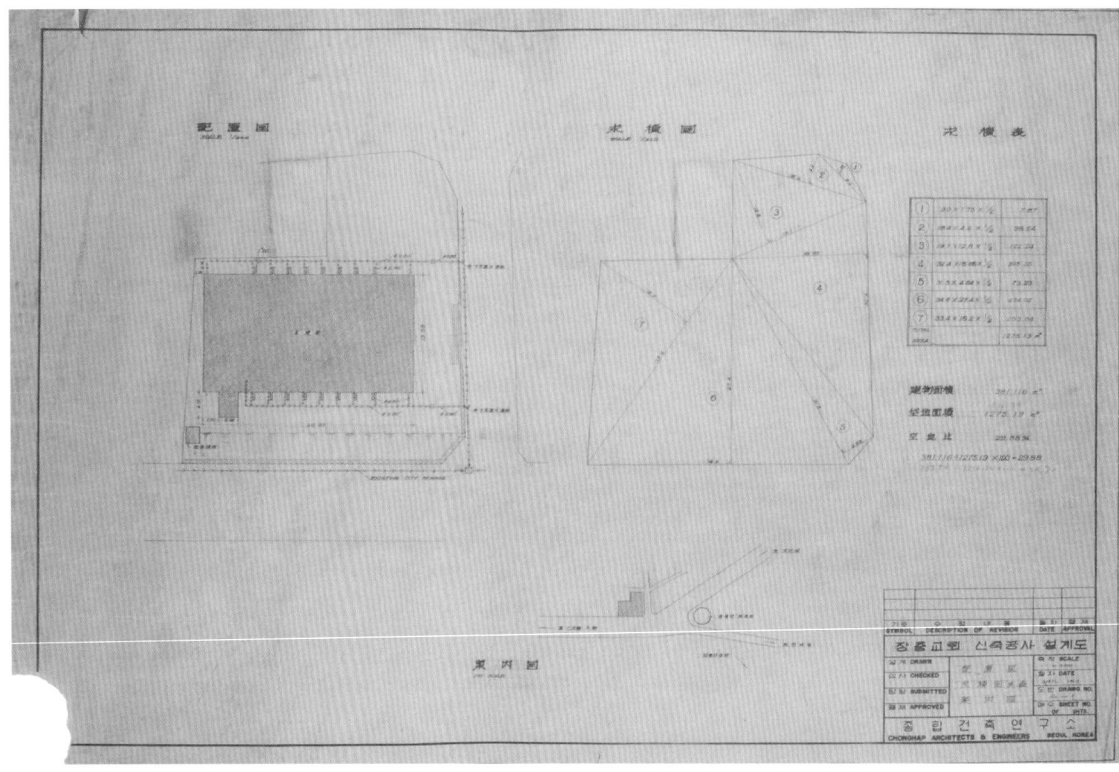

□ 배치도

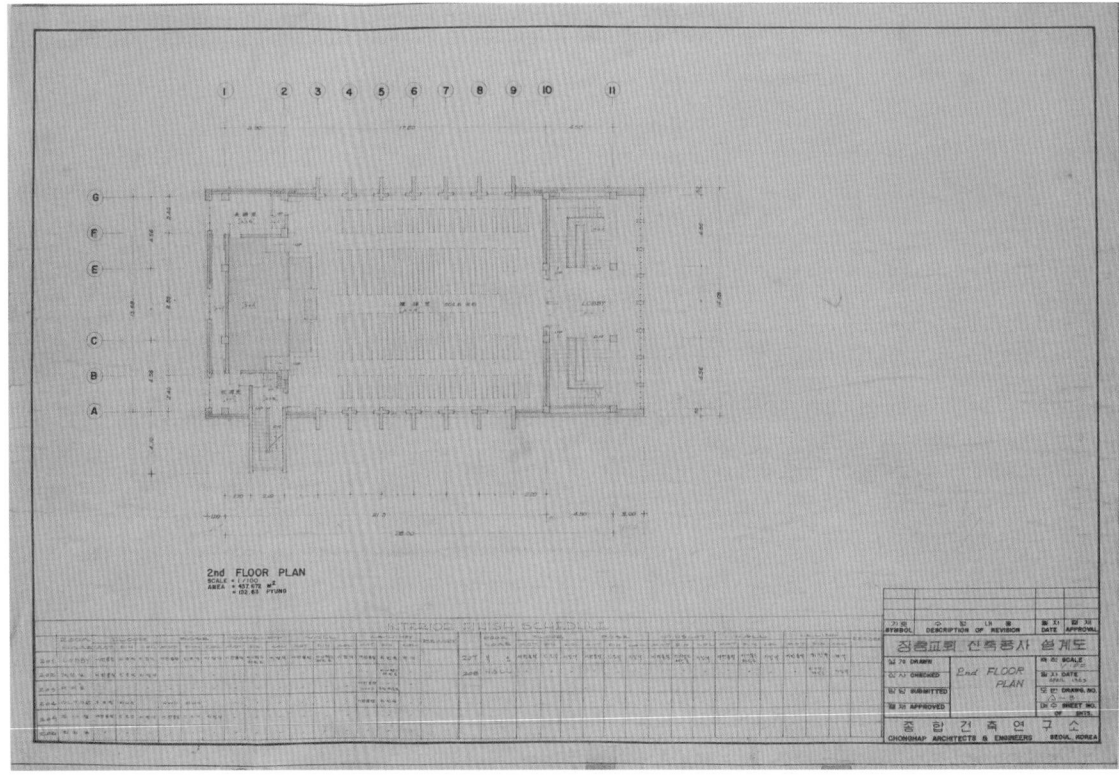

□ 평면도

□ 계단실

□ 예배당 실내 전경

□ 정면 볼트 창호

□ 측면 창호

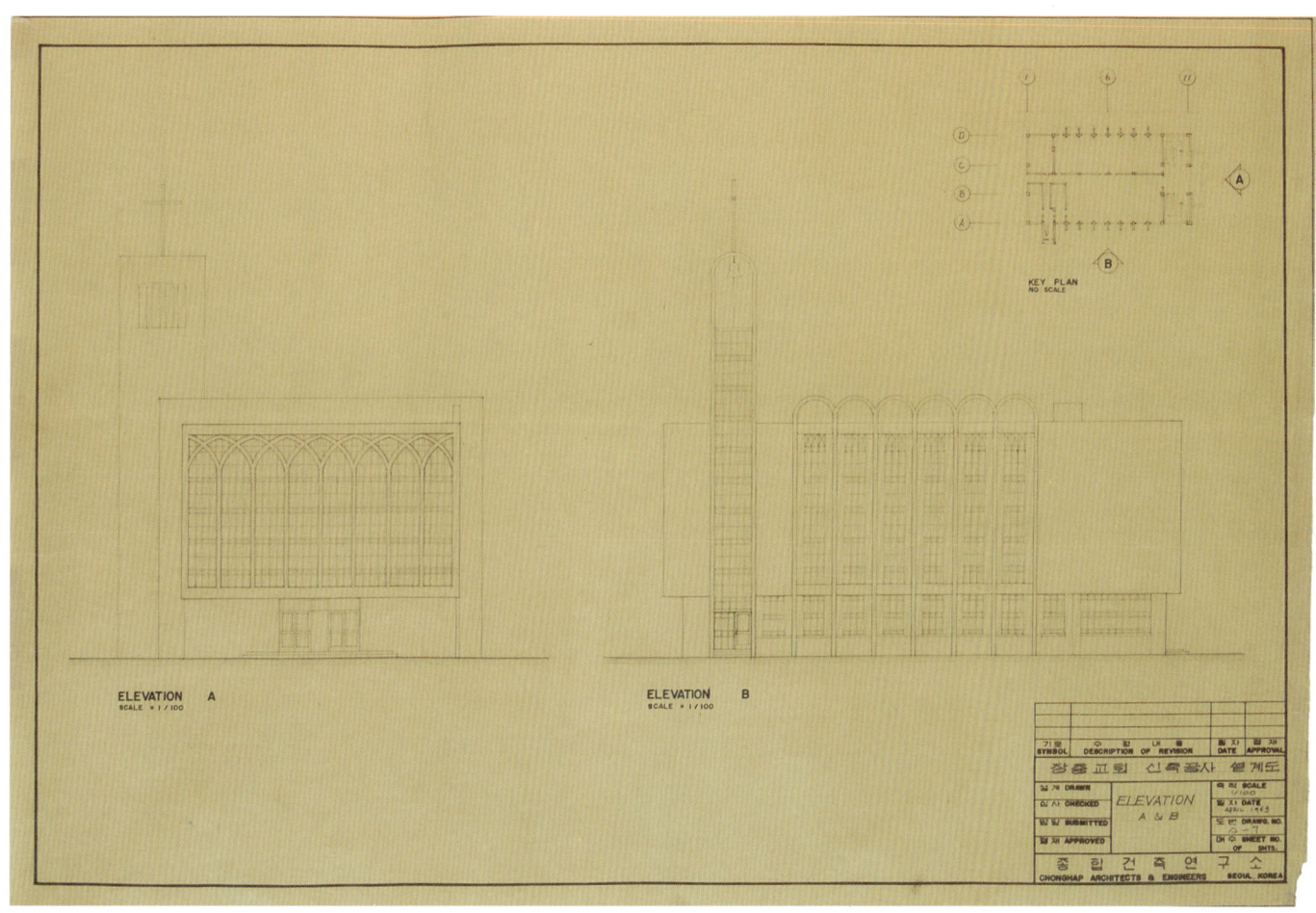

입면도

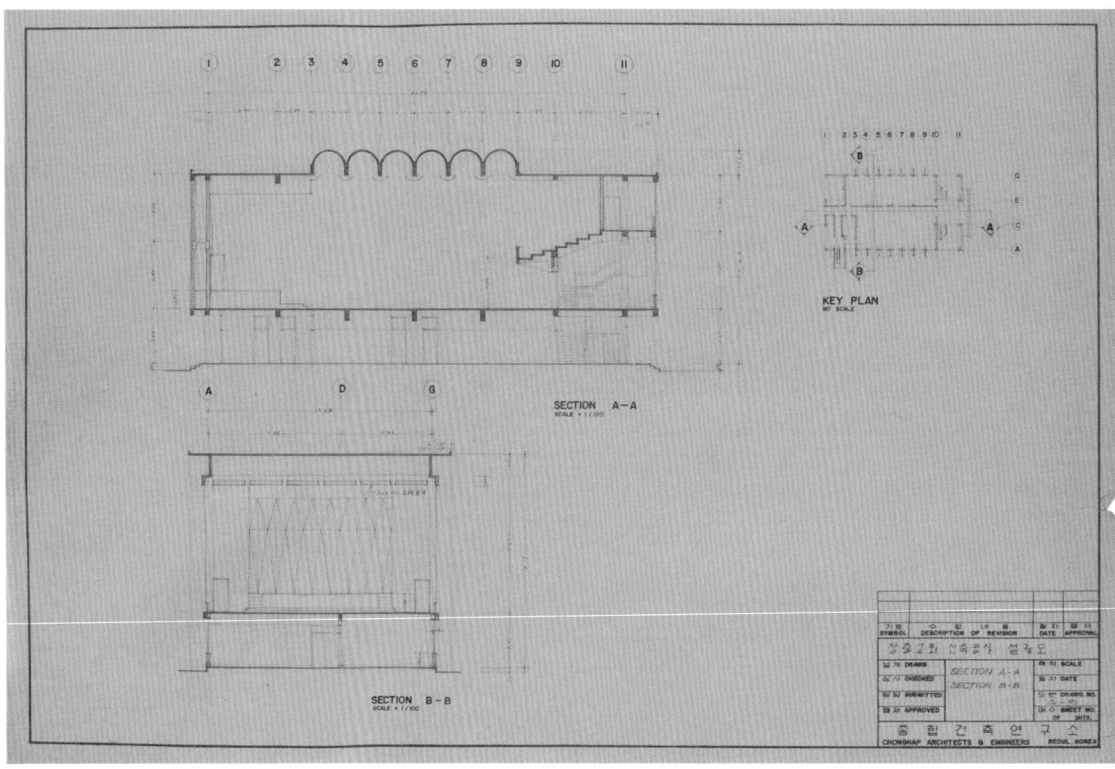

□ 예배당 주단면도

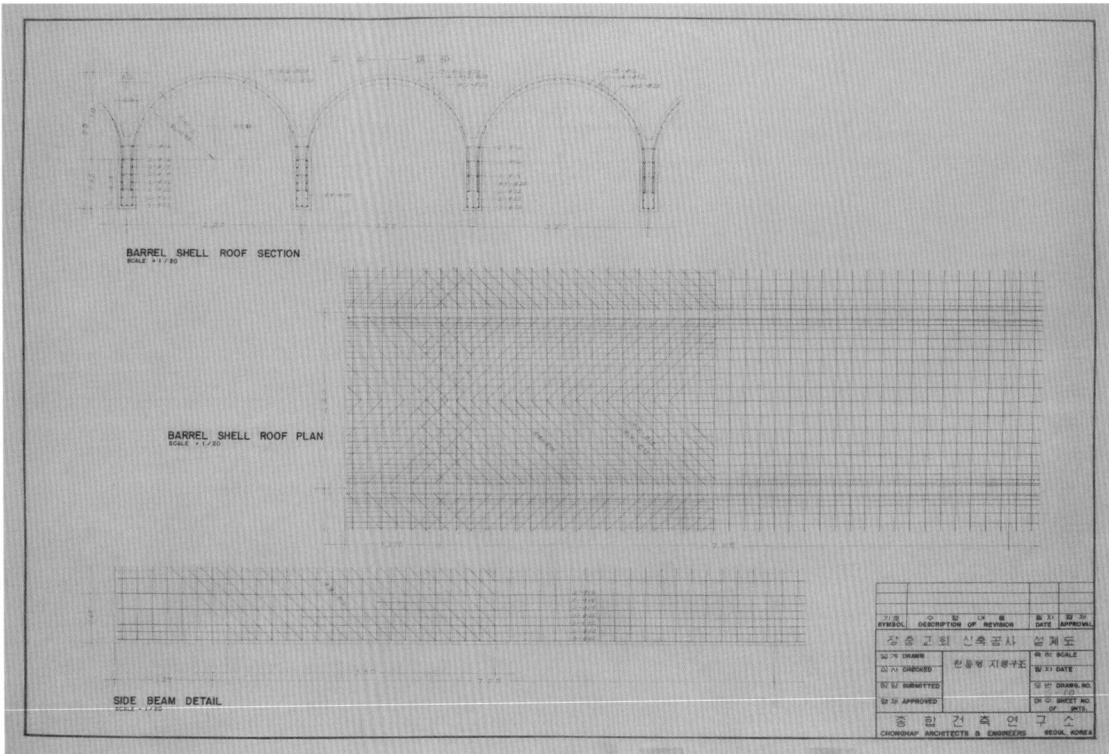

□ 볼트 구조도

□ 지붕 볼트구조

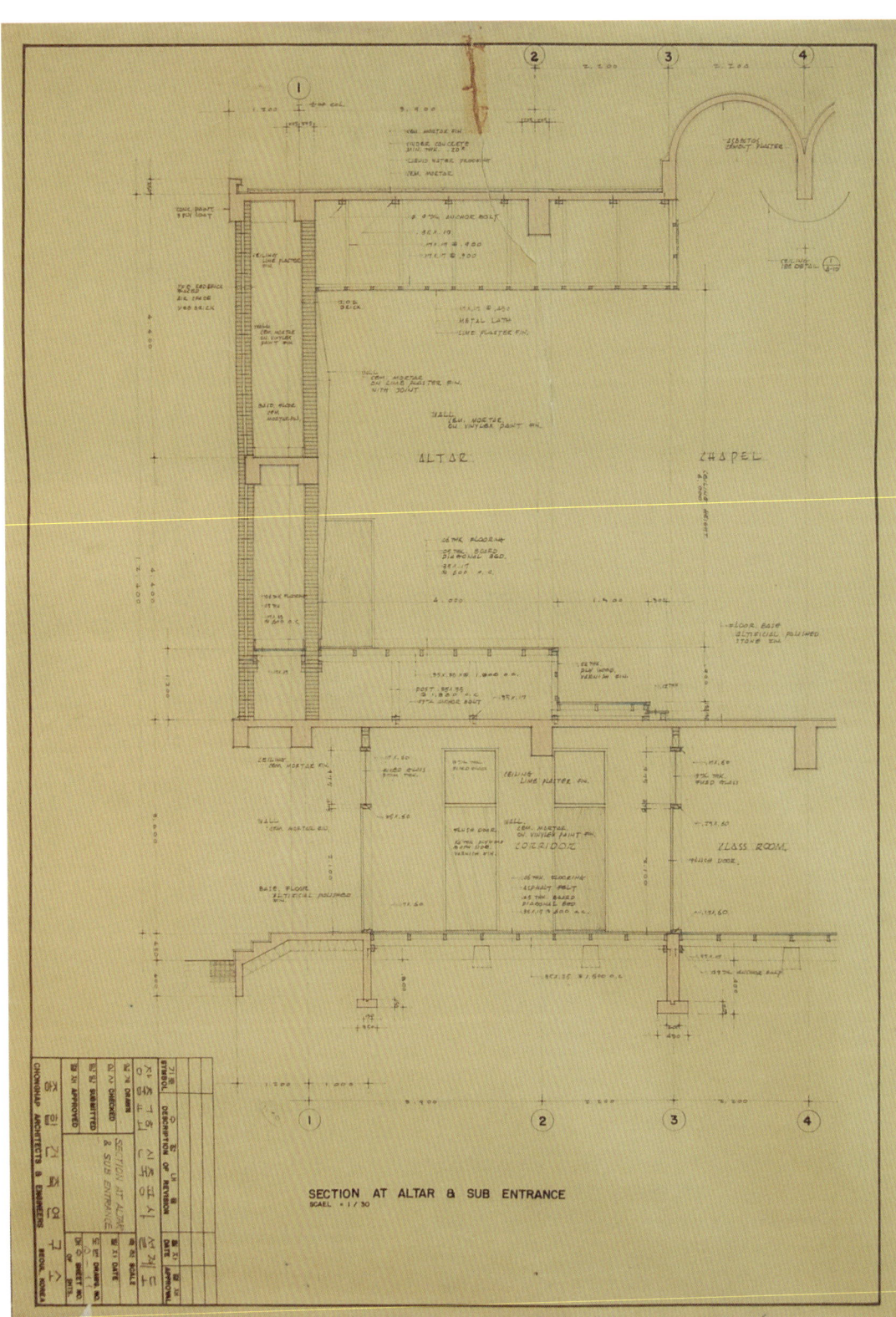
□ 단면 상세도

서울예술고등학교 교사 및
이화여자중고등학교 특별교실
(현 예원학교)

1962
서울 중구 정동

정동에 서울예술고등학교 교사로 지어진 이 교사는 1967년 예원 중학교가 설립되면서 중학교교사로 전환되어 오늘에 이르고 있다. 건물의 전체적인 윤곽은 신축 당시의 윤곽을 그대로 유지하고 있으나, 서울예고 교사의 백미라고 할 수 있는 서쪽 입면의 콘크리트 루버는 증축 과정에서 사라져 옛 모습을 찾아볼 수 없다. 주입면 구성에서 창호 하단부의 벽돌 쌓기를 통줄눈으로 처리한 것은 작은 부분에서도 건축물 전체의 모더니즘 미학의 일관성을 추구하는 건축가의 의지가 돋보이는 부분이다.

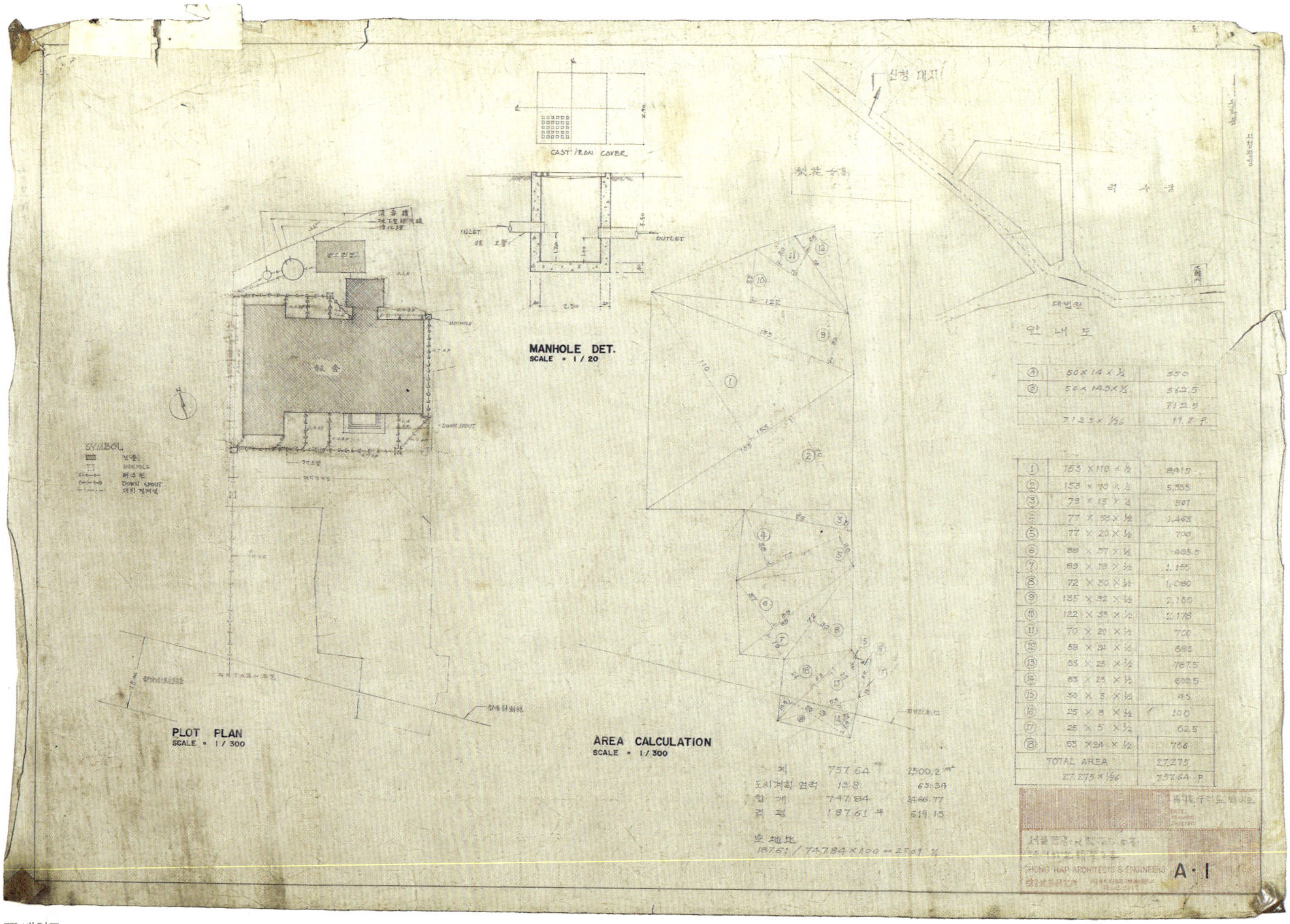

□ 배치도

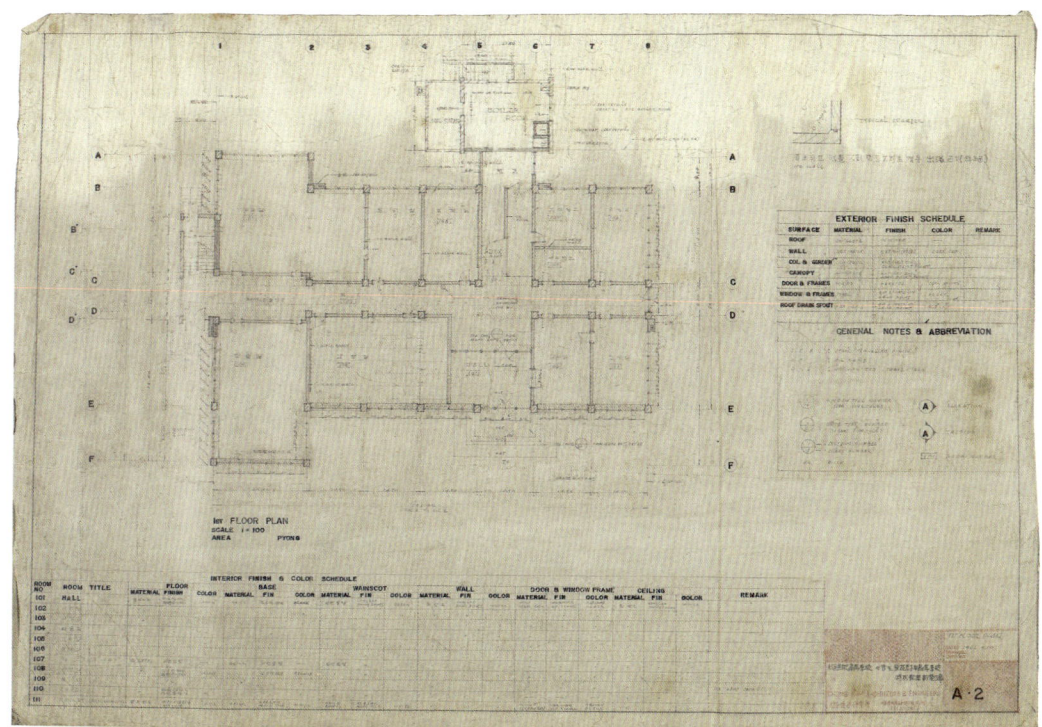

□ 1층 평면도

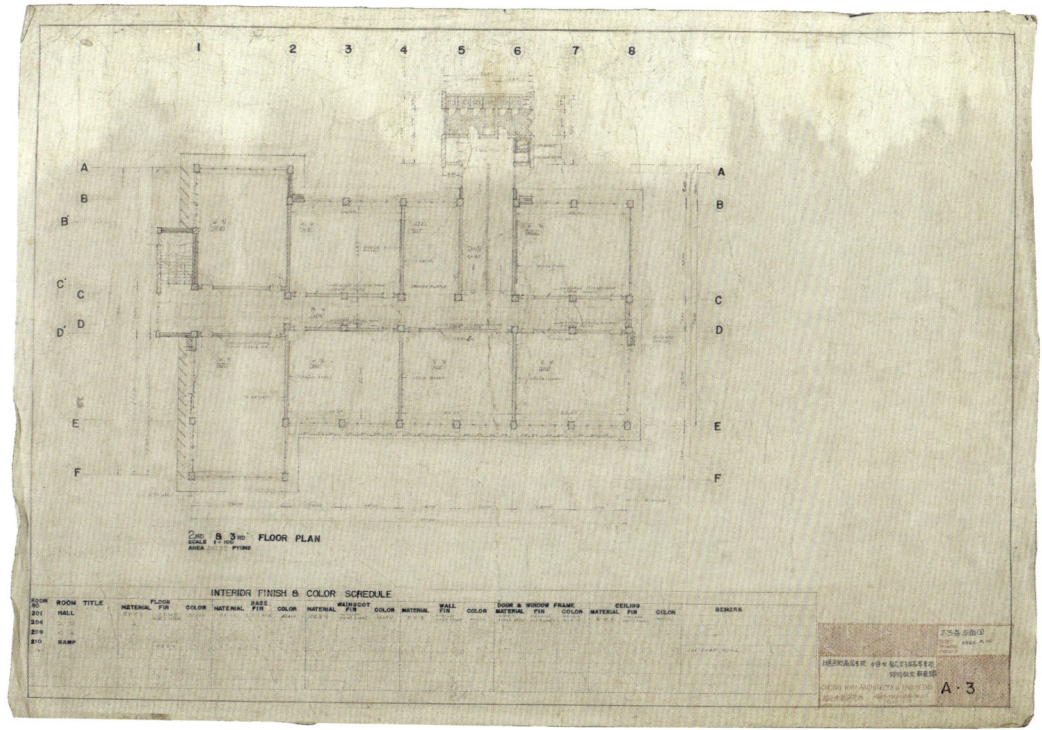

□ 2층 평면도

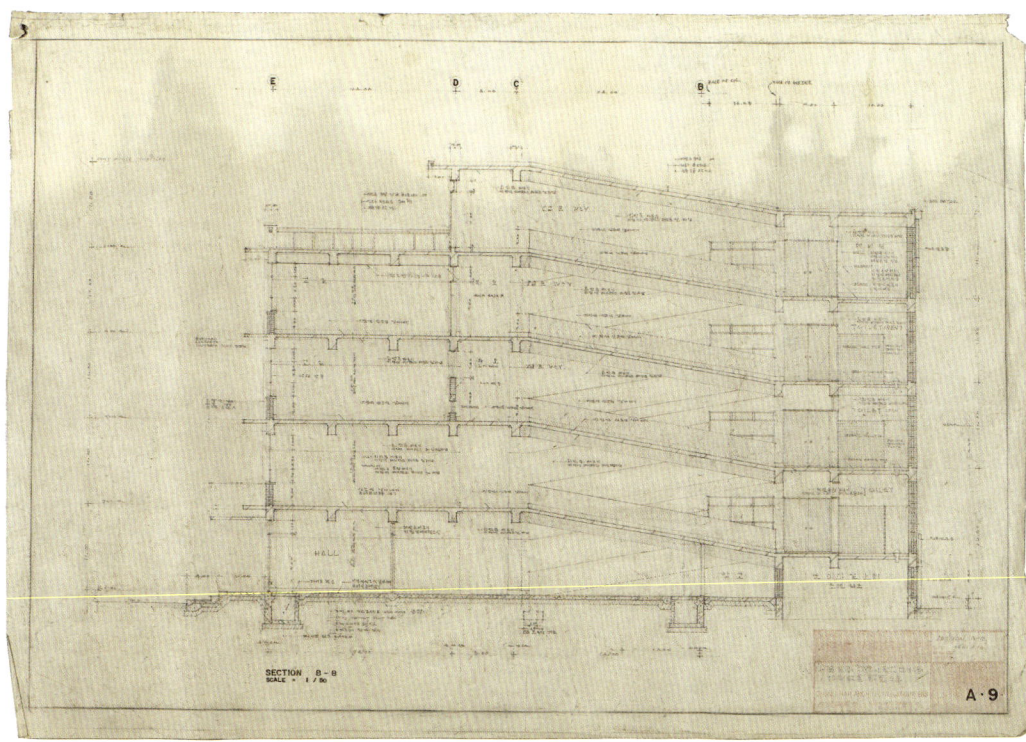

□ 단면도

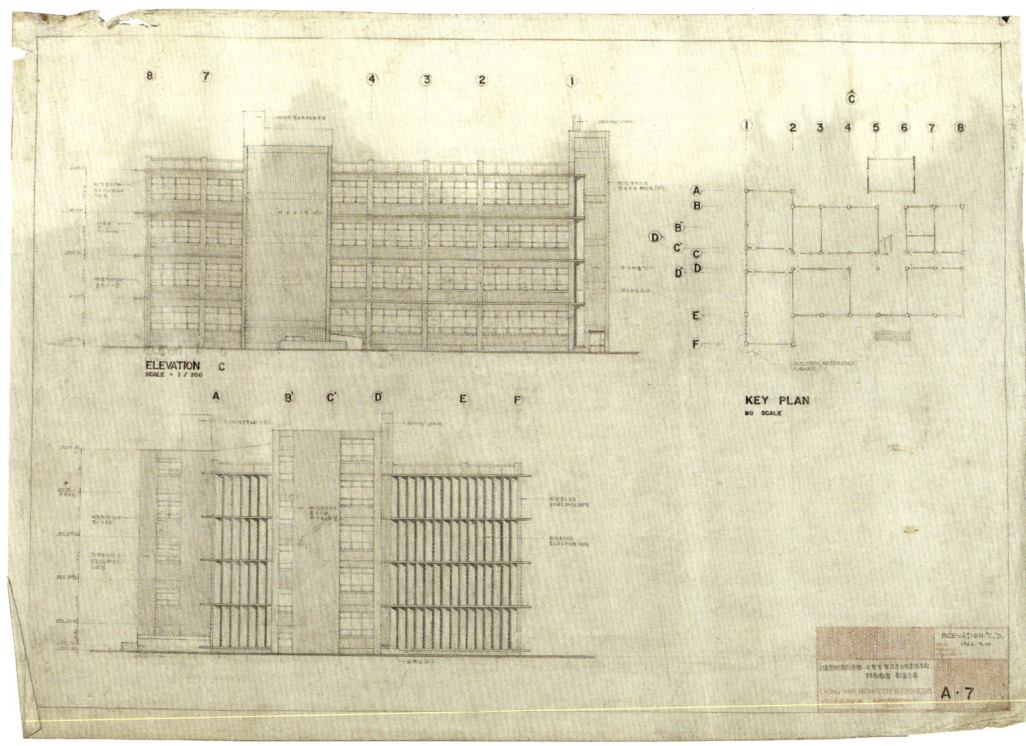

□ 입면도

CONC. LOUVER ELEVATION
SCALE 1/30
PRE-CAST CONC. VERTICAL LOUVER 0.35 TH.
EXPOSED CONC. HORIZONTAL LOUVER 0.35 TH.
EXPOSED RED BRICK FIN.
FIN. GL.
CONC. LOUVER SECTION A—A
SCALE 1/30
FL. TO CEILING
0.58 BRICK
METAL TIE
0.50 BRICK
PIPE PIT
1ST FL.
2ND FL.
3RD FL.
FIN. FL. LINE

PRE-CAST CONCRETE VERTICAL LOUVER 0.30 TH.

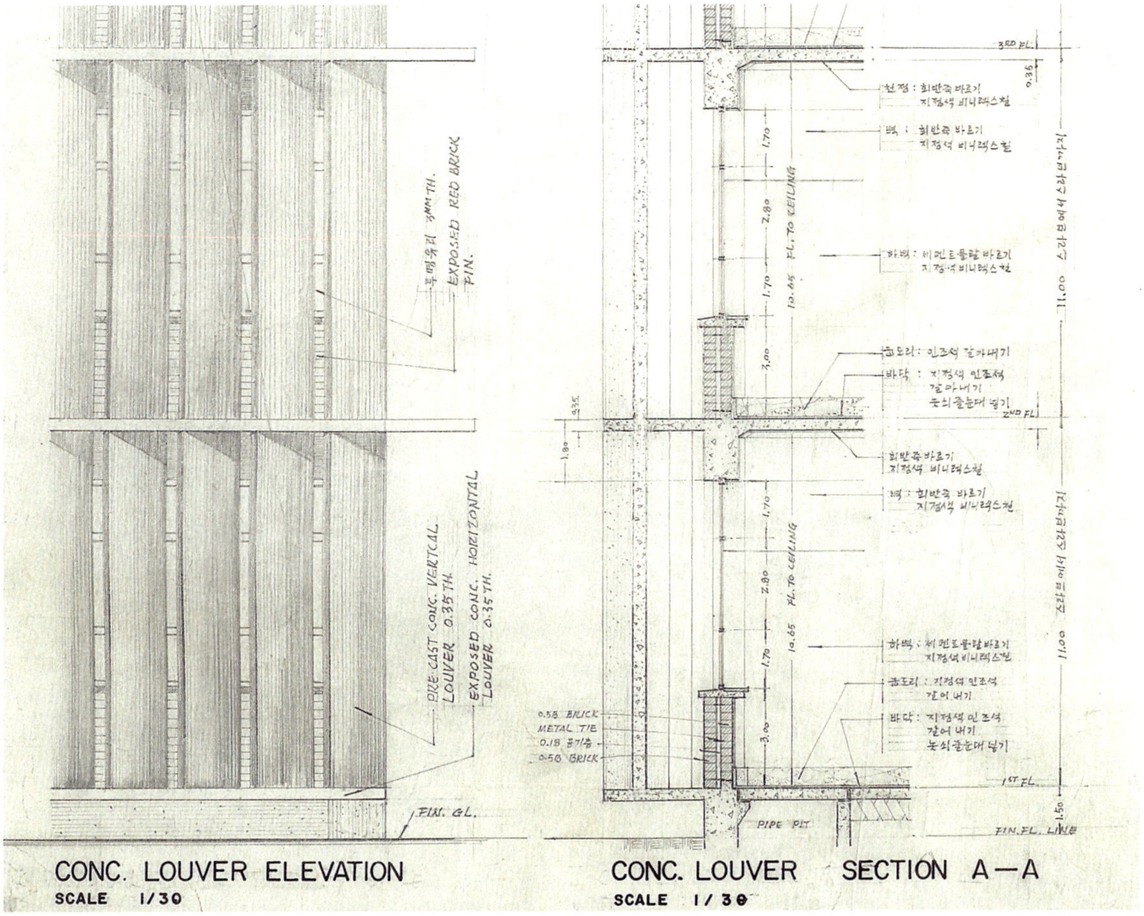

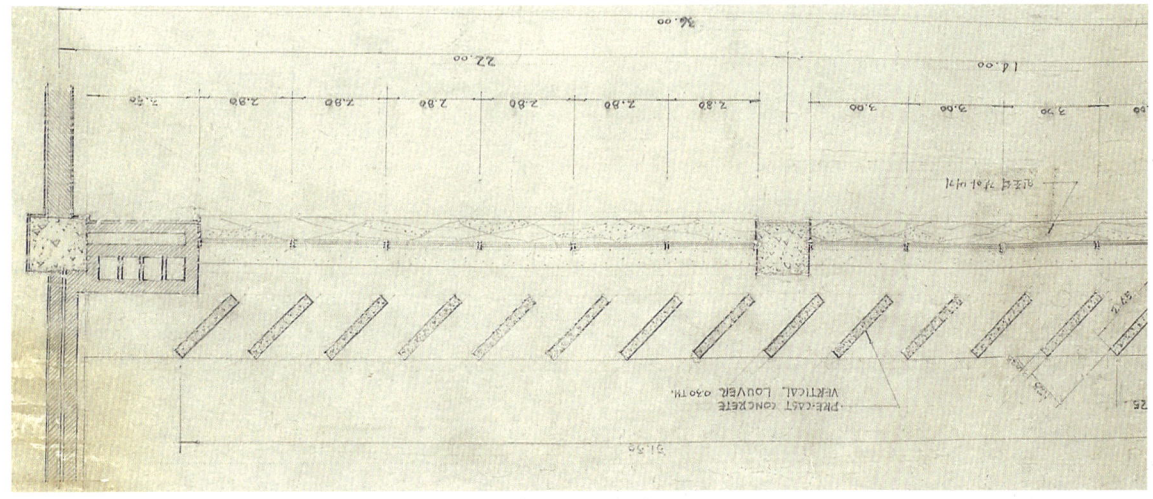

□ 루버 상세도

대한화재해상회관

1964년
서울 중구 서소문동

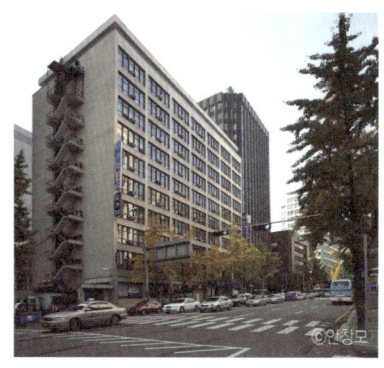

한일빌딩에 이어 두 번째로 설계한 본격적인 사무소건축이다. 대지조건의 차이로 매스의 형상은 다르지만 커튼월 디자인을 철근콘크리트와 철제창호로 구현했다는 점에서 같은 맥락의 건축이다. 명동성모병원이 인터내셔널스타일을 수작업에 의한 알루미늄커튼월의 한국적 번안이라면, 대한화재빌딩은 철근콘크리트와 철제창호에 기초한 한국적 번안을 보여준다는 점에서 차이를 갖는다. 한편, 국내 사무소건축에서 엘리베이터와 계단실의 코아시스템을 도입한 초기 작품이다.

ⓒ안창모

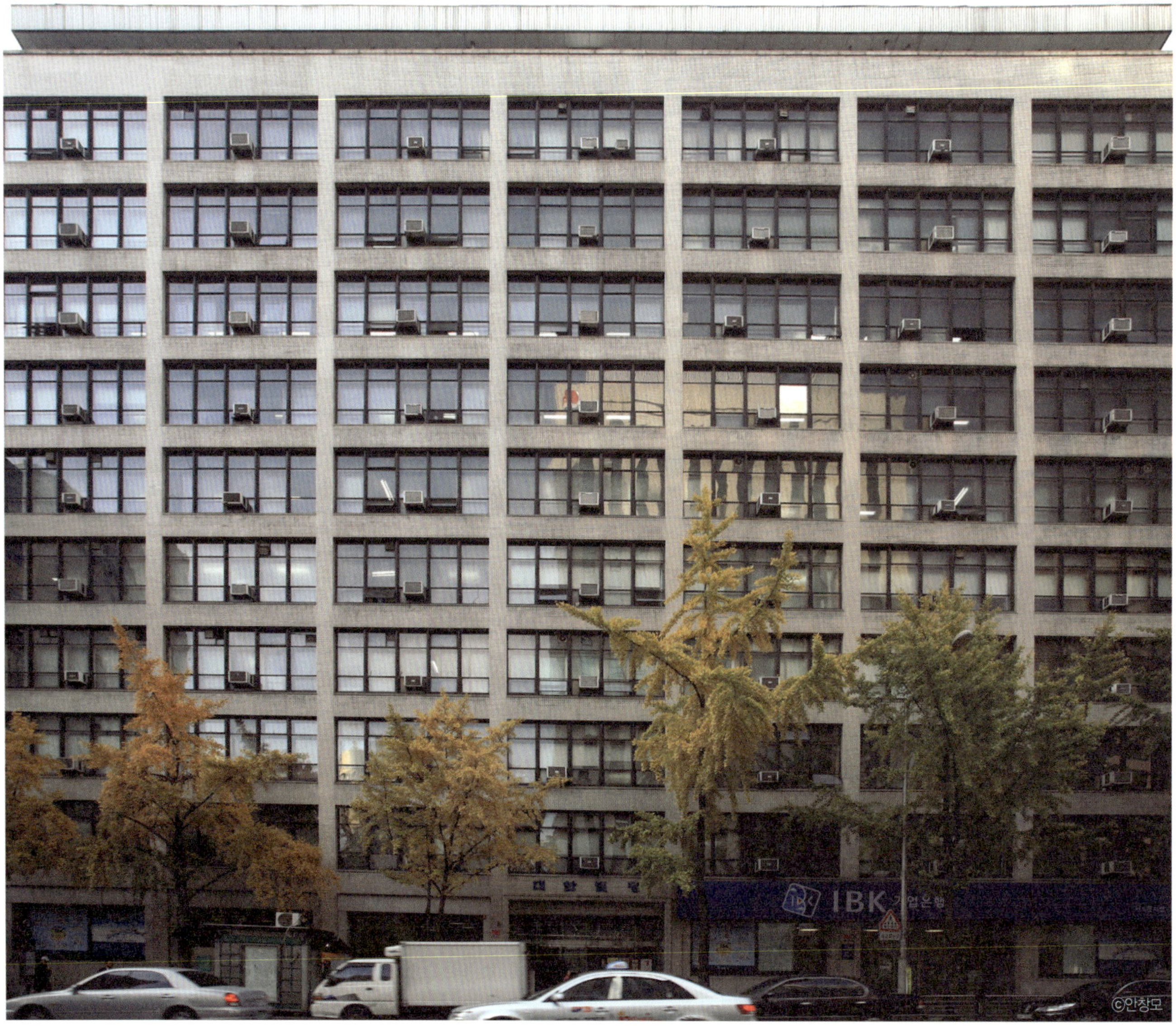

ⓒ안창모

□ 외부 계단

□ 측면 창호 상세

□ 1층 로비

□ 전면과 똑같은 모습의 배면 전경이다. 오른편 건물은 정인국의 교육위원회 건물.

동교동 빌딩

1965
서울 서대문구 동교동

산부인과 의원과 주거기능을 가진 동교동 빌딩은 자신이 특허를 출원한 프리캐스트 공법으로 설계한 후 직접 시공한 건축물이다. 4면 중 도로에 면한 2면은 프리캐스트 콘크리트 패널로 마감되었지만, 노출되지 않은 북측과 확장 여지를 남긴 동 측면은 콘크리트 블록으로 마감되었다. 프리캐스트 공법에 의한 동교동 빌딩 설계는 경제개발기에 급증하는 건축수요에 대응하려면 공업화 건축기술 개발과 중요하다는 판단에 따른 결과다. 작가가 직접 '다이아몬드' 패턴으로 명명한 외벽패널의 디자인은 콘크리트 패널의 두께를 최소화하면서 패널의 강성을 높이기 위한 방편이자, 외벽의 단조로움을 해소하기 위한 조형적인 시도다. 공업화 건축의 단순 반복의 미학과 조형을 결합하는 시도는 연세대학교 학생회관에서 결실을 맺는다.

용산–수색간 철로가 폐선되면서 주변 공원화사업의 일환으로 철거되었다.

□ 시공사진

□ 전경

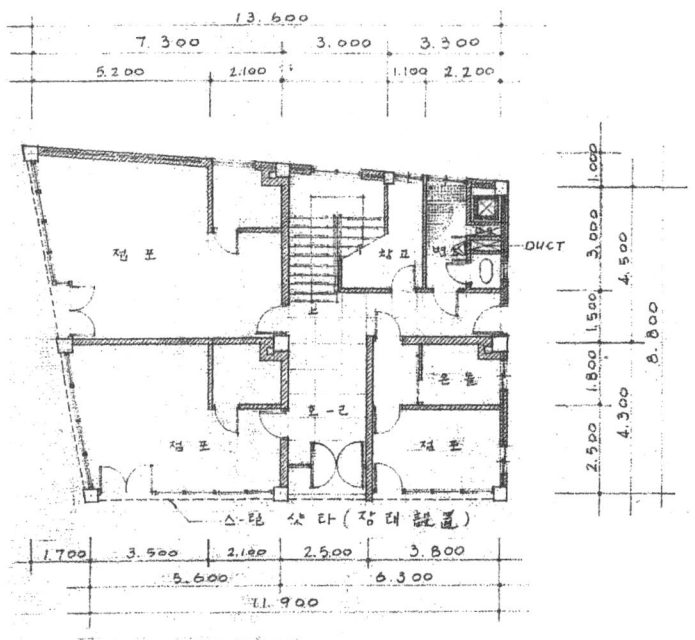

1st FLOOR PLAN
SCALE = 1/100

□ 1층 평면도

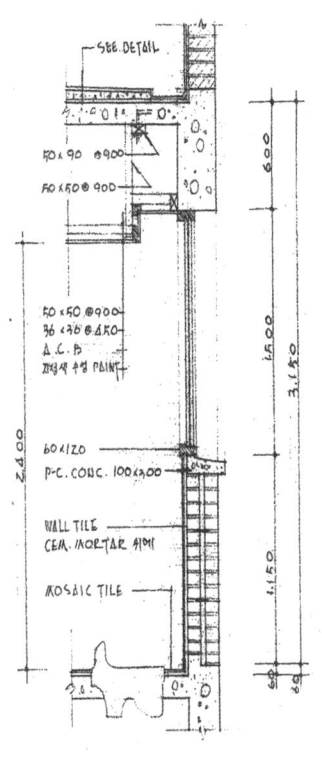

2 SECTION
A- SCALE = 1/20

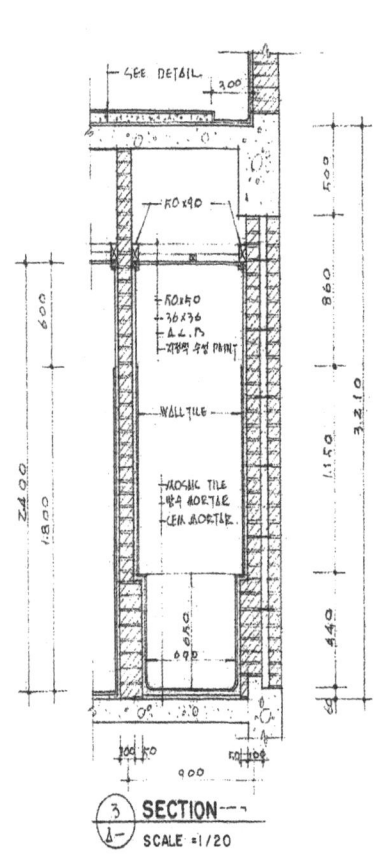

3 SECTION
A- SCALE = 1/20

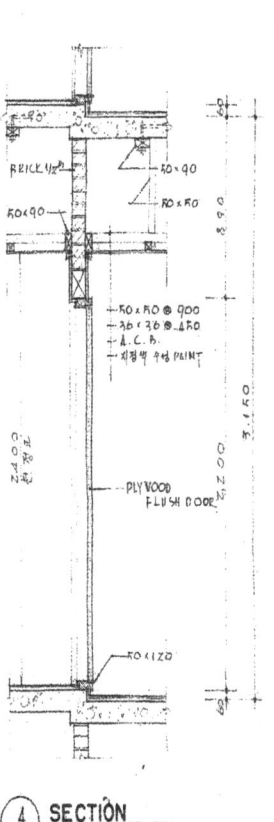

4 SECTION
A- SCALE = 1/20

□ 벽체 단면 상세도

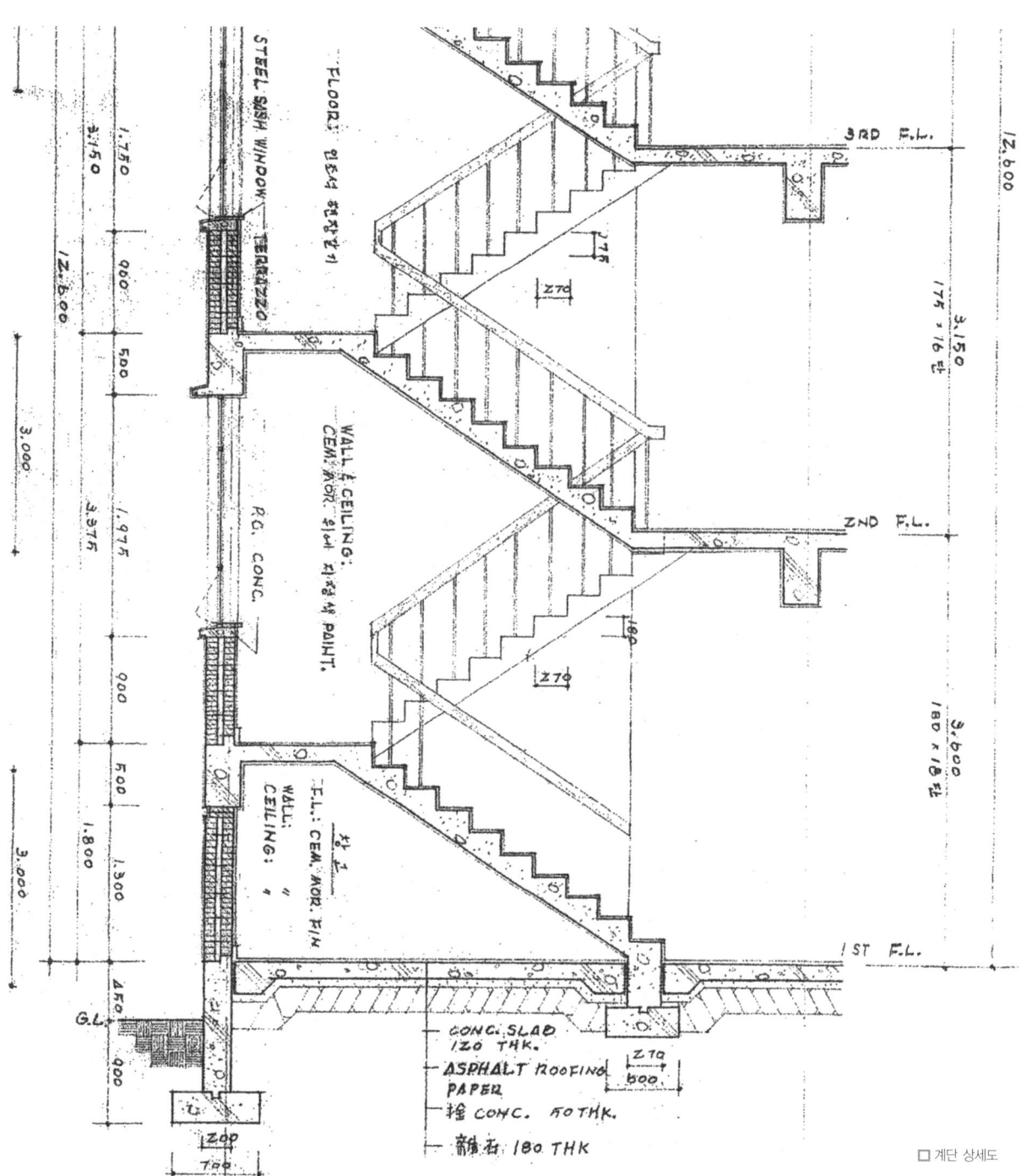

□ 계단 상세도

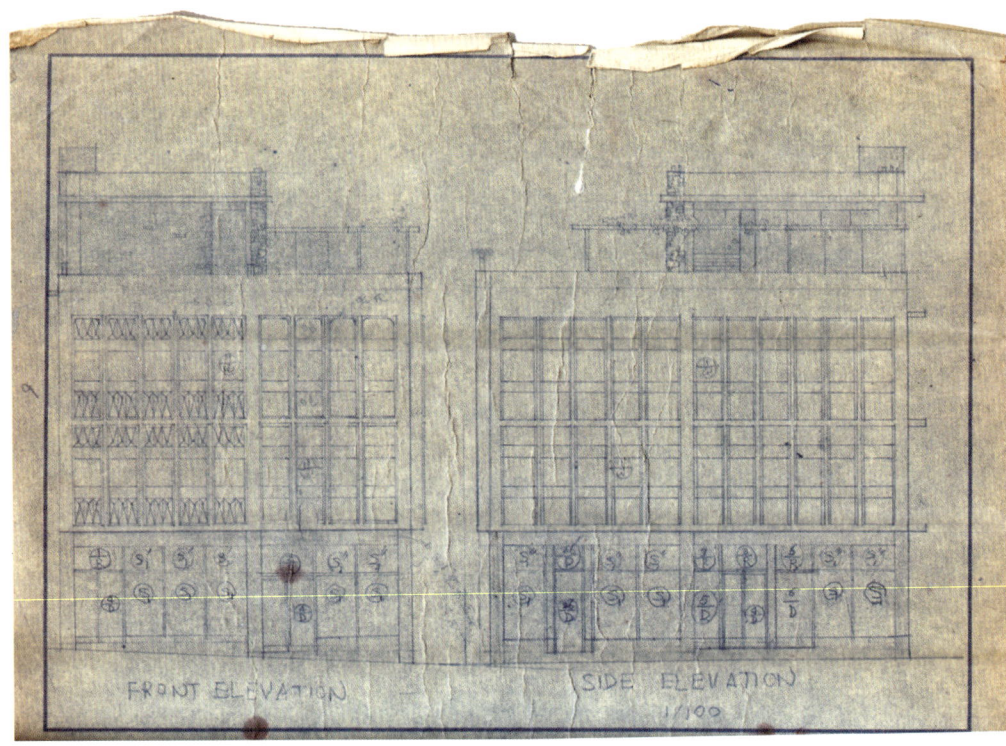
□ 입면도

□ PC 외벽 상세

Works_ 150
151

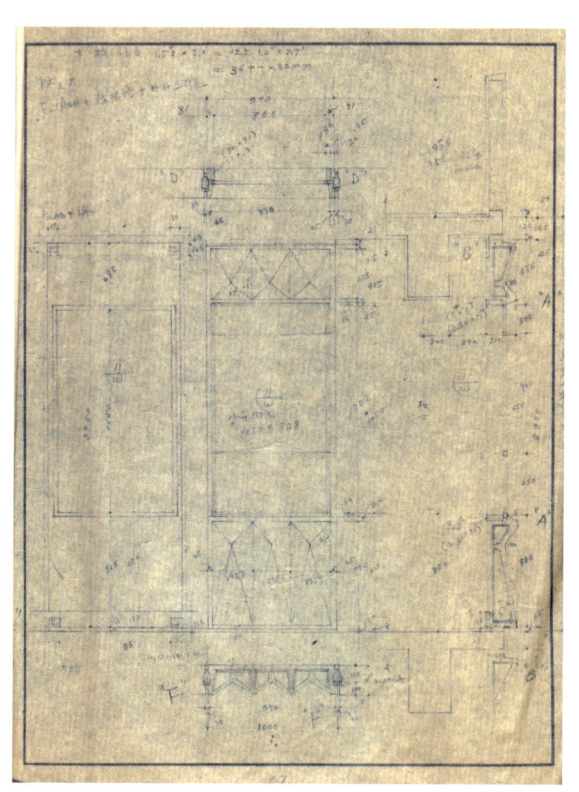

□ 외벽패널 유닛 상세도

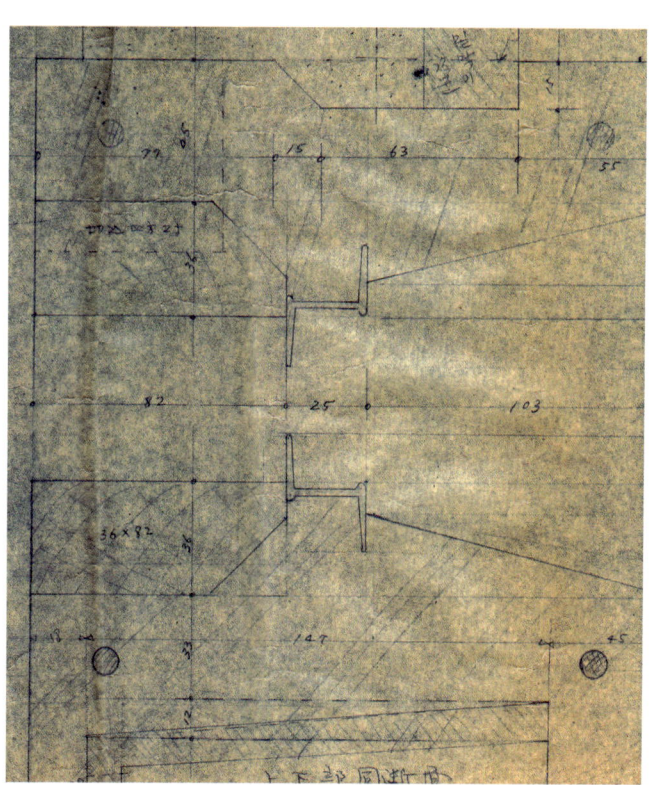

□ 창문 조인트 상세도

풍문여자고등학교 과학관

1965
서울 종로구

콘크리트 라멘조에 프리캐스트 콘크리트 외벽으로 구성된 학교건축이다. 프리캐스트 콘크리트 공법에 의한 초기 작업인 동교동 빌딩에 비해 패널의 구성이 단순하고 견고했다. 전체적인 입면 구성은 단순한 패널의 반복에 의한 미학을 보여준다. 4면 모두 프리캐스트 콘크리트 패널로 마감하여 PC공법 실험의 완결된 모습을 보여준다.

□ 원경

□ 전경

☐ PC 외벽 패널 상세

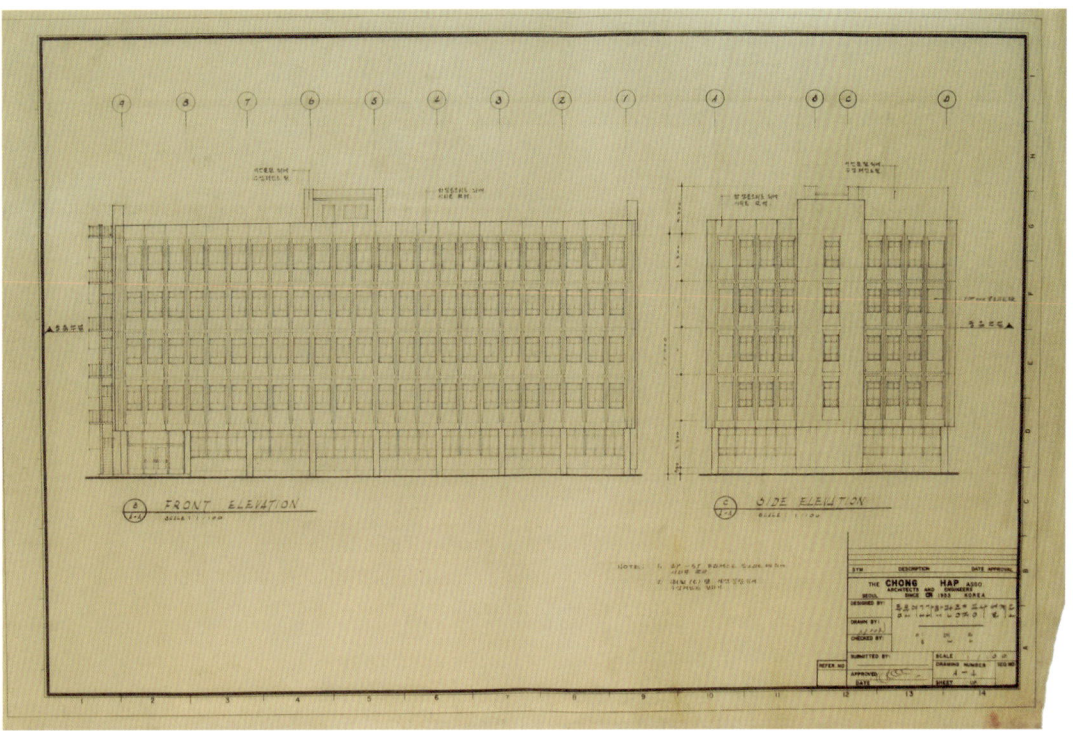

□ 입면도

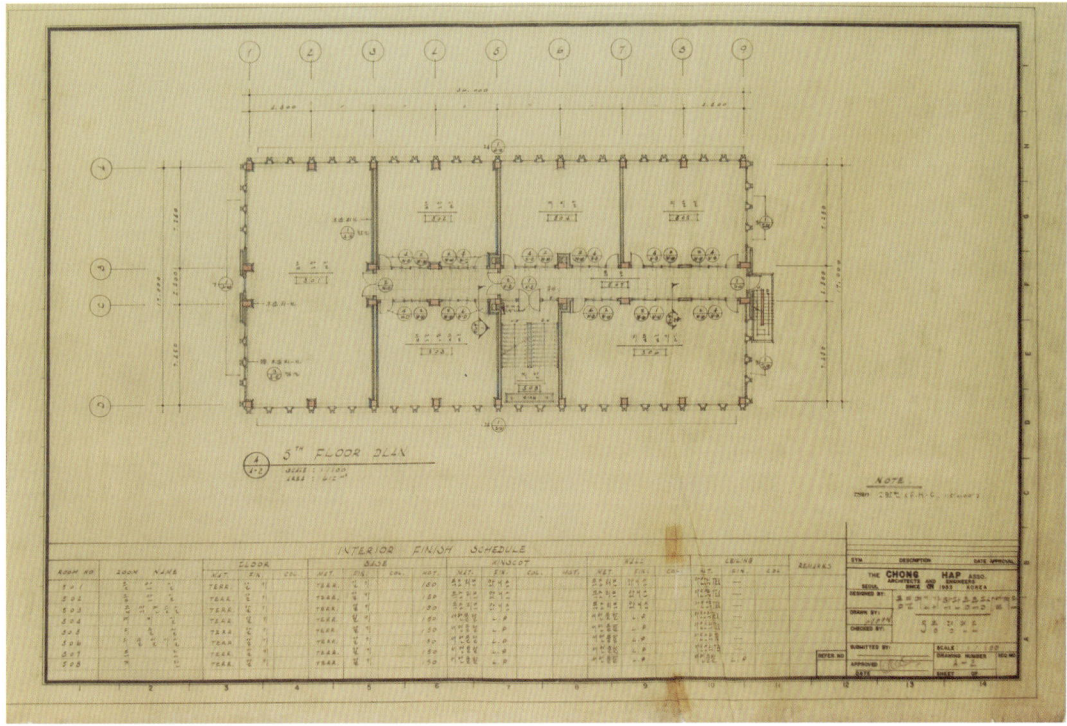

□ 평면도

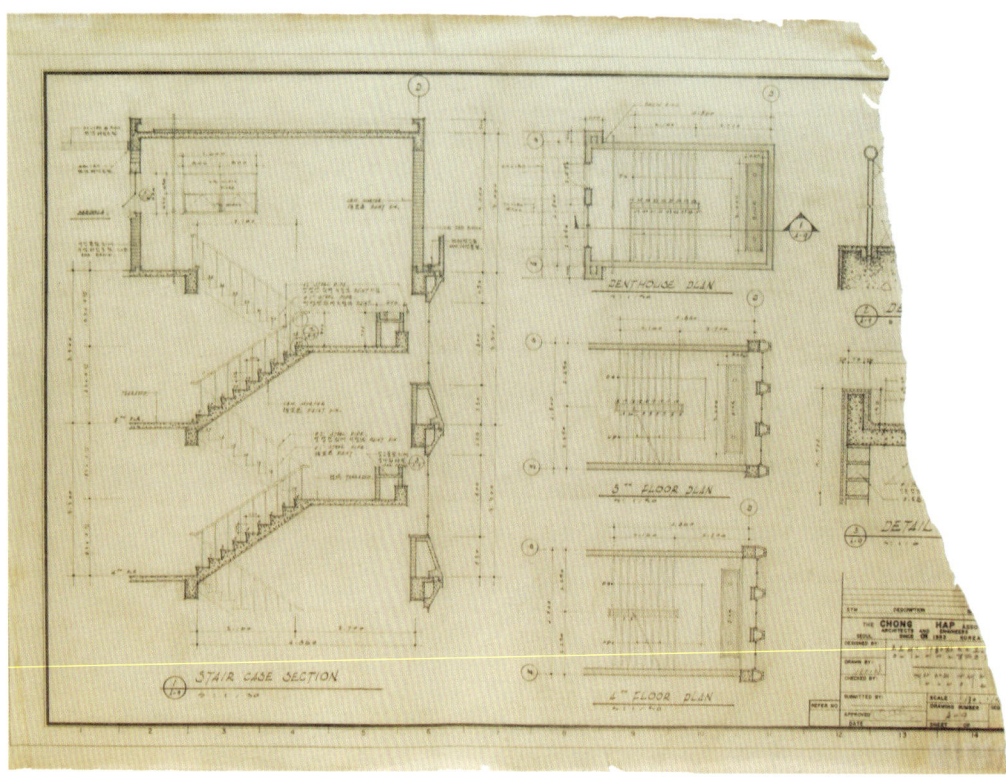

□ 단면상세도

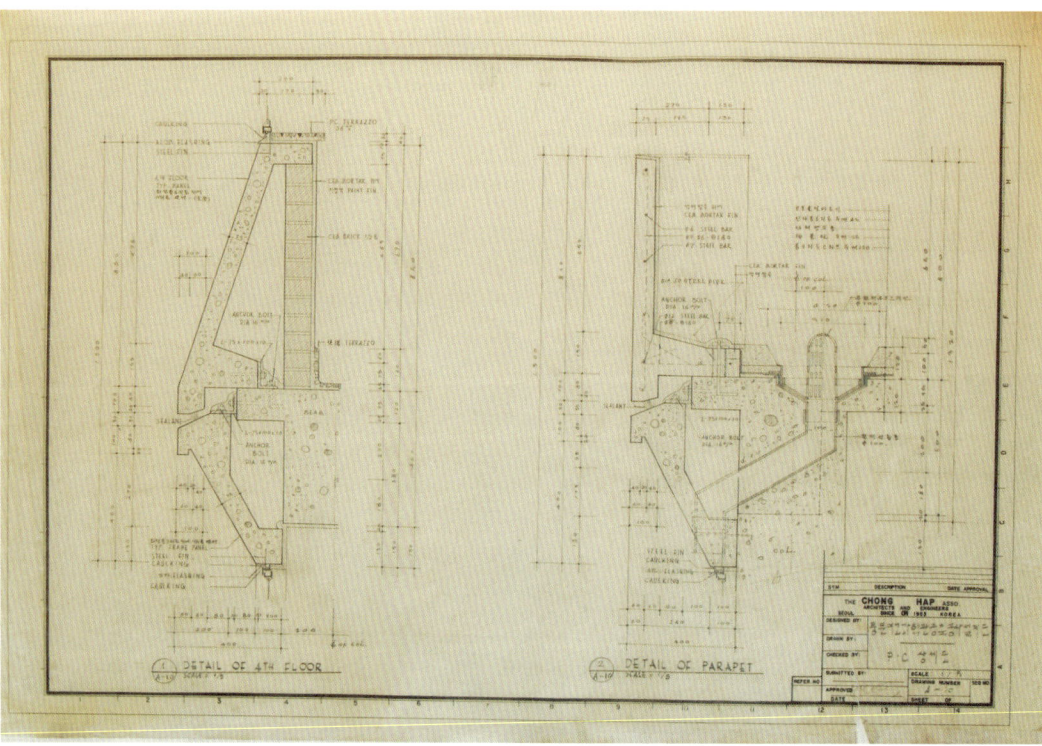

□ 프리케스트 패널 조인트 상세도

□ 측면 전경

연세대학교 학생회관

1967
서울 서대문구 신촌동

연세대학교 학생회관은 김정수의 구법에 대한 실험과 미션 계열 학교의 상징성이 성공적으로 결합한 작품이다. 지하 1층 지상 2층으로 설계된 학생회관의 의장은 엄격한 비례와 고딕 건축 모티프의 프리캐스트 콘크리트 부재의 반복으로 구현되었다. 학생회관의 프리캐스트 콘크리트 디자인 패턴은 장충교회의 입면에 기초하고 있다. 중복된 포인티드 아치 디자인으로 구성된 고딕 창호의 트레이서리 패턴은 단순하지만, 반복에 의해 빼어난 미학적 성과를 거두었다. 김정수의 기술에 대한 탐구가 만들어낸 미학적 성과라고 할 수 있다. 한편, 신축 당시 1층을 전면창호로, 2층만 프리캐스트 패널로 디자인함으로써, 기능성과 미학을 동시에 추구하였는데, 이러한 디자인은 3층과 4층의 증축 후에도 원 디자인의 가치가 유지된 비결이기도 하다.

☐ 준공 당시 모습

☐ 중앙도서관 공사중 사진

学生会館과 中央圖書館

☐ 초기안 투시도

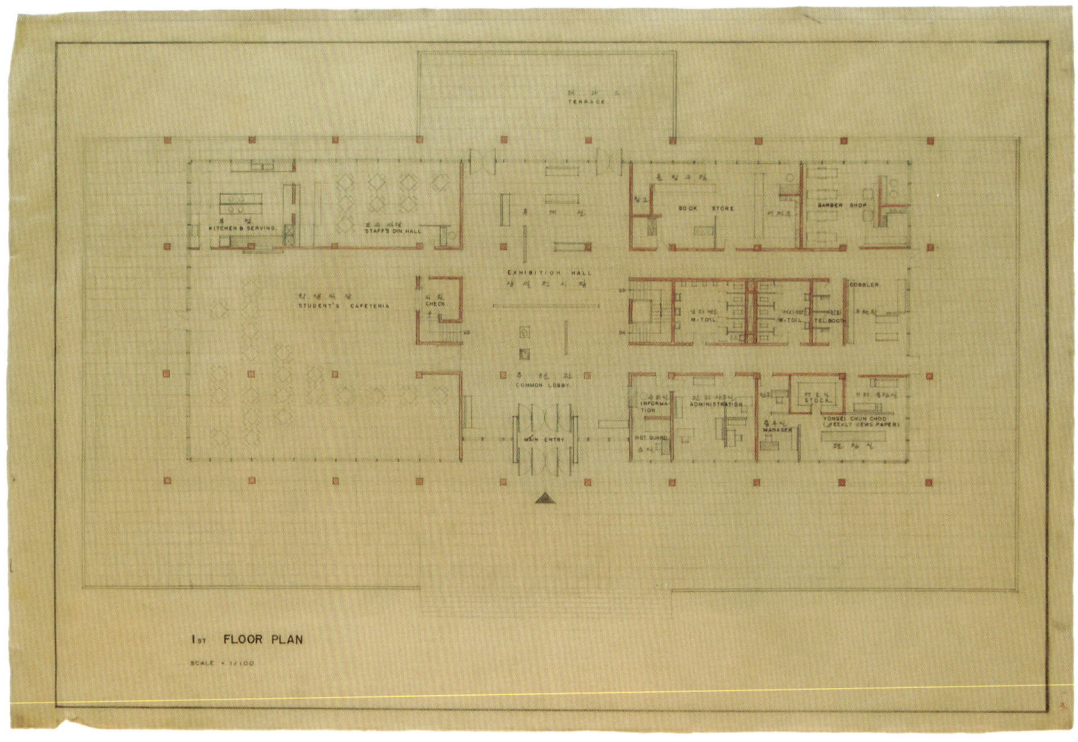

☐ 초기안 평면도

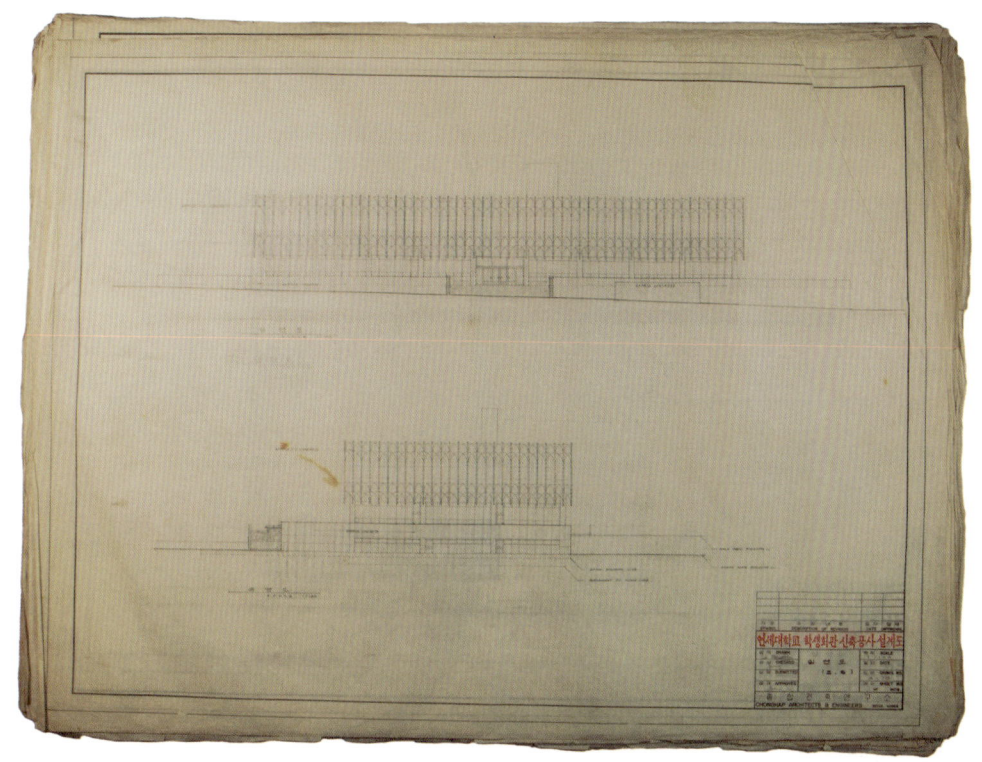
□ 최종안 입면도

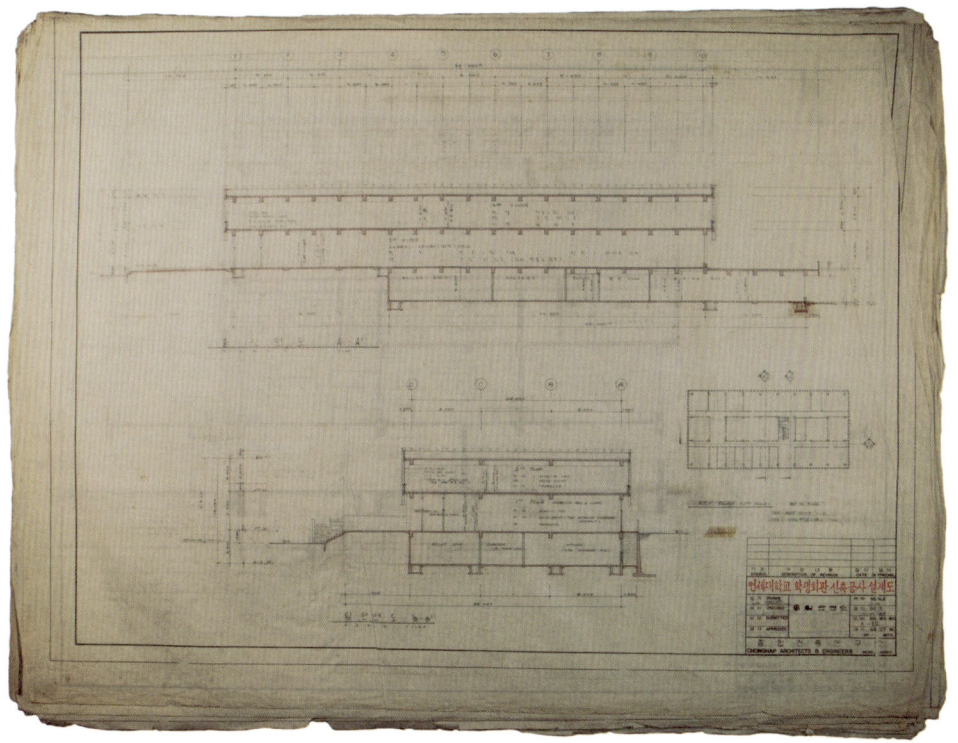
□ 최종안 단면도

©박완순

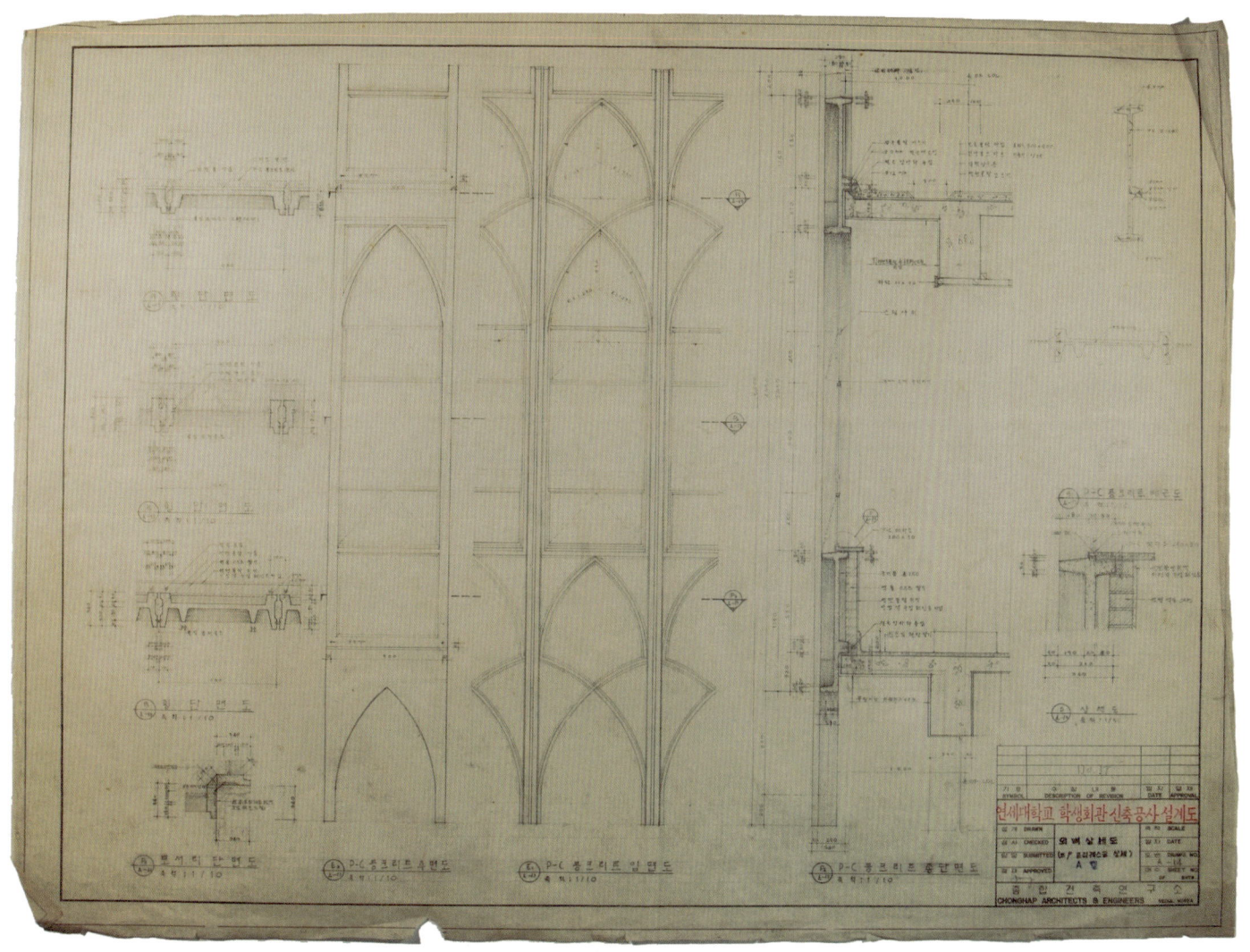

□ 입면 상세도

연세대학교 중앙도서관

1979
서울 서대문구 신촌동

학생회관과 마주하는 연세대학교 중앙도서관은 기단 위의 배치와 좌우대칭 그리고 열 지어 있는 기둥으로 구성된 전형적인 고전주의 건축의 특징을 갖고 있다. 이경회, 김근덕과의 합작으로 디자인된 중앙도서관은 매스와 입면 구성에서 고전주의 건축의 틀을 유지하고 있지만 역사주의 건축의 장식을 제거함으로써, 고전주의 건축의 틀 속에서 모더니즘 건축미학을 구현했다.

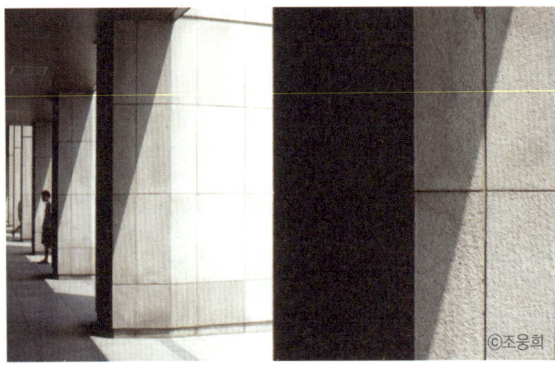

□ 열주와 그림자

전경

□ 진입부 전경

중앙도서관의 열주

연세대학교 종합교실

1969

서울 서대문구 신촌동

종합교실의 디자인은 김정수의 여타 학교건축과 맥을 같이하지만, 각기 다른 방향성을 가진 저층부와 고층부 매스에 의한 구성은 구 정신여고과학관의 구성과 동일하다. 상이한 방향성을 지닌 2개의 매스 중 언덕 위에 돌출되는 상층부의 매스는 지형에 따른 학교건축의 주방향과 일치하고 상층부와 직각 방향으로 배치된 저층부는 진입동선에 대응하고 있다.

©박완순

□ 입면 상세

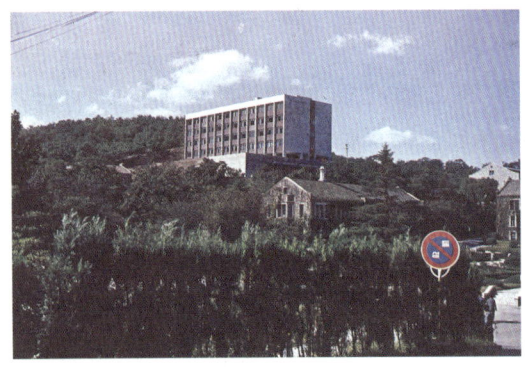

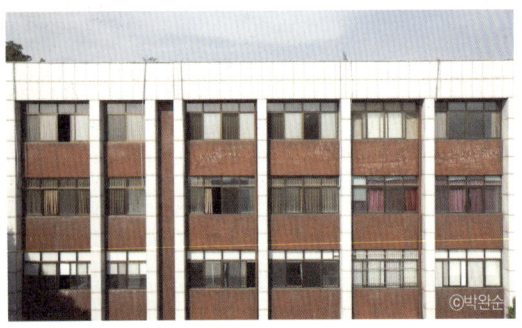

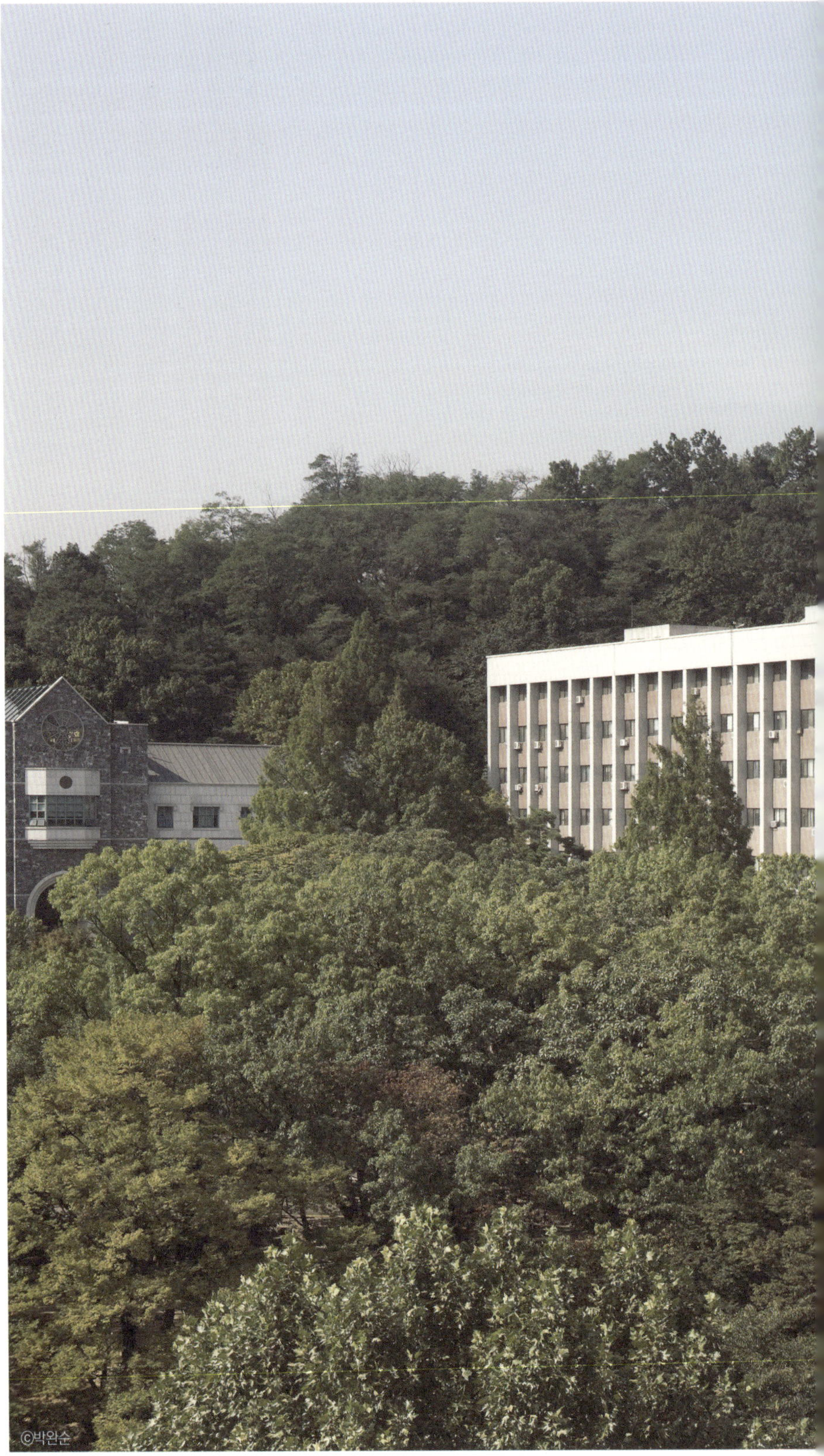

©박완순

□ 원경

□ 전경

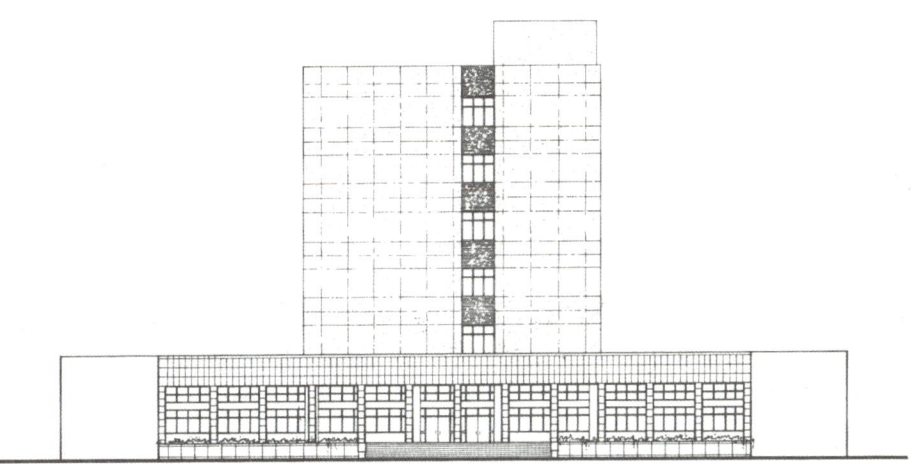

□ 입면도_『꾸밈 21호』

국회의사당

1969
서울 영등포구 여의도동

여의도개발계획의 가시적 성과의 하나인 국회의사당 건설은 현상공모로 진행되었지만, 당선안을 내지 못한 채 김정수를 대표건축가로 한 건축가 4명(김정수, 이광노, 김중업, 안영배)의 공동작업으로 디자인되었다. 국회의사당 설계에 대해 "금후에 있어서 내가 바라며 말하고 싶은 것은 첫째, 건축가가 아닌 사람은 건축주라 할지라도 건축가의 아이디어를 존중하여야 좋은 건축이 이루어질 수 있다는 것을 이해해 주어야겠으며, 둘째 한국의 건축가들은 '그림'이 한 사람만이 붓을 들고 그려야지, 여러 사람이 한 장의 '그림'은 그릴 수가 없다는 사실을 알아야겠고, 셋째 건축가들은 서로 남의 작품을 칭찬하고 높이 평가해 줄 수 있는 건축사회 풍토가 이루어져야 한다"는 김정수의 말은 디자인에 대한 국가의 개입과 건축계의 풍토를 잘 보여주며, 얼마나 많은 우여곡절 끝에 국회의사당이 완성되었는지 짐작하게 한다. 국회의사당이 갖는 상징성으로 인한 한국건축의 정체성에 대한 부담은 화강석의 사용과 의사당 곳곳에 전통건축 장식의 사용으로 나타났다.

국회의사당 프로젝트가 갖는 국가적 상징성은 건축계에 '한국건축이란 무엇인가?'에 대한 질문을 던졌으며, 이후 한국건축사연구가 본격화되는 계기가 되었다.

☐ 준공 직후 조감

☐ 원경

☐ 당인리에서 본 국회의사당과 여의도 전경

□ 의사당 내부 전경

연세대학교 건공관

1965
서울 영등포구 여의도동

6·25전쟁과 전후복구기를 거치면서 이 땅에 빠르게 보급된 건물유형의 하나로 세칭 퀀셋빌딩이 있다. 골판구조를 지닌 철재구조물로 반원형으로 구성되어 값싸고 빠르게 대공간을 만드는데 유리해서 군막사를 비롯한 학교의 강당과 체육관 건축 등에 주로 사용되었다. 1950~60년대에는 빠르게 증가하는 건축 수요에 대응하기 위해 퀀셋으로 짓는 실험주택이 지어질 정도로 퀀셋이 우리 사회에 매우 요긴했던 시절이 있었고, 사회의 수요에 대응하기 위해 공장 생산되기도 했다. 연세대학교 건축공학관은 원조물자로 공급되기 시작한 퀀셋을 이용하여 교육시설을 지은 예다. 사진은 효용성이 높은 퀀셋구조물의 구조 안정성 확보를 위한 실험 모습이다. 이 실험의 성과가 종로 YMCA빌딩의 체육관 구조에 사용되었다.

□ 1965년 연세대학교 졸업앨범 사진

□ 퀀셋구조물 실험

서대문 장로교회

1960
서울 서대문구

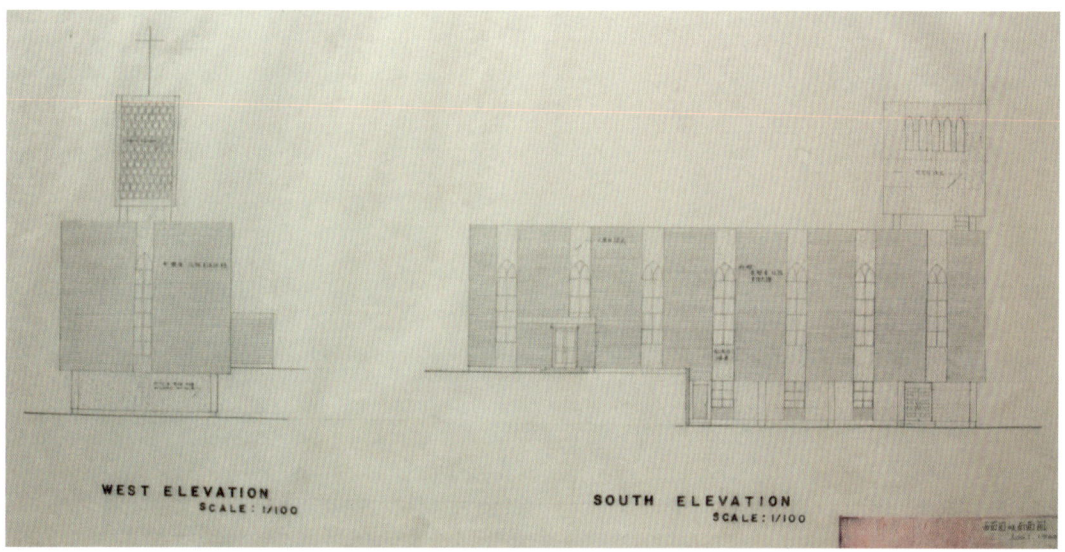

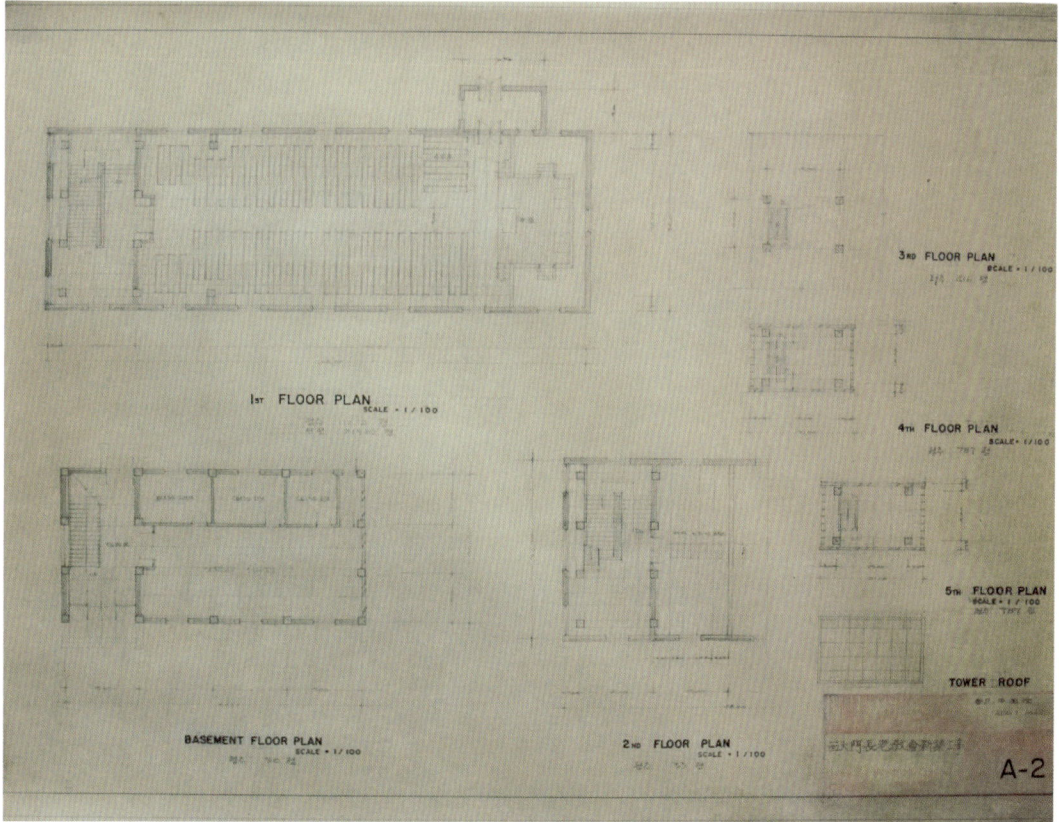

한일빌딩

1960
서울 중구 명동

한일시멘트 사옥으로 건설된 한일빌딩은 우리나라에서 고층사무소건축 시대를 연 작품이다. 명동성모병원에서 알루미늄커튼월에 대한 실험을 성공적으로 마친 후, 또 다시 철근콘크리트와 철제창호에 의한 국제주의건축의 한국적 번안을 시도한 작품이다. 최상층과 측면 2베이가 증축되었다.

공군본부

1956
서울 영등포구 대방동

전후 최초의 지명현상설계로 진행된 공모전에서 이천승·김정수의 안이 당선되었다. 당선안은 야트막한 언덕 위에 양 날개를 펼친 듯한 완만한 곡선의 매스로 구성되었다. 브라질의 해안선을 연상시키는 오스카 니마이어의 모더니즘 곡선의 미학을 연상시키는 공군본부의 곡선 매스는 구릉이 많은 우리 지형에 자연스럽게 어울리면서 직선의 모더니즘 건축이 갖는 경직성을 완화시켜주고 있다. 그러나 1958년 완성된 모습은 1956년 당선안과 많이 다름을 알 수 있다. 지형의 굴곡을 완충적으로 소화시키는 필로티가 없어졌을 뿐 아니라 돌출된 층간 처마선에 의해 형성된 수평적인 면 분할을 주조로 한 수직적인 창호 분할이 평평한 면에 네모난 구멍이 펑펑 뚫리는 입면 구성으로 바뀌고 말았다. 이 건물은 당시 서울에서 가장 큰 규모의 건축물이었으며, 준공식에서 이승만 대통령은 "이제 우리나라 사람들도 이렇게 큰 건물을 지을 수 있느냐?"라며 놀라워했다고 한다.

□ 공군본부 현상설계작업 종료 후, 가운데 투시도 패널 뒤에 이천승, 강진성, 김정수 선생의 모습이 보인다. 제출용 도판을 대형 패널에 그린 것이 이채롭다.

□ 준공 직후 후면 모습 전경

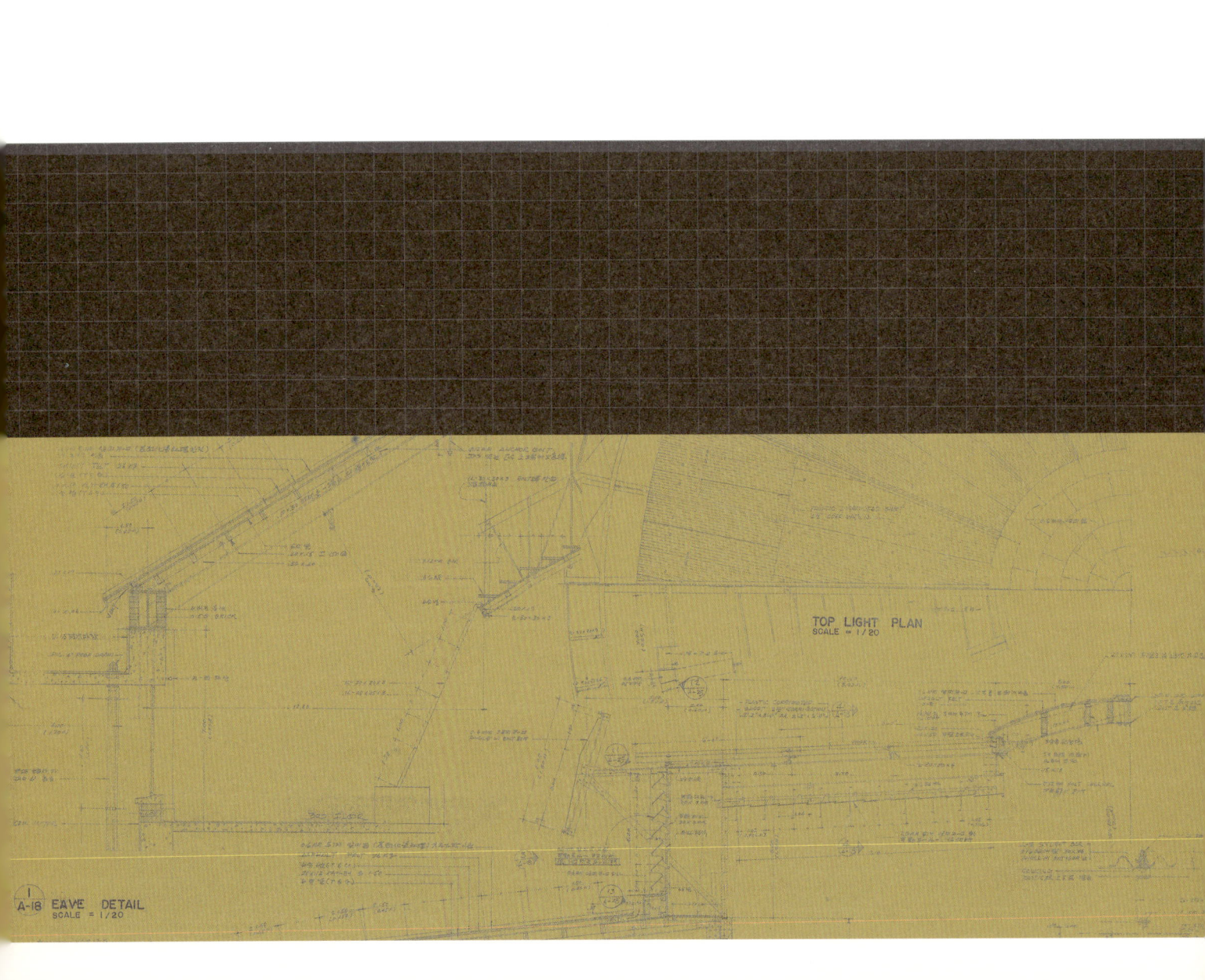

Life 생애편

1. 인간 김정수
2. 교육자 김정수
3. 연구활동
4. 사회활동
5. 발표원고

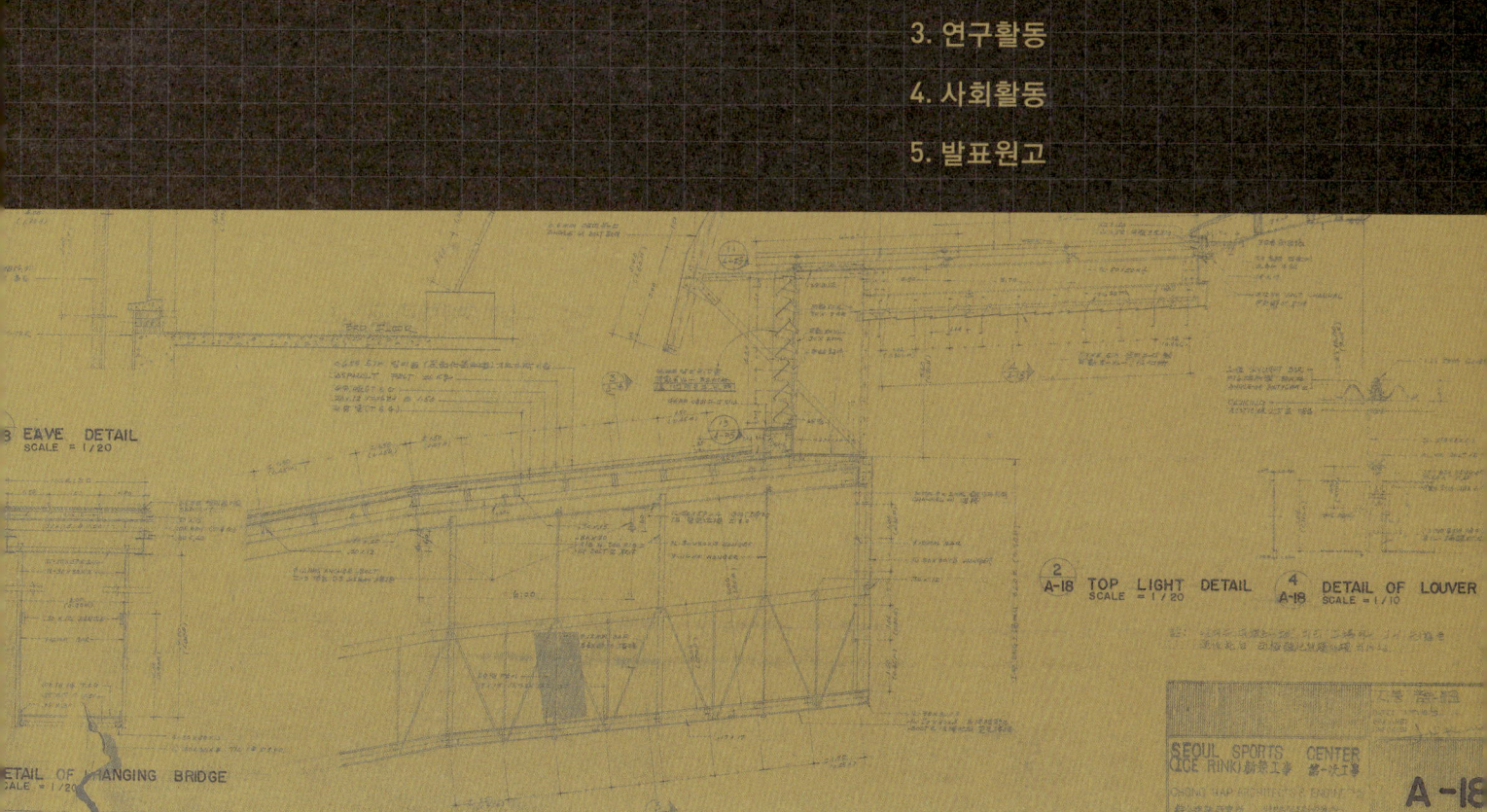

introduction

다음의 자료는 김정수의 작품 외에 그의 인생과 사회활동, 그리고 개인적 면모를 보여주는 자료들을 취합한 것이다. 일반적으로 어느 건축가의 작품집에 이러한 자료들이 실리지 않는다. 이런 점에서 이 부분을 여기에 포함시키는 것은 이례적일지 모른다. 그러나 우리가 하고 싶었던 것은 그가 살았던 시대, 그의 건축에 대한 생각, 그의 인간적인 면모, 그의 사회활동 등에 대한 이해가 그의 건축 설계 작품과 같이 엮여 김정수라는 사람과 작품 및 시대적 분위기가 같이 전달되게 하려는 것이다. 이는 그의 작품들을 볼 때 인간 김정수 개인의 체취와 당시 한국사회의 시대적 여건이 작품과 함께 이해되었으면 하는 바램 때문이었다. 많은 경우 건축가의 작품은 그 사람 개인의 인간적 면모와 시대적 여건에서 이탈된 채 사람들에게 전달되고 있다. 그러나 김정수가 활동했던 1950~70년대 기간의 특수성, 그리고 김정수 개인의 특수한 삶의 여정이 빠지고는 그의 작품에 대한 이해도 한계가 있다고 보여진다. 이러한 배경적 의도가 독자들에게도 의미 있는 작업으로 이해되기를 바란다.

이러한 자료를 싣는다는 것은 김정수에 관한 보다 완전한 자료집이 되게 하였으면 하는 것이다. 앞으로 후학들이 김정수 및 그가 살았던 시대에 관심을 갖고 연구를 하게 될 때에 참고가 되기를 바라면서 관련 자료들을 수록하였다. 건축가 김정수에 대한 이해는 20세기 중반의 한국 사회의 시대적 분위기에서 이해되어야 한다. 여기에 실린 자료들은 그러한 이해를 돕는다. 언제 누구에 의해서든 앞으로 김정수와 그의 작품이 더 심도 있게 연구되지 않을 수 없을 것이다. 시간이 더 지난 후에 그렇게 하려 할 때는 이미 남아있는 작품의 사진들 이외에는 연구 자료를 구하기 어려울 수밖에 없다. 여기에 이러한 자료를 싣는 것은 그러한 필요성에 조금이라도 부응하기 위한 것이다. 김정수가 학교에서 강의한 과목들이 한 두개가 아니고 여러 과목인 것도 그의 활동이 설계에만 국한되지 않고 여러 방면에 겹치는 것도 모두 그가 살았던 사회의 시대적 분위기에서 이해되어야 한다. 여기에 실린 자료들이 그러한 설명을 의도적으로 글로서 직접 하려 했던 것은 아니지만 그것은 연구자가 이 자료들을 통해서 미루어 읽어내야 할 것이다.

자료의 출처는 가족들이 소장하고 있던 자료들을 주로 하였으며 그 외에 연세대학교, 종합건축 등 관련 기관 및 개인들을 통하여서 도움을 받았다. 이 자리를 빌려 자료협조를 도와주신 분들께 감사를 표한다. 좀 더 시간을 주고 백방으로 뒤져서 관련 자료를 더 모아서 수록했으면 하는 욕심이 남아 있지만 주어진 여건을 벗어나는 데까지 할 수는 없었다.

이러한 자료들이 김정수의 대외적 활동과 내면세계를 충분히 보여준다고는 생각하지 않는다. 그렇게 욕심내기에는 너무나 제한된 자료들이다. 오히려 여기에 실린 자료들은 김정수의 활동과 내면적 모습을 미루어 짐작하고 가늠하게 하는 부분적 근거자료를 모아 놓은 것이라고 보아야 할 것이다. 이 장의 구성은 그 분이 돌아가신지 20년 이상의 세월이 지난 후에 수집 가능한 자료들로서 구성될 수밖에 없었다는 점이 기억되었으면 한다. 김정수가 직접 쓴 글에서는 현재의 맞춤법과는 다소 맞지 않는 표현들이 있지만, 고인의 기록 그 자체를 중시하여 뜻이 통하지 않는 경우를 제외하고는 그대로를 싣는 것을 원칙으로 하였다.

Life | 생애편
1 인간 김정수

김정수의 일생
—
약력
—
수상
—
일기
—
초평 여생잡기
—
편지
—
자녀들에게 남기는 글
—
타계 이후

김정수의 일생

다음의 글은 앞으로 김정수를 잘 모르는 후학들을 위하여 김정수의 일생을 간단히 소개하는 내용을 편집인이 쓴 것이다. 이후에 소개되는 자료들이 이 글에서와 같은 일생 중의 한 부분 부분에 해당되는 것들이므로 안내 및 길잡이를 하게 할 필요가 있다고 보았다.

초평 김정수는 1919년 10월 30일, 평안남도 대동군 김제면 은적리 184번지에서 아버지인 김행일(金行一)씨와 어머니인 청주 김씨의 차남으로 태어났다. 당시 그의 아버지는 서울의 휘문의숙에서 교편을 잡고 있었다.(이후 평양 광성학교로 옮기심) 학업을 하기 어려운 당시의 시대상황을 생각해볼 때 김정수의 집안이 지식인의 배경을 갖고 있는 계층이었으며 대부분의 사람들이 당시의 한국식 기와집에서 살 때 양옥에서 살 정도의 여건과 시대적 의식이 있었던 집안이었던 것 같다.

김정수는 평양의 만수보통학교를 거쳐 서북지방의 명문교였던 평양공립고등보통학교를 1937년 3월에 졸업하였으며 이후 경성고등공업학교로 진학한다. 그가 건축을 시작하게 된 것은 김정수의 형과 친분이 있었던 전창일(全昌日, 1912-1971)의 영향이었다. 형이 전창일과 친하게 지낼 때 건축을 부럽게 생각하는 것을 보면서 경성고등공업학교의 건축과로 자신의 진로를 정하게 되었다고 한다. 당시의 경성고등공업학교는 3년제였지만 건축과로서는 한국 최고의 교육기관이었다. 한국인으로서는 20명 정원에 1~2명 입학할 정도로 입학하기 어려운 학교였다고 한다.

학창시절 그는 유도 2단 선수로 활약하였다. 평양공립고등보통학교 시절 초단을 땄으며 경성고등공업학교 시절에도 유도시합에 종종 출전하곤 했는데 그는 유도시합이 시작되면 상대방 선수와 마주 서서 인사를 나눈 다음 시합이 시작되자마자 다다미 바닥에 벌렁 자빠져서 '사!고이!(자!덤벼라!)'라고 했다는 일화가 전해진다. 또한 종합건축 시절에도 야유회에서 직원들에게 유도를 가르쳐줄 정도로 그는 유도를 즐겼었다.

경성고공 시절 지금의 고려대 병원 자리에 생긴 경성의학전문학교의 신석자씨와 교제를 시작해 1943년 봄에 결혼을 한다. 동창생들과 후배들의 회고를 들어보면 그는 매우 모범적인 남편이었고 가장이었던 것 같다. 종합건축연구소 시절 종종 현상설계 등을 자택에서 진행할 때면 부인인 신석자씨의 뒷바라지가 직원들에게는 인상적으로 남았던 것 같다. 특히 산부인과 의사였던 부인 신석자씨는 몸이 아픈 종합건축연구소의 직원들에게 주사도 놓아주는 등 여러 모로 종합건축연구소의 직원들을 돌보았다고 한다. 김정수와 신석자의 슬하에는 혜자, 봉범, 석범 3명의 자녀가 있으며 이 중 장녀인 혜자는 김정수가 가르치던 연세대학교 건축공학과의 졸업생이기도 하다. 현재는 화가로서 활동 중이고 봉범은 1998년 작고하였고, 석범은 현재 경기대학교 재료공학과의 교수로 재직 중이다. '자녀들에게 남기는 글'과 같은 편지를 보면 자식들에 대한 사랑과 섬세한 아버지의 보살핌과 기대를 느낄 수 있다.

경성고공 출신의 김정수는 해방 이후 한국 건축계에 있어 중요한 역할을 담당한다. 그는 경성고공을 졸업한 후 조선총독부 영선계에서 일하다가 광복 이후 중앙청 서무처 건축서에서 국가의 건축업무를 감당하게 된다. 이후 1949년부터 1953년까지 삼정토건이라는 시공회사를 설립, 운영하다가 1953년 이천승과 함께 종합건축연구소를 설립해 1961년까지 공동대표를 맡는다. 1961년 이후 종합건축연구소의 운영에서 물러난 것은 교직과의 겸임이 어려웠기 때문이지만, 이후에도 계속하여 종합건축연구소와의 작업을 계속함으로써 건축가로서의 활동을 지속한다. 종합건축연구소는 당시의 시대적 상황에서 발전하는 건축기술에 대응하기 위하여 건축, 토목, 구조, 시공 등을 전체적으로 총망라하는 설계사무실을 지향했다.

김정수는 디자인적으로는 미스 반 데어 로에와 기능주의 건축을 선호하였다. 그는 미적인 경향만 중시하는 당시의 경향과 달리, 기술과 시공에 많은 관심을 기울였다. 그의 작품 중에는 특별히 한국에서 처음으로 시도한 것들이 많은데, 종합건축연구소 시절의 작업들을 살펴보면 최초의 쇼핑몰 개념을 도입한 신신백화점(1953년), 최초로 코펜하겐 리브, 푸시플레이트(push-plate)을 사용한 국제극장(1957년), 국내 최초의 알루미늄 커튼월을 도입한 명동성모병원(1958년), 김정수가 개발하여 특허출원한 연석을 사용한 정신여고 과학관(1958년), 철제커튼월과 P.C.멀리언을 사용한 YMCA 빌딩(1960년), 철골조의 장스팬 80m 구조를 당시의 기술로 시도한 장충체육관(1960년), 최초의 국제규격 아이스링크를 수용한 동대문실내스케이트장(1961년)등이 있다. 이 작품들은 모두 간결한 기능미를 중시하는 김정수의 건축관을 잘 보여주는 뿐만 아니라 한국전쟁직후의 열악한 상황과 당시의 부족한 기술에도 불구하고 그 시대에 맞추어 새로운 기술과 공법 등을 실험적으로 시도한 훌륭한 예들이다.

1961년 연세대학교 교수로 부임한 이후에도 그는 종합건축연구소와 지속적으로 작업을 함으로써 설계 작업을 계속한다. 당시 교직과 건축업을 병행할 수 없었던

김정수의 유년기 사진 (평양으로 추정)   김정수 유년시절 가족사진 (평양으로 추정)

당시 한국의 상황에 대해서 그는 건축의 경우 현장과의 괴리가 교육의 질을 저하할 수 있음을 주장하며 교직과 건축업의 겸업 허용을 건의하기도 한다. 연세대학교 부임 이후의 작업들은 주로 학교 내의 건축물들이 많았으며, 이 때의 작업들은 종합건축연구소의 직원들뿐만 아니라 당시 대학원 연구생들도 함께 했었던 걸로 알려져 있다. 대표적인 작업들로서는 4면을 모두 조립식 P.C. 공법으로 구성한 학생회관(1967년) 외에 종합교실(1966년)과 건공관(1965년) 등이 있다. 또한 국회의사당 설계에 김중업, 안영배 등과 함께 참여하여 책임건축가로서 활동하였다.

김정수의 작업들에서는 공통적으로 건축설계를 미적인 측면뿐만 아니라 기술과 재료, 구조, 공법 등을 늘 종합적으로 고려했었던 점을 찾을 수 있다. 말 그대로 그의 건축은 건축을 '종합'적으로 접근하였었던 것이다. 김정수의 새로운 재료와 기술 개발에 대한 열정은 '연석 개발' 및 '댐파 온돌기', '인조석벽' '콘크리트 쉘구조' 등의 특허출원으로 이어진다. 결국 김정수의 건축은 기술 자체에 이상향을 두는 미스의 건축관과 달리 한국의 현실에 기반을 둔 현실적인 기술관을 가지며 순수 기술의 도입과 시도를 실패를 거치며 자신의 것으로 소화해

김정수와 그의 부인(1979년 김정수의 회갑기념잔치 당시)   김정수와 그의 부인(1960년대, 부산으로 추정)

내는 실행력과 결부되어 한국적인 모더니스트로의 길을 걸었다고 할 수 있다.

김정수는 건축가로서뿐만 아니라 교육자로서도 한국건축의 중요한 부분을 차지한다. 김정수는 연세 건축의 진정한 큰 스승이었다. 그는 1961년 부임 이후 작고하시는 1985년까지 한국의 건축교육에, 특히 연세건축의 진흥과 발전에 큰 이바지를 하였다. 건축 교육은 항상 실무와 연관되어 살아 있고 실용적인 것이어야 한다는 교육관과, 건축가는 항상 연구를 통해서 새로운 건축을 공부하고 개발해야 한다는 의무감을 가지고 있었다. 그러나 대학 교수와 건축설계업을 병행하는 것이 법적으로 허용되지 않았던 한국적 상황에 따라 그의 건축설계 경력은 교육자로서의 길을 걸음과 동시에 그 힘을 잃게 된다. 그러나 그의 실무를 기초로 한 교육은 대학교육에 있어서 매우 중요한 위치를 차지했고 학생들에게 많은 가르침이자 귀감이 되었다.

그는 여러 번 미국, 일본 등의 해외를 경험할 기회를 가지는데, 특히 미네소타 교환교수 프로그램은 그에게 있어 많은 부분 영향을 주었던 것 같다. 1년 간의 기간을 통해 그는 수업 외에도 실제 건축사무소와 건축가들을 방문하며 미국의 선진 건축문화와 새로운 건축 재료, 기술들을 습득하는 등 중요한 시간이 되었다. 미네소타에서 돌아온 후 건축 설계에서 새로운 구법 개발, 재료 개발 등의 시도에 더 적극적으로 임하게 된다.

강의 뿐 아니라 학생들의 진로를 하나하나 챙길 정도로 자상한 스승이었으며, 밤늦도록 연구에 몰두하는 연구자였다. 큰 물통을 가지고 와서 학생들의 수채 투시도에 물을 부으시고 큰 붓으로 다시 그려주며 또한 콘크리트 쉘구조를 건공관 뒤편에 학생들과 함께 만들어내는 등 이론수업뿐이 아니라 실제적인 가르침을 주는 진정한 교육자였다. 뿐만 아니라 건축공학과의 많은 제자들을 종합건축연구소와 기타 유수의 설계사무실로의 제자들의 진출을 도왔을 뿐 아니라 졸업 이후에도 지속적으로 제자들의 성장과정을 지켜보는 인생의 스승이었다. 대학원에 건축공학과가 개설된 이후에는 건축역사 및 계획 뿐 아니라 재료, 설비, 시공 등 다양한 분야에 걸쳐 학위를 배출하였다.

동료들과 후배들, 제자들의 회고를 보면 영화 '마천루'의 주인공, 게리 쿠퍼를 닮은 건장한 체격의 김정수는 느릿느릿한 말투의 과묵하고도 끈기 있는 성품이었다고 한다. 그는 연세대학교 건공관을 짓고 건축공학과가 그 곳으로 옮겼을 때, 뒤편 정원에 조그만 연못을 만들고 그 것을 꼼꼼히 돌보는 등 작은 일 하나하나에도 정성을 다하던 모습을 학생들에게 보여주던, 온화함과 자상함으로 학생들을 품었던 교육자였다. 마지막까지 후학양성과 새로운 건축의 모색에 힘을 기울이던 김정수는 정년퇴임을 앞둔 1985년 2월 18일 67세의 나이로 세상을 떠난다.

약력

본 약력은 「초평 김정수교수 회갑기념논문집」에 수록된 약력으로서, 김정수가 생존할 당시(1979년 10월 30일 발행)의 자료이다. 이 자료는 돌아가시기 (1985년 작고) 6년 전에 작성된 것으로서 김정수 자신의 기록으로 볼 수 있기에 가급적 원문 그대로를 싣는다.

약력

- 본 적   서울특별시 종로구 평동 28-1
- 현 주 소   서울특별시 마포구 망원동 418-29
- 생년월일   1919년 10월 30일
- 출 생 지   평남 대동군 금제면 음적리에서 부친 김행일의 차남으로 출생

학력

- 1937년 3월 ~ 1948년 9월   중앙청에서 건축계장, 과장, 국장직 역임.
- 1948년 10월 ~ 1951년 9월   삼정토건사 사장
- 1951년 10월 ~ 1953년 9월   UNKRA 주택국
- 1953년 9월 ~ 1961년 10월   서울대학교 공과대학 대우조교수
- 1946년 ~ 1971년   서울공대, 고려대학교, 한양대학교, 서울미대, 숙명여대출강
- 1946년 ~ 1962년   대한건축학회 이사 10회 연임.
- 1950년 ~ 1965년 6월   대한건축사협회 부회장 4회 연임
- 1962년 ~ 1972년   대한건축학회 부회장 4회 연임
- 1972년 4월 ~ 1974년 4월   대한건축학회 회장
- 1961년 9월 ~ 현재   연세대학교 공학대학 건축공학과 교수
  건축공학과 및 건축공학과과장 및 대학원 주임교수 역임
- 1969년 ~ 1975년   국회의사당 설계 대표 및 공사감리
- 1970년 12월   이스라엘 국제건축회 한국대표
- 1973년 4월 ~ 1974년   연세대학교 부설 산업기술연구소장
- 1974년 ~ 1975년   연세대학교 이공대학 공학부장
- 1977년 ~ 1979년 8월   연세대학교 산업대학교원장
- 1957년 ~ 1970년   건축시찰세계일주여행 4회

기 타

- 건축사 시험위원 역임
- 건설기술사 시험위원 역임
- 기술고등고시 시험위원 역임
- 과학기술상 심사위원 역임
- 서울시 문화상 심사위원 역임
- 서울시 문화재 보존위원 역임
- 상공부 공산품 품질관리 심의위원 역임
- 과학기술처 새마을 기술봉사단지도위원 역임
- 서울시 자문위원(지하철건설, 수도행정) 역임
- 건설협회 기술심의위원 역임
- 건설부 중앙설계심사위원
- 건설부 건축위원
- 각종 현상설계 심사위원

상 벌(賞罰)

- 1954년 　서울 남대문교회 현상 일등 당선
- 1956년 　공군본부 현상설계 일등 당선
- 1956년 　이화여자대 강당 현상설계 일등 당선
- 1956년 　이화여중 강당 현상설계 일등 당선
- 1960년 　서울특별시 문화상 수상
- 1974년 　대한건축학회작품상 수상
- 1975년 　국회의사당 설계 및 감리로 대통령 표창장

저서 및 연구

- 1962년 2월 　교회건축계획 – 보문사
- 1974년 5월 　건축계획각론(공저) – 문운당
- 1965년 5월 　조립식 Precast Concrete 건축물
　　　　　　　– 연세대 80주년 기념논문집
- 1967년 3월 　골형(波型) 콘크리트 곡면구조에 관한 연구
　　　　　　　– 대한건축학회지
- 1968년 5월 　연세대학교 시설확충에 관한 연구
　　　　　　　– 연세대 교내(총장) 연구
- 1972년 　교회건축작품 국전출품
- 1972년 12월 　KIBBUTZ 와 새마을 건설 – 대한건축학회학술강연
- 1973년 7월 　이상집락의 건설방안 – 과학과 기술
- 1973년 8월 　농어촌주택의 과학화와 개발방안에 관한 연구 I
　　　　　　　– 대한건축학회지
- 1973년 10월 　농어촌주택의 온돌의 과학화와 개발방안에 관한 연구 II
　　　　　　　– 대한건축학회지
- 1974년 4월 　한국내 기독교의 분류와 건축적 기능에 관한 연구
　　　　　　　– 대한건축학회지
- 1974년 9월 　한국의 천도교 및 제종교 건축에 관한 연구
　　　　　　　– 대한건축학회지
- 1975년 2월 　한국내 건축을 위한 태양 Energy 개발에 관한 연구
　　　　　　　– 연세대학교 산업기술 연구소 논문집
- 1975년 2월 　한국의 종교건축에 관한 연구
　　　　　　　– 연세대학교대학원 공학박사학위논문
- 1975년 9월 　한국의 유교건축에 관한 연구
　　　　　　　– 대한건축학회 30주년 기념논문
- 1976년 3월 　한국내에서도 실시가능한 리프트스래브(Lift – Slab) 공법
　　　　　　　소고 – 건축사
- 1976년 8월 　불교건축계획에 관한 연구 – 대한건축학회지
- 1976년 10월 　불교건축계획에 관한 연구: 사찰의 배치 – 건축사
- 1977년 9월 　불교건축계획에 관한 연구: 불전의 기능 – 건축사
- 1978년 10월 　지역개발에 따른 문화재 및 자연환경보전에 관한 연구
　　　　　　　(공동연구) – 문교부정책과제 대한건축학회지
- 1979년 　집합주택 건축계획에 관한 연구 – 연세대학교 연세논총

특 허

- 1957년 9월이후 하기 각종 특허출원
- 인조석제조방법 (발명특허 제 311호)
- 인조석벽 (실용특허 제 553호)
- 인조석 블록 (실용특허 제 921호)
- 댐파온돌기 (실용특허 제 922호)
- 카브스레이트건축 (실용특허 제 2364호)
- 기타 50여점

주요작품

- 1953 신신백화점
- 1954 동대문시장
- 1956 감리교 신학대학 및 교회
- 1956 이화여고 본관
- 1957 국제극장
- 1958 정신여고 과학관
- 1958 수원농사원
- 1958 명동 성모병원
- 1959 한남동 루터란교회
- 1960 종로 YMCA
- 1960 한일은행
- 1960 남산방송국
- 1960 중앙광물지질연구소
- 1960 시립장충체육관
- 1961 장충장로교회
- 1961 서강대 과학관
- 1961 동대문실내스케이트장
- 1961 통의동 미안마대사관
- 1961 서울은행 수표교지점
- 1967 연세대 학생회관
- 1969 연세대 종합교실전문
- 1969 여의도 국회의사당
- 기타 50여점

수상

다음의 수상자료들은 그의 자필약력에 포함된 것과 그 외에 별도로 취합한 것들을 포함한 것이다. 현상설계 당선 수상 이외에 그가 받은 상들 중에 자료가 찾아진 것을 나열하면 다음과 같다.

- 1960년　　　　　서울특별시 문화상 수상
- 1967년　　　　　YMCA감사장
- 1973년 7월 16일　외환은행 감사패
- 1974년　　　　　대한건축학회작품상 수상
- 1975년　　　　　국회의사당 설계 및 감리로 대통령 표창장
- 1975년 7월 16일　연대 3대 부장 기념패
- 1977년 8월 1일　산업대학원장 취임기념패
- 1980년　　　　　건축가 협회 감사패
- 1983년　　　　　감사장_ 2회 대한민국건축대전 초대작가
- 1984년 9월 26일　상공회의소 공로패
- 1985년 2월 15일　문교부 표창장

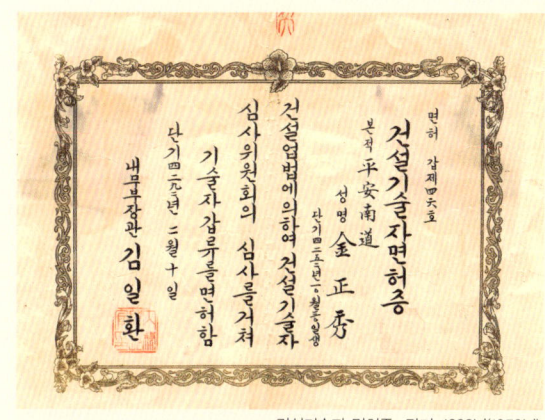

건설기술자 면허증_ 단기 4292년(1959년)

1967년 YMCA로부터 수여받은 감사장

1960년 서울시문화상 수상 당시 모습(건축사 9506)

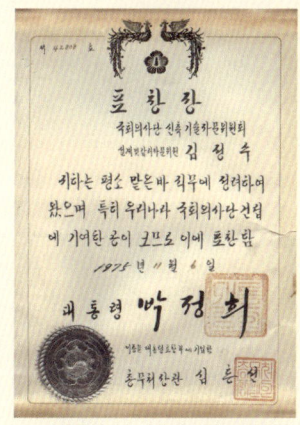

1975년 국회의사당 설계 및 감리로 수여받은 대통령표창장

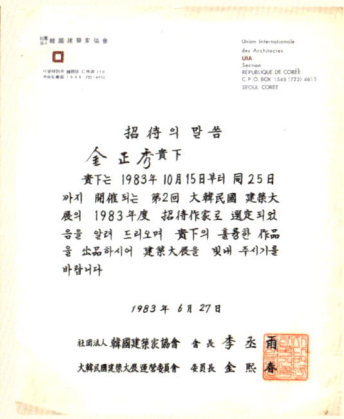

1983년 제2회 건축대전 초대작가 선정

일기

김정수의 유품에서 몇 개의 일기장이 발견된다. 그는 평생을 걸쳐 자신의 상황과 느낌을 기록하기를 즐겼던 것 같다. 이를 통해 그가 생각한 것, 고민한 것 등을 엿볼 수 있다.

'방미일기'는 미국에 유학했을 당시(1956~1957)의 경험이 주로 담긴 일기장이고, '날짜없는 일기장'은 그가 대학에 재임할 때 주로 쓴 일기장으로 그의 삶과 건축에 대한 감상을 중심으로 기록되어 있다. 그 외 '농사일기'는 그가 농지를 구해 농사를 지을 때 필요한 자료들을 기록한 것이고, '주택일기'는 본인의 주택을 관리할 때 필요한 것과 계획, 유의점 등을 기록한 것이다.

방미일기

본 자료는 한국의 미네소타 교환교수 프로그램에 의해 김정수가 미국을 유학할 당시에 쓴 일기장이다. 이 것은 김정수의 유품으로 상당히 사적인 내용이 기록된 자료이다. 그러나 이를 통해 그의 행적과 건축관, 그의 경력과 관심사 등을 확인해 볼 수 있다. 1956년 8월부터 1957년 8월까지 그의 미국유학의 경험을 중심으로 하루의 일과와 감상에 대해 기록하고 있다. 본 내용에 의하면 이미 실무와 이론에 밝은 건축가로서 미국 대학의 수업내용은 그에겐 큰 도움은 되지 않았음을 알 수 있다. 그러나 그는 이 기간동안 미국의 건축사무소와 당시 유명한 건축가들을 만났고, 현지의 건축현장이나 건축재료 공장 등을 견학했으며 이를 통해 한국에 새로운 재료와 설계기법 등을 연구·제작 할 수 있는 기반을 다졌음을 알 수 있다. 초반에는 상당히 자세한 일정과 감정에 대한 기술이 있으나 후반으로 갈수록 일정에 대한 간략한 메모정도만 기록되어 있다. 미네소타 교환교수 프로그램은 ICA(국제협조처)로부터 받은 원조금으로 FOA(미국 해외개발본부)와 계약을 체결하여 농학, 공학, 의학 등의 분야의 전문가를 교육시키는 프로그램으로서, 김정수는 김희춘, 윤정섭, 지철근 등과 함께 1년간의 교육(1956-1957)을 수료하였다.

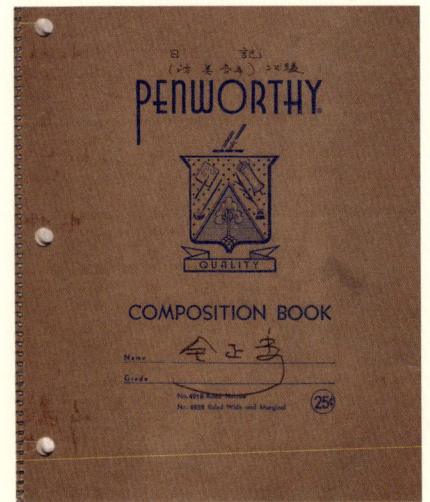

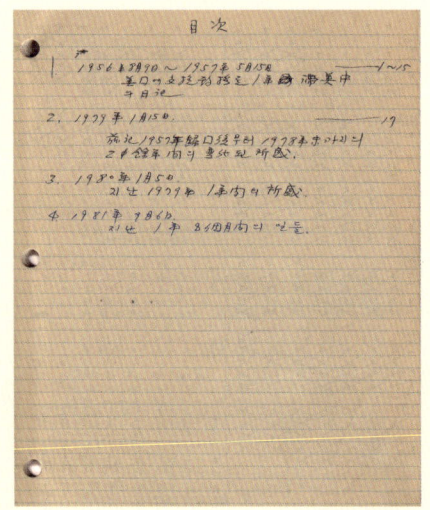

방미일기의 목차

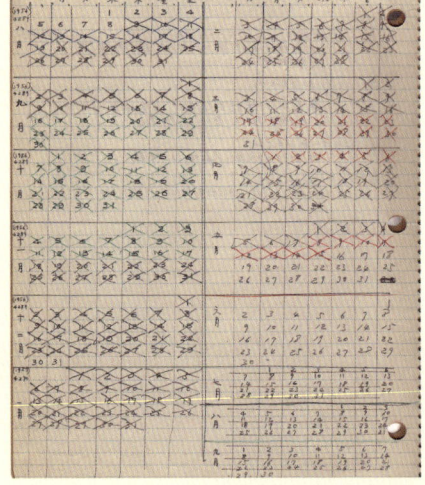

방미일기에 김정수가 손수 그린 달력

여기에는 방미일기 중 개인적인 내용을 제외한 부분만을 발췌하였다. "O"로 표시된 부분은 누락되거나 글씨를 알아볼 수 없는 경우이다.

• 1956년 8월 9일 晴
서울여의도 공항에서 다수의 직원과 헤자어머니. 혜자, 봉범, 석범 등 다수 나와서 꽃다발을 받고, 비행기에 오른 후 내내 구름 상부를 날아 출발한 지 두 밤을 지내고 나니, 목적지인 미네소타 공항에 도착되었다. 도중에서 밤 3시에 깬즉, 날은 다 밝아 있고 하여 2번이나 시계가 빨리 가도록 돌려 놓았다. 마주 나온 '타일나' 씨 안내로 미네소타 대학 'Centennial Hall' 7302호에 여장을 풀고, 목욕을 하고, 휴식을 취하고는 그냥 저녁 때까지 잠에 들었다.

• 8월 10일 (금) 晴
오전 10시 의대교수들과 같이 O내 신문사(Star Tribune) 견학. 오후에는 돌아와서 내내 자다.

• 1954년 8월 16일
오후 부속병원 견학이 있었는데 나는 홀로 병원건축을 시찰하는데 중점을 두고 돌아 다녔다. 첫째 로비와 식당이 깨끗하여 손님의 기분을 좋게 하는 데에 주력하였으며 각종의 OOO 특히 OOOOO구 와 물 쓰는 방법과 배틀(공장OO)(취사장에서 일하는 것을 가르켜 가며 환자의 몸을 쓰는 것을 OO)과 환자카드실이 O설비 되여있고, 특히 수술실을 이층으로 하고, 수술실 상부에서 수술하는 것을 견학하게 된 것이 좋았으며, 견학실과 수술실은 완전히 이중유리로 차단되어 방음장치가 되어있음으로 OO로 OO하게 되어 있었다.

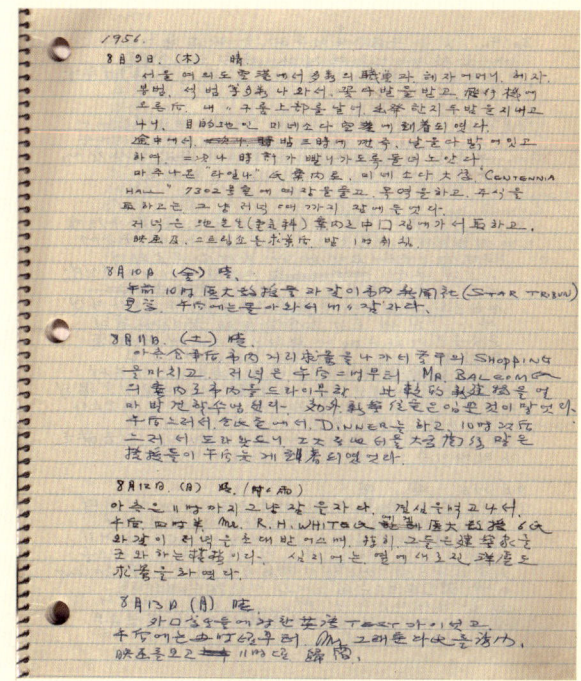

• 1956년 10월 1일 (월)
강의를 들었는데, 예정보다 강의가 힘들지 않은 듯 하다. 설계는 설계사무소 회의실인데, 내용이 빈약하야 재학생에게나 적당하리라 생각되며 Design Technique 이외는 공부될 듯하지 않다.

• 1956년 10월 19일 (금)
이번 주일의 주요한 일이라면, 건축설계. Architecture Office Conference Room이 끝났는데 내 것이 가장 괜찮아 보였다. 그 다음은 Electric Pole을 2일 간에 하라 하였는데 간단히 해치웠다. 주말에 설계과목이 새로 나오지를 않아 이번 Weekend는 퍽 한가하였다.

• 1956년 10월 22일
설계(회의실 건축사무실)가 있었는데 내 작품이 가장 나았다. 미국인 교수들이 놀래고, 학생들이 눈을 휘둘르고 숙덕거려서 무슨 영문인지 몰랐으나, 내 것을 가장 낫다고 하면은 상을 ($200) 나에게 뺏기는 모양이었다. 그이들이 계획적으로 내 것을 점수를 적게 주어 결국 학생작품이 내 것보다 낫다는 것이다. 나는 관심도 없는 상. 아하 가소롭다.

- 1956년 10월 27일 ~ 11월 17일

Dome Designer Mr. Fuller 씨가 와서 4학년 학생들에게 Dome 거푸집 제작을 수업하고 있으며, Aluminum회사에서 각○기술자를 초대하야 작품전시회 겸 ○○가 있었는데, 전국적으로 대규모 전시회였음에 놀랐다.

- 1957년 3월 18일 ~ 4월 7일

갈 날이 다가온다. 하루라도 성과를 거둬야겠다. 이번 학기는 전부 청강으로 하고 시내 설계사무실에 자주 나갈 예정이다. 건축현장에도 다니고, 재료도 구하고. 그간 Air Conditioning을 열심히 공부 하였다. 건축기술전람회를 Minneapolis Auditorium에 가 보았는데 참고되는 공법이 많았다.

- 1957년 4월 8일 ~ 5월 7일

Ford 자동차공장, Anderson 창만드는 공장, Formica 가구공장, Cast Stone공장 시찰. 이번 한달은 주로 Cerney 사무실과 현장을 돌아보았으며...

- 1957년 5월 7일 ~ 5월 15일

1. 5월 14일. 시내 벽돌공장 구경하다. 재료를 충분히 쳐서 일정하게 주○하야 GAS로 굿는데 아주 정성껏 좋은 벽돌을 만들려고 노력하고 있는 ○이었다.
1. 금일 오후 가구제작공장을 구경하다. 각종 Weld Wood 등의 Glue를 사용하다.

다음은 미네소타 교환프로그램에 함께 참여했던 윤정섭 교수의 회고이다. 김정수의 방미일기를 이해하는 데 도움이 될 자료이므로 여기에 첨부한다.

"김 교수님은 건축설계 쪽에는 큰 관심을 보이셨으나 기타 과목에 대해서는 별로 흥미를 느끼시는 것 같지 않다. 아마도 다른 과목들은 그가 이미 알고 있던 지식을 전달하는 수준이었기 때문이다. 그 대신 그는 건축재료 제조공장을 부지런히 돌아다니며 우리나라에서도 활용할 수 있는 신재료에 온통 관심을 쏟았다. 필자도 김 교수님을 따라서 버미큘라이트(Vermiculite:연석 콘크리트)등의 재료공장에 간 적이 있었고, 또 목재 창문을 제작하는 조립식 창문틀 공장에도 간적이 있었다. 그뿐만 아니라 자동 냉·온방에 쓰이는 서머스태트(Thermostat:자동온도조절기)공장에도 들른 적이 있었다. 또 그는 미네아폴리스 최대의 건축설계사무소라 할 수 있는 써니설계사무소에 자주 나갔는데, 소장인 써니 씨는 이 지방에서 왕성한 작품 활동을 해 온 미네소타 대학교 건축공학과의 원로 교수였다.

우리는 이곳 미네소타 대학에서 수학하는 동안 저명한 건축가들을 많이 만날 수 있었다. 즉 프랑크 로이드 라이트 씨가 다녀간 일이 있었고, 미노루 야마사키 씨가 설계한 레이놀드 알루미늄 회사에서 작품 전시회를 한 적이 있었으며, 또 미국의 각 대학의 유명한 교수인 스트로노프, 데마즈와 구조의 후라이 교수 등이 특강을 가졌다. 김 교수님은 귀국 후 연석이라는 새로운 외장재를 개발하는 등 신소재 분야에 정열을 쏟으셨고, 건축설계면에서도 특히 에어컨 방면에 흥미를 가지고 종합건축연구소에 그 지식을 직접 활용하셨다."

_ 윤정섭, 1995, "미네소타 유학시설", 「한국의 건축가 김정수」, 고려원

날짜없는 일기장

본 일기장은 표지에 '날짜 없는 일기장' 이라는 제목이 기재되어있다. 1970년 9월 4일, 1971년 12월, 1973년 9월 13일, 1976년 1월 2일 등 4일의 일기가 적혀 있다. 내용은 본인현황 (주택, 직장, 가정상황, 생활)과 가정(가족 상황), 소감 등의 내용으로 구성되어 있으며, 노년 김정수의 생각을 엿볼 수 있는 중요한 자료이다.
가족사적인 부분은 제외하고 김정수 개인의 생각을 보여주는 부분만 발췌를 하였다.

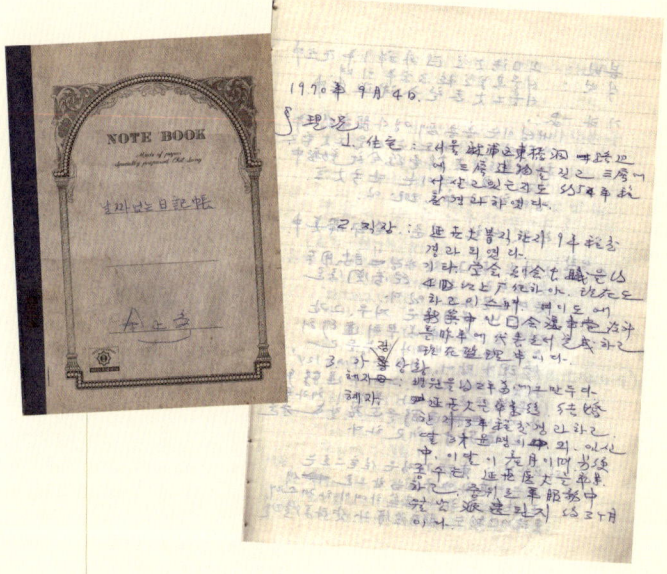

• 1970년 9월 4일
내 나이 벌써 53세를 바라본다. 인생 일생의 5분지 1이 남은 셈이다. 필생의 사업이 성취를 하고 그 열매를 맺어야 할 시기가 아니냐?
과연 나는 젊었을 때 가졌던 청운의 뜻을 이루었을까?

• 1971년 12월
과학기술○○○으로 '이스라엘' 국제건축회의를 맞추고, 이스라엘 각지를 순방하였으며 신도시와 사해, 예루살렘을 구경하였고, 국제회의에서 영어로 갑자기 연설을 한 것은 생전 이치지 않는다.
소감: 불과 일 년간에 여러 가지 변화가 참 많았다. 세월이 빨리 지나가는 증거인가보다. 무엇인가. 값어치있게 살다 미련 없이 죽어야할 텐데.

• 1973년 9월 13일
실현가능할지는 모르겠으나, 다음과 같은 결심을 하여본다.
1. 담배를 완전히 끊도록 한다. 과거에도 1년, 10일, 1주, 3일, 종종 금연한 일이 있었다. 35간의 악습이란 무서운 것이다.
2. 영어, 독어를 마스터하기로 한다.
3. 75년 3월(1년 반 후)에는 주택을 조용한 곳에 마련할 수 있도록 근검절약한다.

• 1976년 1월 2일
소감 : 금년 새해가 되니 나이가 58세이며 환갑이 가까워 온다. 이제 과거를 회상하니 경성고공을 거쳐서 중앙청 건축계장, 토건사장, 종합건축설계사무소소장, 연대교수, 공학과장, 건축학회장, 공학부장을 역임하였으며, 공학박사학위도 취득하고 ○○문화상 및 국회의사당설계로 대통령상도 수여받았으니, 건축가로서 해 볼일도 다 해 보았으며, 이제 내 인생도 다 끝난 감이 없지 않다.
작년 가을부터 망원동에 여생을 조용히 책이나 보고 연구와 저서로 소일할 수 있는 곳을 마련하기 위하여 건축을 시작하였으나, 자금이 여의치 않아, 토지를 약 30지○○하였으니 금년 봄에는 이럭저럭 끝마쳐야 하리라 생각된다.
작년 1년은 무척 바쁜 해였고, 어쩌면 내 일생의 가장 ○○

할만한 일들이 있었던 해인 듯싶기도 하다.

그러나 이제부터는 망원동 건축만 끝나면은 여생은 조용해 질것 같다.

새해를 맞이하여 계획을 세워 보니 고려나바께 할 것이 없는 것 같으나, 대략 다음과 같은 것들을 생각해본다.

1. 대학원. 석사, 박사 건축 강의준비
2. 망원동주택완료
3. 사0계획(고려)
   a. 교회건축
   b. 설계00
   c. 주택작품집
   d. 극장건축집
   e. P.C. Concrete Hand Book
   f. Art in Architecture
   g. Detail 집
   h. 건축일반구조학개론
   i. 건축시공 Hand Book
   j. 건축가의 일생(자서전)
   k. 00카다로그(Simplified, 생산00)
   l. 한국민속장식
4. 연탄보일러 연구생산
5. 실내장식 미술시공
6. Computer 입문 00

 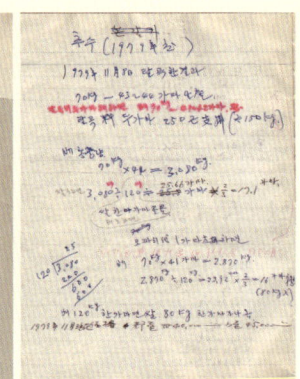

농사일기

1979년 작성된 농사와 관련된 자료. 그는 노년에 농사를 짓고 싶어 했으며 이를 실행에 옮겼음을 알 수 있다. 실제로 농지를 가지고 농사를 한 자료들인 농사방식(모내기, 김매기, 거름주기 등)과 탈곡결과가 기록되어있는 농사일기이다. 간단한 메모와 항목들의 나열 정도의 수준이어서 원본의 사진만 수록한다.

주택 관리 ·일기

집(자택)을 관리하는 구체적인 항목들(난방, 물탱크, 난초, 마당, 정원관리 등)이 기록된 일기이다. 대부분 물에 젖어서 내용을 확인할 수 없으나 도면 등을 그리고 주요한 항목들을 메모형식으로 정리해 놓았던 것으로 보인다.

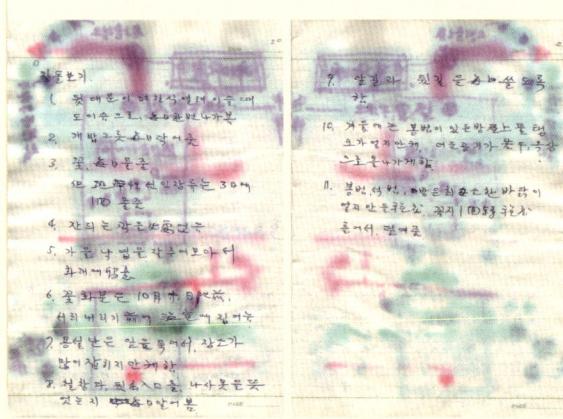

초평여생잡기

초평여생잡기는 1979년부터 쓴 정년 후의 삶에 대한 계획으로서, 앞으로 할 일들에 대한 기록이다. 쓰고 싶은 책, 연구주제, 사업 등의 내용이 기록되어있다.

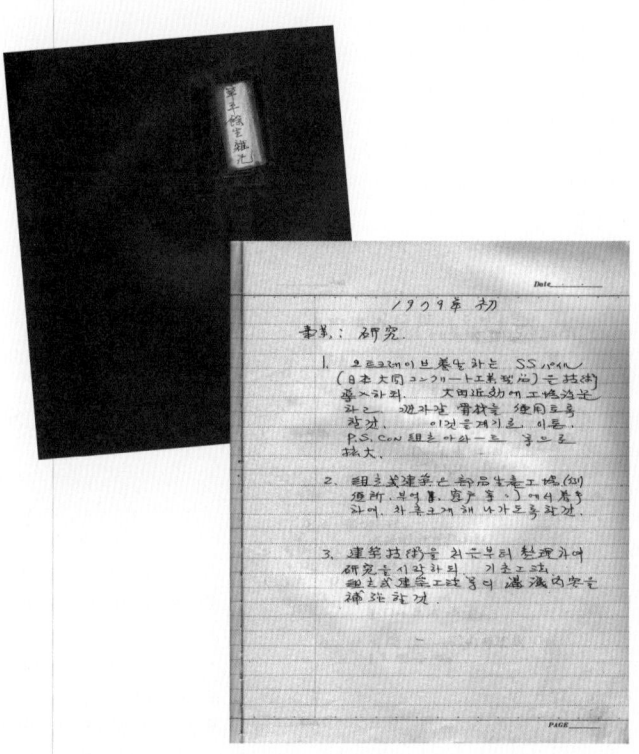

• **1979년 초**

소양: 연구

1. 오트크레이브 양생하는 SS 파일(일본대동 콘크리트)을 기술 도입하되 대전 근교에 공장을 구축하고 깐 자갈 골재를 사용토록 할 것. 이것을 계기로 이론, P. S. CON 조로 아파트 등으로 확대.
2. 조립식 건축은 부품생산공장(예: 변소, 부엌, 창호 등)에서 착수하여 차츰 크게 해 나가도록 할 것.
3. 건축기술을 처음부터 정리하여 연구를 시작하되 기초공법 조립식 건축공법 등의 강의내용을 보강 할 것.

• **1979년 여름방학 기간 제4차 외국여행을 마치고**

공사류

a. 부품성산기체
   BATH ROOM
   KITCHEN UNIT
   연석벽교(壁校)
   DOOR & WINDOW
   GYPSUM BOARD

b. 재료 수출입 기체(基體)
   PLASTIE FLOOR MATERIAL

c. 책 발간
   건축설계자료 집성
   상세도집(要共著)
   O교건축
   주택책 아름다운 주택

d. 미국과의 휴대
   미국에 지점 설치

e. 연석벽교(壁校) – 국내원재료개발
   P.S 열창화(裂틈化)

• **1980년 신춘계획**

1. 건축가의 생명은 작품이 우선한다. 가급적 좋은 작품을 살아 있는 동안 남기도록 하여야겠으며
2. 영구성 있는 저작도 남기도록 노력하며
3. 사양은 간접적으로 하도록 한다.
   책 발간
   일반대상
      아름다운 주택
      아름다운 연립주택
      아름다운 아파트(책 발간)

대학 강의, 기타 대학생 대상
  건축계획전집
  건축시공
  최근 일반 건축구조 재료
대학원 및 설계사무소 대상
  동양건축사
  한국건축 구조
  한국의 건축 무늬
  종교건축
  조립건축공법
  Graphic Standard

• **여생 설계(정년퇴임 후) 1985년 초 시작**
1. 설계사무소 운영
   a. 합동으로 운영토록 한다.
   b. 일이 없을 때는 책 원고작성을 직원들이 돕게 한다.
   c. 84년 초부터 동교동건물을 일부 비우게 한다.
2. 출판사(가칭 초평문화사)설립. 자본금 이천만 원
   a. 권위 있는 책 발간
      설계자료집성; Graphic Data
      건축용어집
      건축편람
      교과서.... 등
   b. 미국, 일본 등지 순회 책, 연구논문 등 수집
3. 건축재료생산공장운영
   연석(파주석 포함) ...
   미국여행 ...
4. Computer 패일 대리점 운영
   Computer 이용연구소 겸함
   미국회사 대리점을 함.

• **1985년 초 隨想記**
이제 정년 퇴임한 몸으로써 여생을 다음과 같이 보내기를 희망한다.
(평일)
1. 아침
   ㄱ. 사찰경내외 등 공기와 물이 좋은 곳을 약 30분 산보 하되 차를 이용해도 가함.
   ㄴ. 아침식사
   ㄷ. 독서(著書共) 약 1시간
   ㄹ. 사무실출근(설계,연구,저서)
2. 晝食
3. 목장, 정원 돌봄 (장래 공장건축이 가능한 곳으로서 1,500평 이상이 요구됨) NOTE. 道乃里를 당분간 처분될 때까지 주말농장으로 개조이용하고(주택을 구함) or (移動住宅설치) 망원동주택은 수리후 대비, 동교동은 40평 증축 후 사무실로 이용

1주 1회
   ㄱ. 목욕
   ㄴ. 출강
   ㄷ. 음악회, 외식 등
춘하추동 각 1회
   ㄱ. 해수욕 온천 국내 답사 등
1~2년 1회
   ㄱ. 외국여행

편지

다음의 엽서들은 김정수의 유품으로 그가 해외에 있을 동안 한국으로 보낸 엽서의 일부이다. 개인적인 내용들이 대부분을 이루고 있으나 그의 행적을 알 수 있는 자료이다. 엽서들을 통해 1958년 일본 여행, 1966년 미국 여행, 1968년 일본-유럽-미국 여행, 1970년 이스라엘 건축회의 참석, 1974년 이탈리아 여행 등의 김정수의 해외 경험에 대해 알 수 있으며 여행지에서 구입한 관광엽서로 그 곳의 분위기와 일정을 가족들에게 전하고 있음을 알 수 있다. 특별히 몇몇 엽서에서는 그가 해외 선진 문물을 바라보는 시각과 해외 경험을 통한 감흥들을 알 수 있어서, 김정수를 이해하는 데 도움이 되고 있다. 여기에는 글의 내용을 다 옮기지 않고 친필 기록을 사진으로 볼 수 있도록 대신하는 것으로 한다.

1968년 일본 - 유럽 - 미국 여행

1968년 가족들에게 보낸 엽서를 통해 일본, 유럽, 미국을 경유하는 여행을 했음을 알 수 있다. 김정수는 일본을 경유하여 네덜란드 암스테르담, 독일 프랑크푸르트, 본으로 가는 여행일정 중에 현지에서 구입한 관광엽서로 현지의 분위기를 가족들에게 전하고 있으며 엽서 내용 중 일부는 선진문명을 목도하면서 우리도 앞으로 발전해야 하겠다는 내용을 담고 있다.

1968년 9월 19일 일본-캐나다-네덜란드의 비행기 일정이 쓰여 있다.

1968년 9월 20일 일본에서 출발 후 비행기에서

네덜란드에 도착

1968년 9월 21일 프랑크푸르트에서 본행 비행기 기다리는 중. 앞으로의 일정을 알 수 있다.

1968년 9월 24일 본에서

1968년 9월 24일 본에서

1968년 10월 18일 시카고에서

1968년 10월 6일 미국에 도착 석준군과 합류

미네소타대학 방문

1968년 10월 8일 뉴욕에서

1968년 10월 26일 멕시코에서

1968년 10월 16일 피츠버그 대학 관광 후

1968년 10월 29일 로스앤젤레스에 도착한 후

1968년 10월 30일 샌프란시스코에서

1968년 11월 1일 10시 하와이 힐튼호텔빌리지에서

1970년 이스라엘 건축회의 참석

1970년 이스라엘 건축 회의에 참석, 연설한 후의 감상이 담긴 엽서로서, 이스라엘 건축회의에서 1970년 12월 18일 폐회식에서 처음으로 영어강연하고 박수갈채 받았다는 내용이 수록되어 있다.

1970년 이스라엘 건축회의를 마치고

자녀에게 남기는 글

본 편지의 작성시기가 "1985년 봄"이라고 쓰여있는 것으로 보아 김정수가 돌아가시기 직전에 병원에서 자녀들에게 쓴 편지로 추정된다. 표지포함 9장으로 되어있으며 손수 정성들여 글을 쓴 것으로 "원본"이라는 표시가 표지에 있다. 주요 내용은 부부간에 생길 수 있는 문제들을 해결하면서 서로 사랑하며 살아가라는 교훈적인 내용으로 자신의 경험을 바탕으로 기술하고 있다. 이는 김정수의 개인적인 인생관을 엿볼 수 있는 자료로서, 자료의 내용에 사적인 내용이 포함되므로 일부만 발췌 하였다.

자식은 부모의 육체적 생명의 일부분으로써 무한히 연속되는 것이라 생각할 수 있으며 부모는 나이가 많아질수록 자식의 행복과 성공을 염려하게 된다. 이제 내 나이가 70세가 가까웠으며 건강도 좋지 못하고 보니 가끔 인생의 종말이 가까웠음을 느끼게 되며, 따라서 내 평생의 경험을 통한 이 글을 너희들에게 남기려 한다.

사랑: (중략) 6.25때의 일이다. 나의 어떤 선배가 가족들과 상의한 끝에 자기만 혼자서 먼저 피난을 떠나오는 중 다시 생각하기를, 나를 위하여 일평생을 같이 붙어 다니며 뒷바라지를 해온 내 마누라와 죽어도 같이 죽어야지. 내가 만일 안 돌보면 누가 돌볼 것인가 하고, 발길을 다시 돌려 집에 돌아가서 마누라와 같이 피난길에 나섰다는 말에 나는 깊은 감명을 받고 그 후로는 나도 남 못지않게 내 아내는 내가 돌보아 주어야겠다는 생각으로 살아 왔다.
요새도 가끔 사소한 부부간의 의견의 차는 있지만 자식들마저 출가한 노년을 맞은 지금에 이르러서는, 혼자서는 너무 쓸쓸해 도저히 살 수가 없다는 것을 서로가 느끼고 있다. 실로 사랑은 받으려고 하지 않고 주려고 하는 데에서 진정한 사랑은 있을 수 있다 하겠다.

의견의 차이: 어떠한 가정에서나 사소한 의견의 차이로 가끔 언쟁은 있게 마련이다... 첫째로 남자는 남자다운 용기와 관용, 인내가 있어야 하며 큰 소리로 욕을 하고 나서도, '여보 내가 잘못한가 보오' 하고 뒤를 풀어주려는 아량이 있어야 하며, 여자는 여자다운 아름다운 마음과 정숙한 언어와 태도를 지님으로써 양보의 미덕이 있어야 한다. (중략) 부부는 항상 상대방의 흠점을 고치려 하지 말고 자신의 흠점을 먼저 시정하려 노력을 하고, 항상 상대측에 장점을 찾아가며 살아가도록 노력해야 할 것이다.

행복의 청사진: 부부는 가끔 무릎을 맞대고 미래의 행복한

가정생활에 대한 설계도를 만들어야 한다. 어떠한 훌륭한 큰 건물이고 간에 설계도 없이 적당히 짓다보니 이루어졌다 하는 경우는 있을 수 없다. (중략) 인생의 보람을 느끼고, 서로를 아껴가며 한평생을 살아가기를 하도록 진심으로 바라며 이 글을 마치도록 한다.

-1985년 봄 아버지 씀

이 글은 내가 입원을 하고 있는 동안 너희를 위하여 썼다. 너희와 내가 각각 1통씩 보관하기 위하여 3통 copy를 만들었다. 너무 traditional oriental 사고방식이라고만 생각치 말고 한 평생의 부부생활의 길잡이로 생각하고, 부부생활에 문제점이 있다고 생각할 때 마다 다시 한번씩 재O함으로써 문제점의 원인을 찾아내어, 이를 시정하는 데에 거울로 삼으면 나로서는 만족하겠다.

타계 이후

김정수는 1985년 2월 18일 서울대학교 병원에서 급환으로 세상을 떠났다. 그의 영결식은 1985년 2월 20일 연세대학교 공과대학 앞마당에서 공과대학장으로 거행되었으며 그의 타계 소식은 조선일보, 한국일보, 동아일보 등에 알려졌다. 1986년과 1987년 2월 18일 각각 연세대학교 루스채플과 고인의 묘소에서 추모예배가 드려졌으며 1988년 2월 27일에는 3주기 추모비 제막식을 가졌다.

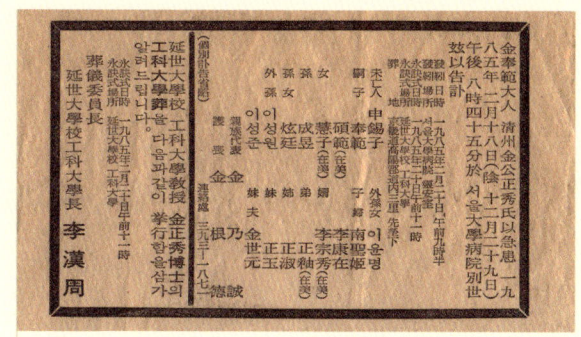

김정수의 타계소식을 전한 신문 지상의 부고

추도문

다음은 김진일 당시 대한건축학회장이 작성한 추도문 전문이다.

김정수 박사님 영전에
이제 새 학년이 되어 학생들이 모여드는데 김 박사님 어찌된 일이심니까.
김 박사님께서 8·15해방직후인 1945년 9월 1일 손을 모아 창립하신 대한건축학회 40주년행사를 눈앞에 두고 떠나신다니 이게 웬일이심니까. 학회참여이사 이사를 비롯한 2천 4백여 회원의 놀람과 슬픔은 헤아릴 수 없습니다.

김 박사님께서 1972년 학회장 임기 중 그 어려운 여건 하에 강남 과기총건물 4층에 건축학회사무실을 구입을 주관하였읍니다. 그간 30년간 사용하던 명동의 현 학회사무실은 김 박사님께서 구입하신 바로 그 건물로 옮기는 준비를 하고 있음을 아시지 않읍니가.
김 박사님께서는 과기총건물로 옮긴 학회사무실을 보셔야 했읍니다. 그리고 학회운영을 지도하여주셔야 하지 않읍니가. 젊어서의 김 박사님은 엄격하셨읍니다. 그리고 그 엄격과 온화함의 조화로 된 건물을 남기시며 교육자로서의 지표이기도 하였읍니다. 김 박사님께서는 이제 사랑하시는 가족과 저이들을 뒤에 두고 영영 떠나십니다. 평소 김 박사님께서 사랑과 정성을 담아 설계하신 연세대학건물과 시내곳곳에 서있는 건물이 지켜보는 속에서 하나님의 나라로 가시어 고이 잠드시기를 빕니다.

_1985년 2월 20일 대한건축학회장 김진일

추모비

김정수 타계 3주기가 되던 1988년 2월 27일 '초평 김정수 박사 추모비 건립 추진위원회'가 마련한 추모비 제막식이 고인의 유택인 경기도 원당에서 거행되었다. 추모비는 그의 제자인 김정기(연세대학교 15기)가 디자인하고 박영진 씨가 글씨를 썼으며 추모비의 뒤에는 다음과 같은 내용의 글이 기록되어 있다.

건축계에 동이 틀 때 황무지 일구어 학문의 씨 뿌리시고
몸소 심고 가꾸어온 묘목이 큰 나무로 자라나 울울창창
큰 숲되리니 터 닦고 기초다지어 마련하신 튼튼한 반석 위에
그 숲 속에 나무도 기둥도 대들보도 장만하셔서 큰 집 세우리다.
생활 가운데 항상 근엄함을 지니셨고 곤경 속에 사랑과
정을 나뉘고 앞날에는 신념과 용기를 북돋우셨으니 그다지도
넓은 품이 그리워 조그마한 추모의 정을 올립니다.

1988년 2월 18일
연세대학교 건축인 일동

약력

1919년 10월 30일 평남 대덕군 김제면에서 출생
1985년 2월 18일 별세
연세대학교 공과대학 건축공학과 교수
연세대학교 산업대학원 원장
대한건축학회 회장
서울시 문화상 국민훈장 동백장 대통령 표창
국회의사당 등 50여점 설계

Life | 생애편
2/교육자 김정수

교육자 김정수
–
수업, 강의자료
–
특강
–
교직과 설계업
–
학위배출
–
기타

김정수는 건축가로서뿐만 아니라 교육자로서도 한국건축의 중요한 역할을 한다. 교육자로서의 그의 모습들은 1961년 연세대학교 부임 이후의 자료들에서 찾아볼 수 있다. 연세대학교에서 김정수의 교육활동은 그 내용과 범위가 상당히 넓고 다양한 편이지만 찾은 자료는 충분치 못하다. 본 장에서는 김정수가 연세대학교에서 담당했던 수업 및 강의자료와 특강 원고, 그리고 그가 배출한 석사연구생들의 논문목록 등을 수록하였다. 다양한 강의자료들을 통해서 김정수가 건축교육에 있어 중시했던 점들을 알 수 있으며 특강자료에서는 그의 교육관과 학생들에 대한 애정을 찾아볼 수 있다.

사진-연세대학교 건축공학과 설계실에서 찍은 사진. 주변에 있는 패널들은 학생의 작업으로 보이며 멀리 뒤로 연세대학교 중앙도서관이 보인다.

교육자 김정수

김정수는 1961년 연세대학교에 부임하였으며 타계 직전까지 25년을 건축공학과 교수로서 재직하였다. 그는 연세대학교에서 건축공학과를 발전시켰을 뿐만 아니라 대한건축학회에서도 회장직을 역임하는 등 건축 교육자로서 다양한 경력을 가졌다. 교육자로서 김정수의 주요경력은 다음과 같다.

- 1961 ~ 1985년 연세대학교 교수
- 1961 ~ 1962년 연세대학교 공과대학 건설공학 (건축, 토목, 기계) 과장
- 1963 ~ 1968년 연세대학교 공과대학 건축공학과 학과장
- 1972 ~ 1974년 대한건축학회 회장
- 1974 ~ 1975년 연세대학교 이공대학 공학부장
- 1977 ~ 1979년 연세대학교 산업대학원장

김정수는 교수로 부임하기 이전에도 건축교육에 상당한 관심을 가지고 있었으며, 그는 건축설계사무실에서 실무에 종사할 때도 항상 여러 대학의 강의를 맡았다.

다음은 김정수의 회갑기념논문집에서 발췌한 글로써, 그가 회사를 운영할 당시부터 건축교육에 큰 관심을 가지고 있었음을 보여주는 자료이다.

"그 후 학교를 설립할 목적으로 기금조성을 위하여 토건회사를 차렸으며 한때는 서울 근교에 교지(校地)까지 장만하였으나, 스스로 생각하기에 내 자신 사업가로서 경영분야의 지식이 부족할 뿐만 아니라…"
_김정수, 1979, "회고사", 김정수 회갑기념논문집

1981년 연세대학교 건축공학과 졸업앨범

수업, 강의자료

김정수가 1961년부터 1985년까지 연세대학교 건축공학과에서 강의를 담당했던 모든 과목들을 정리해보면, 그의 강의는 일반구조, 계획 및 설계, 의장, 재료 및 시공 네 분야로 나누어 진다. 김정수는 전공분야인 계획 및 설계분야의 과목들을 1961년 부임 이후 1985년까지 지속적으로 강의했으며, 의장 분야에서도 건축의장 과목을 1961년 이후 거의 매년 강의했다. 1960년대에는 4학년을 대상으로 하는 고급건축이라는 수업을 해마다 진행했다. 건축의장 강의에서 김정수는 건축을 기능, 구조, 미라는 세 가지 요소로 설명하면서 건축에 대한 종합적인 접근을 강조했다. 이는 그가 가지고 있었던 건축관을 반영하는 것이라 생각된다.

김정수가 계획 및 설계, 의장 분야 이외에 가장 많은 강의를 한 과목은 2, 3학년을 대상으로 하는 일반구조와 4학년을 대상으로 하는 시공 과목이다. 일반구조는 일반구조(II, III, IV), 일반건축구조(II, III), 일반 구조 및 실습 등의 다양한 과목명으로 나타나는데 학년과 학기를 고려해 볼 때 비슷한 내용을 강의한 수업이기에 하나의 과목으로 간주할 수 있다. 일반구조 수업에서는 벽돌공사, 철근콘크리트 공사, 철골 공사 등을 다룸으로써 그가 실무 중심의 교육을 추구했음을 알 수 있다. 1966년부터 지속적으로 강의한 시공 과목은 (1966년 당시 과목명은 시공 및 시방이었으나 이후 시공으로 과목명 변경됨) 공사관리와 공법을 중심으로 강의가 이루어졌다.

당시 대학에는 강의할 수 있는 전문가가 많지 않았기 때문에 각 교수가 많은 과목을 강의하였다고는 하지만, 김정수는 그가 정년퇴임에 가까워질 때까지도 일반구조와 시공 등의 과목을 지속적으로 강의했음을 볼 때 그가 본인의 전공분야인 건축계획 및 설계 이외의 분야

1979년 연세대학교 건축공학과 졸업앨범

에도 다양한 관심이 있었으며, 건축설계와 직접적으로 연계되는 일반구조, 시공 과목을 실무 중심적으로 교육하기를 원했다는 것을 알 수 있다.

제자들의 회고를 보면 그는 설계뿐만 아니라 기술과 시공 등의 과목을 중시하여 그러한 분야의 과목들을 열정적으로 강의하였다고 한다. 다음은 김정수 10주기 추모집인 「한국의 건축가 김정수」에 실린 제자들의 회고와 면담 등을 통한 글이다.

한편, 선생님은 전공이 건축계획이면서도 구조, 시공, 재료 등 건축 각 분야에 걸쳐 관심을 기울이셨습니다. 특히 미개발 분야인 국산 신재료 개발의 중요성을 역설하시면서 연석 등 많은 건축 재료의 특허를 출원하셨지요.
한 번은 1960년대 경제 여건이 어려웠던 우리나라 농어촌의 교실난을 해소하고 싶다고 하시며 값싼 슬레이트 쉘 구조 개발에 심혈을 기울이셨습니다.
우선 슬레이트 단가를 낮추기 위해 캐나다에서 수입해 오던 1~8급 석면을 국산으로 대체할 수 있도록 신소재를 개발해야 된다고 하시면서 미장원에서 모발을 수집하기도 하고 인천 판유리 공장에서 유리 섬유를, 또 제재소에서 톱밥 등을 가져와 값싼 재료를 실험실 바닥에 모아놓고 우리들과 머리를 맞대고 연구에 몰두하셨지요.
슬레이트를 반원형 곡면으로 만들고 출입문과 창문을 설치한 후 그 지붕 위에 20 여명이 올라가 처짐 현상을 시험한 일도 있었습니다. 하지만 우리들은 하나같이 무너질까 봐 겁이 나서 올라가지 못하고 망설이고 있었습니다. 그 때 선생님은 절대로 무너지지 않는다고 말씀하시면서 우리들을 겁쟁이라고 놀리셨지요. 선생님의 말씀대로 무너지지는 않았지만, 지붕 위에 올라가 있는 동안 우리들은 잔뜩 겁을 먹었고 등에는 식은땀을 흘리며 당장이라도 뛰어내릴 태세를 갖추고 있었습니다.
마침내 아무 일 없이 성공리에 실험을 끝낼 수 있었지만 정말로 아찔한 순간이었습니다.
- 김광서, 1995, "총각들이 〈미스코리아〉도 안 보고 뭐해", 「한국의 건축가 김정수」, 고려원

교수님의 강의는 3학년이 되어 일반 구조 시간에 처음 받게 되었는데 강의를 무척 알기 쉽게 해 주시는 것이 인상적이었다. 찰리 채플린이 지팡이를 잡고 있는 자세로부터 좌굴이 무엇인지 가르쳐주셨고 다리를 벌리고 서 있는 사람의 발목을 끈으로 묶는 것을 예로 들어 압축과 인장에 대해 가르쳐 주셨다. 그리고 거대한 장충체육관 돔이 바로 이 간단한 원리를 이용한 압축재이며 땅속의 철골이 인장재로서 잡아 주고 있어서 안정을 유지할 수 있는 것이라고 설명하셨다.
- 유난형, 1995, "내 인생의 진로를 제시해 주신 분", 「한국의 건축가 김정수」, 고려원

설계지도를 하실 때 중점적으로 보신 것은 ①완성되서 공간화했을 때를 의식하게 했고 ②설계해서 시공까지 가능하냐를 보셨고 ③경험적이고 실질적인 측면을 가르쳤다.
- 이호진, (2006년 8월 2일, 서울에서 장원석의 인터뷰 중)

연세대학교에서 김정수가 담당했던 강의과목

1961~1970

과목	1961-1	1961-2	1962-1	1962-2	1963-1	1963-2	1964-1	1964-2	1965-1	1965-2	1966-1	1966-2	1967-1	1967-2	1968-1	1968-2	1969-1	1969-2	1970-1
영어		2(3)																	
건축구조2											2(1)	2(2)		2(2)			2(2)	2(2)	
일반구조2													2(2)		2(2)	2(2)			
일반건축구조2						2(2)	2(2)	2(2)	2(2)	2(2)									2(2)
건축구조3																	3(1)	3(1)	
일반구조3		3(2)										3(1)		3(1)	3(1)				
일반건축구조3																			3(2)
일반구조4		4(1)																	
구조실습																			
일반구조및실습																			
초급설계								2(3)	2(3)			2(3)					2(3)		
초급건축설계					2(3)	2(3)	2(3)	2(3)			2(3)	2(3)		2(3)					
건축설계2				2(3)															2(3)
건축설계3			3(4)	3(4)											3(2)				
건축설계4		4(4)																	
졸업설계																	4(4)		
설계																			
건축계획2			2(2)				2(2)												
건축계획3			3(2)	3(2)	3(2)	3(2)													
계획																			
의장	3(2)*				1(3)*	1(2)*	1(1)*	1(1)*	1(1)*	1(1)*	1(1)*	1(1)*	1(1)*	1(1)*	1(1)*	1(1)*	1(2)*	1(2)*	
의장실습	3(1)		3(2)				3(1)		3(2)				2(1)						
건축의장및실기											2(1)								
건축의장실기A, B															2(2)*			2(2)*	
의장론																			
현대건축																			
건축제도			2(3)																
제도					1(1)														
고등건축			4(3)	4(2)															
고급건축					4(3)	4(3)	4(3)	4(3)	4(3)	4(3)	4(2)*	4(2)*	4(2)*	4(2)*	4(2)*	4(2)*			
건축재료									3(2)										
시공 및 시방											4(2)	4(1)	4(2)	4(2)	4(2)			4(2)	
시공																	4(2)	4(2)	
건축시공																		4(2)	
건축시공및적산																			
건축시공및적산A,B																			
실습							4(1)	4(1)											
측량								4(2)											

▶ 학년(학점), *표시는 2개 분반중 1개분반강의

	1972		1973		1974		1975		1976		1977		1978		1979		1980		1981		1982		1983		1984	
2	1	2	1	2	1	2	1	2	1	2	1	2	1	2	1	2	1	2	1	2	1	2	1	2	1	2
	2(2)		2(2)																							
2(2)	2(2)																									
			2(2)																							
		3(1)		3(2)					3(2)	3(3)		3(2)														
3(2)	3(2)																		3(3)		3(3)		3(3)		A3(3) B3(3)	
			3(2)																							
										3(1)																
												3(1)														
2(3)	2(3)	2(3)	2(3)	2(3)									2(3)		2(3)		2(3)	2(3)	2(3)		2(3)		2(3)		2(3)	
									3(4)				3(3)	3(3)	3(3)											
4(4)							4(3)		4(3)		4(3)															
			4(3)	4(3)					4(4)		4(3)		4(3)	4(3)					4(3)				4(3)		4(3)	
	4(3)					4(3)																				
2(2)																										
	3(2)																									
	3(2)				3(1)		3(2)				2(1)															
							2(1)																			
													2(2)*		2(2)*		2(2)		2(2)							
																								2(2)		2(2)
		3(1)																								
		2(2)																								
4(2)	4(2)		4(2)	4(2)				4(2)		3(3)																
														3(3)					3(3)		3(3)					
										3(3)		3(3)													3(3)	

강의계획서

• 과목명: 건축의장실기

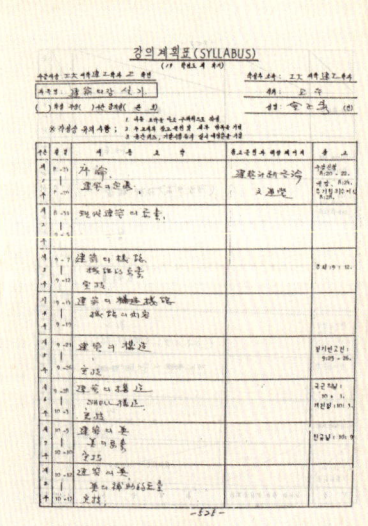

- 제1주: 서론, 건축의 정의
- 제2주: 현대건축의 요소
- 제3주: 건축의 기능, 기능의 요소, 실기
- 제4주: 건축의 기능, 기능의 내용
- 제5주: 건축의 구조, 실기
- 제6주: 건축의 구조, SHELL구조, 실기
- 제7주: 건축의 미, 미의 요소, 실기
- 제8주: 건축의 미, 미의 보조적 요소, 실기
- 제9주: 중간시험
- 제10주: 실기, 색환
- 제11주: 명암과 채도
- 제12주: 인체
- 제13주: 자동차
- 제14주: 수목
- 제15주: 투시조색(흑백, 회색)
- 제16주: 형태
- 제17주: 기말시험

• 과목명: 건축설계 II

- 제1주: 교회건축설계 자료선집
- 제2주: 교회 소요택 및 크기 결정
- 제3주: 초안설계
- 제4주: 초안설계
- 제5주: 본설계
- 제6주: 본설계
- 제7주: 모형 제작
- 제8주: 모형 제작 제출 및 평가
- 제9주: 중간시험
- 제10주: 아파트 설계 자료선집
- 제11주: 아파트 설계 자료선집
- 제12주: 초안설계
- 제13주: 초안설계
- 제14주: 초안설계
- 제15주: 본설계
- 제16주: 본설계
- 제17주: 본설계 제출 및 평가
- 제18주: 학기말시험

- 과목명: 일반건축구조학

- 제1주: 총론, 건축구조학의 내용분석, 지질실험
- 제2주: 지내력실험, 각종기초, 말뚝기초
- 제3주: 벽돌 공사
- 제4주: 벽돌법 배정, Block 공사
- 제5주: 석공사, Concrete의 학습
- 제6주: 철근 콘크리트 공사
- 제7주: P.S CON 공사
- 제8주: P.C CON 공사
- 제9주: 중간시험
- 제10주: 철골공사, 개요, 안념
- 제11주: 철골공사, 용접, 가공, 조립
- 제12주: 목공사, 개요, 각부명칭치수, 재료
- 제13주: 목공사, 지붕구조, 마루
- 제14주: 지붕공사, 기와, 스테이트, 금속, 유리, 홈통
- 제15주: 방수, 방습, 종수, 공법
- 제16주: 수장창호공사, 미장
- 제17주: 기말시험

- 과목명: 건축시공학

- 제1주: 건축시공의 연혁
- 제2주: 입찰 및 계약, 시공관련 법령(사법, 세법, 노무법)
- 제3주: 공사기획, 예산, 인·공정 설계정리
- 제4주: 공사관리, 시공기계
- 제5주: 시공중기, 옥삭, 전압
- 제6주: 시공중기, 항타, 괴중
- 제7주: 시공중기, Concrete, 적재기타
- 제8주: 공법(시방)O, 총론
- 제9주: 중간시험
- 제10주: 공법(시방)O, 시설공사
- 제11주: 공법(시방)O, 토공사, 기초공사
- 제12주: 공법(시방)O, 철근콘크리트공사(배합, 다지기)
- 제13주: 공법(시방,O), 철근콘크리트공사(거푸집 및 특수 콘크리트)
- 제14주: 공법(시방,O), 철골공사 (총칙 재료, 공작 리벳, 고장력 볼트)
- 제15주: 공법(시방,O), 철골공사 (용접, 비우기)
- 제16주: 공법(시방,O), 조적, 타일, 타일 목, 방수, 지붕
- 제17주: 2학기말 시험

특강

건축인의 진로특강

"건축인의 진로특강"은 김정수 자신이 직접 건축과 학생의 진로를 위해 강의한 내용으로 요약문만 남아 있다. 하지만 요약문을 통해서도 그가 건축인에 대해 가지는 생각과 후배들에게 남기고 싶은 말이 무엇인지 알 수 있다. 그는 건축가로서 매우 자부심을 가지고 있었으며 동시에 많은 책임감을 지니고 있었음을 알 수 있다.

다음은 김정수가 작성한 건축인의 진로 특강 요약본 원문이다.

1. 가난하였다.
내가 어렸을 때 만하여도, 고구마, 조밥, 시골, 소달구지, 좁은 논두렁길, 초가집, 빈대, 이, 모기...
흉년이면 산에 가서 나무껍질을 벗겨 먹다.

2. 조상들이 기술을 천시하다.
관직에 있는 자가 지배계급에 있으며 세도를 부리고 기술자를 쟁이로 천대하다.

3. 한일합방(나라를 빼앗기다)
서양 과학기술문명은 인도양과 남기해를 거쳐서 지리적으로 접근이 용이한 일본 규슈에 먼저 상륙하여 신 전쟁무기가 공급되었으며, 일본인들은 이것을 가지고 덕천구정부를 전복시키고, 명치유신이라는 문화혁명을 일으켜 신정부를 설립하고 새로 도입한 무기를 가지고 임진왜란 때 서양에서 도입한 새총을 이용한 것과 같은 수법으로 한국을 합병하다.

4. 일본정부 식민지 구조하의 한국
그들이 한국민에게 신과학문명의 교육을 받을 수 있는 기회를 주지 않았고 한국은 세계에서 가장 가난하고 미개한 국민으로 방치되어 그들의 착취를 당하였다.

5. 해방과 6 · 25
우리들은 세계 2차대전으로 겨우 일본 식민지 정부굴레에서는 벗어날 수 있었으나, 계속되는 남북 분단과 6 · 25로 그나마 지상의 기숙시설은 완전히 폐허와 잿더미로 되었다.

6. 외국사람이 보는 한국과 일본
6 · 25 얼마 안 되어 내가 미국을 갔을 때의 일이다. 미국의 학생들까지 한국은 아주 미개한 나라이며 일본은 아주 고층의 선진국으로 생각하고 있었다. 하도 기가 막혀 어떻게 이웃의 두 나라 사람이 그렇게 머리에 차가 있을 수 있느냐. "두고 보아라, 20년도 못 가서 한국은 눈부시게 발전할 것이다."라고 대꾸를 한 일이 있었다.

7. 그러나 우리들은 4천년의 찬란한 역사를 가지고 있다.
왕인은 천보문을 일인에게 가르쳤다.

삼국시대: 일본전기에 AD 554년 백제승 9명이 교대로 일본에 왔다. 일본비조사건축을 위하여 백제왕이 승려와 같이 사공, 와공 등을 보내왔다.(건축학대계, 일본건축사편)
기타 대륙의 사천왕사, 법륭사(나라)등 최고 국보건축들이 이것을 증한다.

우리들의 찬란한 문화유적
- 삼국시대– 석굴암– 660년대, 불국사
- 고려시대– 안동 봉정사 극락전 정면 3칸 측면 4칸 단층 맞배주 심포
- 이조시대– 서울 남대문(조선시대 초)
- 경회루 경복궁–1870년
- 일제시대– 한국인이 간혹 한 명씩 ○○대에 입학하면 으레 우등을 하다.
- 박길용씨는 화신설계 일본인 ○이에서도 김세연씨와 더불어 일본인이 존경하는 기술자였음

내가 여러분들에게 말하고 싶은 것은.
1. 건축을 사랑하고 사명감을 가져라.
  a. 주생활은 인간생활의 3대 요소 중 하나.
  b. 우리들은 이중에서 주 건축에 사회적 책임을 지고 있다.

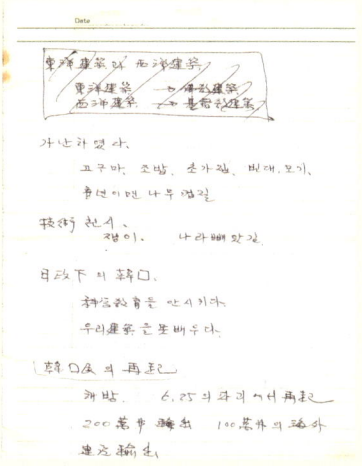
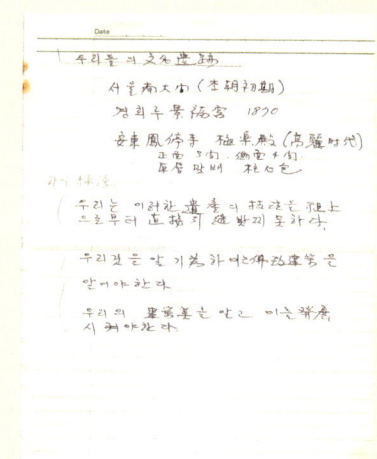

2. 현대건축 완전히 파악을 위한 연구노력
   a. 건축은 문화정도 및 경제 수준의 척도, 건물 보면 문화 정도를 알 수 있고 건물 보면 경제수준을 알 수 있다.
   b. 건축의 ○○○
      가. 바우하우스의 국제주의 건축경향
         post modernism의 발생과 그 성격
         절충주의의 계속(장식주의) 파리주의 표리주의
      나. 현대건축 경향에 관한 philosophy를 가짐.
         관성 있는 건축 Mies는 (철과 유리)
      다. 미적 감각을 기르도록 함
         unity, variety, balance, color, texture, transition contrast
      라. 자기가 설계한 건축을 남이 좋게 평하는 보람.
      마. 모형, 투시도를 잘 만들어 표현능력을 키우도록. 사람의 능력은 동일. 차를 잘못 그리는 학생이 더 잘 그리게 된다. 동서고금의 모든 건축 및 장식, 가구 등을 소홀히 생각하지 말고 특히 각각의 아름다움의 이유, 원리를 찾아 자기 설계에 응용하도록 한다.
      바. 기타 구조, 기획 등 building science master(노력, 공부)
3. 인간생활에서 자기완성을 위하여 노력
   가. 생의 의의를 찾고 희망과 의욕을 가지고 행복한 인생을 향하여 자기완성을 위한 노력 및 노력의 대가에 대한 보람을 느끼며 산다.
   나. 건강- 성공의 제일보 (테니스 등)
   다. 종합적 지식의 필요성 영어, 법률, 경제
   라. 인격도야- 정직, 근면, 겸손한 언어행동
   마. 정서생활- 아름다운 시각, 청각을 느끼며 살 수 있는 생활
   바. 부부 철학- 결혼은 한 평생의 동반자를 구하는 소위 향락이 아니고, 대학생활과 학내연구에 도움이 되되, 방해가 되면 안 됨. 남녀교제는 건전한 결혼생활을 전제로 할 것.
4. 의욕을 가지고 장래를 향하여 매진
장래계획을 세움
   가. 독립심을 가짐
   나. 적성에 맞는 분야결정- 설계, 시공, 도시, 구조, 설비 설계사무소. 공무원, 건설회사.(취직 or 운영) 학교선생
   다. 장래계획은 최대한 크게 가짐.
   라. 선배, 교수 등의 자문 필요
   마. 우물을 파도 한 곳을 파라.
   바. 인류, 사회에 공헌을 위하여 매진. 이같이 하여 장래의 선진국이 된 한국에서 살 것을 목표로 민족, 인류에 공헌을 목표로 위대한 포부를 가지고, 기획성 있는 대학생활을 가지라.

장래의 한국건축
   보: design-scientific & abstract variety
   설계 – 컴퓨터화
   생산 – 공장생산화 (조직)

4년을 어떻게 보낼 것인가?
(바람직한 공대생 생활)

"4년을 어떻게 보낼 것인가?"는 신입생을 대상으로 김정수 교수가 강의하던 오리엔테이션 성격의 강연 원고이다. 같은 제목의 직접 쓴 원고가 여러 본이 발견된 것으로 보아 해마다 조금씩 고쳐서 사용한 것으로 보인다.
대학생활의 지침이 되고자 하는 의도가 엿보이며 특히 건축과를 지망한 학생들에게 책임감과 자부심을 심어주는 말들이 많다. 건축과 건축가에 대한 김정수의 기본적인 생각을 읽을 수 있다.
다음은 김정수의 원고 원문을 그대로 옮긴 것이다.

4년을 어떻게 보낼 것인가? (바람직한 공대생 생활) 전문
이제 1979학년도의 봄 새학기를 맞이하여 힘든 입시관문을 돌파하고 입학하게 된 연세대학교 우리 공과대학의 새 가족을 진심으로 축하하고 환영하는 바입니다. 봄이 되면 각종 꽃이 피고 새가 울며 꿩이 날아다니는 연세동산은 1세기 동안이라 할 수 있는 100년간의 긴 역사와 전통을 자랑하지만 특히 이 연세대학 안에서도 시대의 총아라 할 수 있는 우리 공과 대학은
a. 연세대학교 안에서도 최대의 학생수를 가진 단과대학이고
b. 이 공과대학을 수용하는 공학과 건물은 이제 5층으로 증축공사가 끝나면 연세 캠퍼스 내에서도 최대의 규모와 시설을 자랑하는 큰 건축물이 될 것입니다.
c. 또한, 매년 입시를 통하여 정선된 국내 최고의 엘리트를 자처하는 2000여명의 공대생은 세계의 권위를 망라한 교수진의 지도로 학문과 과학기술 연마에 심혈을 기울이고 있으며, 많은 졸업생들은 국내에서는 물론이요, 멀리 해외에서까지 중요산업분야에서 과학기술분야의 지도자로서 중추적인 역할을 다하고 있음은 우리 연세공과대학의 자랑의 상징이라 아니할 수 없습니다.
이제 연세대학교 공과대학에 새로 입학한 여러분은 이러한 선배들이 쌓아 올린 훌륭한 환경 속에서 각자가 원하는 학문을 닦음으로써 앞날의 약속받은 장래가 여러분을 기다린다 할 수 있으며, 이번에 새로 입학한 여러 분도 선배에 못지않은 우수한 학생들로서, 과거의 전통을 이어받고, 나아가서는 가일층의 노력과 성과를 통하여, 더욱 모교를 발전시키고 빛을 낼 수 있는 충분한 소질을 갖추고 있을 것을 확신하며, 의심치 않는 바입니다.
이제 인생의 새출발을 하게 된 여러분은 장래의 대성을 위하여 알찬 4년간의 새 계획을 세워야 겠습니다. 그리고 그 계획의 완수를 위하여 온갖 노력을 기울여야 하여야겠습니다.

● 기술
돌이켜 보건데, 과거의 한국사회는 공업기술을 경시하고 기술자는 '쟁이'로 천대하여 왔으며, 총 한 자루 제대로 만들지 못했던 이조 말기의 우리 국민들은 선진 각국의 당시의 침략야욕을 물리칠 능력이 없어서 드디어는 나라까지 빼앗기는 비운을 격은 사실을 우리는 역사를 통하여 잘 알고 있으며, 또한 일제시대에는 한국 사람에게 과학기술을 전혀 가르치지 않았으니 우리들은 과학기술을 전혀 알 길이 없었던 것입니다. 그러나 8·15 민족해방 후의 30년 동안 우리 자력으로 끈질긴 노력의 대가로서 작금 한국은 100억불을 초과하는 수출실적을 달성하였으니 우리 민족이 이룩해 놓은 눈부신 발전의 덕택이라 아니할 수 없습니다.
이같이 발전 일로에 있는 한국의 국력은 산업을 뒷받침하는 과학기술 발전에 크게 영향을 받아 공업뿐만 아니라 한국사회의 모든 문화가 날로 향상하고 있으며, 바야흐로 한국의 국력은 전 세계로 뻗고 있으니 세계 선진국대열에 끼여 문화생활을 할 수 있는 날도 멀지 않은 것을 알 수 있습

니다. 장래의 한국사회는 여러분들이 하루 속히 학문을 맞추고 한국사회의 기술자가 되어 사회에 나오기를 손꼽아 기다리고 있는 것입니다.

금후 우리들이 무엇을 하여야 할 것인가 하는 것은 자명한 사실이라 하겠습니다. 우리들은 지금까지의 너무 성급한 발전에서 오는 부족을 보충하고 지정하여야겠으며, 그 밖에도 아직 우리 손으로 만들지 못한 원자력 발전소를 건설하며, 비행기와 컴퓨터를 제작하고, 의식주에 필요한 모든 현대 생활의 필수품을 생산하고 공장과 회사를 관리하여야겠으며, 교량, 도로와 공장을 건설하며 아름답고 살기 좋은 도시와 농촌 등을 건설하여야 할 뿐 아니라, 세계에 자랑할 수 있는 우리 고유의 문화를 창조하고 발전시켜야겠습니다.

즉, 우리들은 그간 우리 손으로 과거에 해 보지 못했던 많은 것들을 우리 손으로 최근 수 년 사이에 많이 해보았지만, 금후에 있어서도 우리들은 우리 손으로 해보지 못하고 만들어 보지 못한 것들을 더 많이 여러분 손으로 해보고 만들어야겠으며, 연구하고 개량하여야 할 일들이 남아 있습니다. 그러기 위해서는 여러분들은 민족적 사명감을 가지고 전공하는 분야의 학문과 과학기술 발전에 전력을 다하는 공부하고 노력하는 대학생이 되여야겠습니다. 그리하여 4년을 마치고 대학을 나오면 자기가 전공하는 분야에서 제 일인자가 되어야 하겠습니다.

간혹 겨우 졸업 학점이나 채우고 간신히 졸업장이나 받으려고 하는 사람이 있거든 그 사람은 장래성이 없는 학생이라 할 수 있으며, 연대생으로서 자격이 없는 학생입니다. 진리와 자유를 탐구하며 사회의 중추적인 역할을 하려는 연세 대학생이거든 타 대학의 학생들과는 다르게 전통을 자랑하는 연세인다운 긍지와 의욕을 가지며 뛰어나야 할 것 입니다.

연세대학에서는 일 년간의 평균성적이 60점 이상이라 할찌라도 1.5학점 미달의 경우 유급이 되며, 계속 2회 이상 유급을 하는 학문에 열의가 없는 학생은 연세대 학생으로서의 자격이 박탈당하며 제적된다는 사실을 여러분들은 교무처장의 설명을 통해 이미 알고 있을 줄 압니다.

인생이란 희망과 의욕을 가지고 자기완성과 행복을 갈구하는 목적을 위하여 끊임없이 노력하며, 그 노력의 대가가 달성되었을 때마다 땀을 닦으며, 희열과 보람을 느끼는 것이, 가치 있는 생을 추구하는 방법이 아닌가 생각합니다.

대학에서 좋은 성적을 얻으며, 열심히 공부 할 수 있는 비결은 무엇인가

a. 물론 강의시간에 결석하지 않고 열심히 강의를 듣고, 노트 정리를 잘하는 것이 필요하다 할 수 있지만,

b. 가장 중요한 것은 자기 전공분야에 대하여, 희망을 가지고 보람을 느끼며, 취미를 갖는 태도라고 하겠습니다. 혹시 여러분 중에서 자신의 전공학과에 충분히 만족하지 못하게 생각하며 취미를 가질 수 있을지를 의문시하는 사람이 있다면 그 것은 그 전공분야의 과의 내용을 충분히 생각지 않고, 우선 합격할 가능성이 많은 학과에 지원을 하여 연세대 배지부터 달고 보자는 생각으로 입학한 학생일 것입니다. 이러한 학생은 입학하고 나서도 공부는 열심히 하지 않고, 기회만 있으면 자기가 생각했던 인기학과로 전과라도 해보려고 노리고 있는 것을 가끔 볼 수 있습니다. 이러한 학생이 만일 이 가운데라도 있다면 그런 학생은 먼저 다음과 같은 사실을 알아야 할 것입니다.

a. 즉, 과의 인기라는 것은 잠깐 있었다가 잠깐 없어지기도 하는 것으로 과히 중요시할 것이 아니고, 자기의 적성이기타가 더욱 중요하며

b. 자기가 입학한 학과에 많은 학생이 아직도 입학을 갈망하고 있다는 사실과

c. 공학과가 국가사회건설에 극히 중요한 부분을 차지하고 있을 뿐 아니라,

1975년 연세대학교 건축공학과 졸업앨범

d. 자기가 입학한 공학과의 분야가 다른 어떠한 학과의 분야 못지않게 자기 자신을 성공하게 할 수 있고 장래에는 취미도 가질 수 있게 될 수 있다는 것을 선배와 교수들을 통하여 설명을 듣고 알아야 할 것입니다.

대학의 각 학과는 어느 학과는 더 중요하고 어느 학과는 덜 중요한 학과라는 것은 하나도 없으며, 그 어느 것 할 것 없이 전부 중요한 학과인 것입니다.

이제 여러분은 전공하여야 할 학과는 정해졌으니, 일생 자기가 종사해야 할 직업의 방면은 정해진 것입니다.

이제부터 여러분은 자기의 과를 선택하고 이를 결정하면은 이를 사랑하고 자기가 배우는 학문에 희망과 보람을 가지며, 취미를 가져야 하겠습니다. 그러면 여러분이 배우는 과학의 학문은 결코 여러분들을 배반하지 않을뿐더러, 여러분의 일생을 행복하게 할 것입니다.

그리고 다음은 전공 이외에도, 영어 등의 교육과목은 선진 문화를 먼저 습득하여야 하는 지도자로서 한평생을 두고 생이 갈수록 자신 필요를 느끼게 되는 필수과목임을 알아야 합니다. 또한, 사회를 살아나가는 데는 자기의 전공과 관계가 없는 분야에 대하여서도 어느 정도의 종합적인 지식이 상식으로서 필요합니다. 즉, 민주주의국가에 사는 사람으로서 법률, 경제, 경영 등에 대한 지식을 알아야 합니다. 이러한 지식은 비록 대학에서 강의가 없다 할지라도 각자가 기회 있는 대로 개략적인 것을 알아두어야 말에 자기가 살아가는데 손해를 덜 볼 뿐 아니라 자기 일생의 ○○에 도움을 줄 수 있을 것입니다.

● 건강에 유의

다음으로 기술보다 더 중요한 것은 건강에 유의하는 것입니다. 대학에서 과학기술을 중시하는 것도 사람이 살기 위한 것이니 목숨을 잃으면 아무 소용이 없는 것입니다. 따라서 건강은 부귀와 명예로도 바꿀 수 없는 귀중한 것일 뿐만 아니라, 희망이나 의욕도 건강을 얻고 나서야 있을 수 있는 것입니다.

자기 건강에 적합한 레크레이션을 가지며, 규칙적인 생활을 하는 습성을 기르는 것은 한 평생을 행복하게 살 수 있는 기본조건이라 할 수 있을 겁니다. 예컨대 테니스와 같은 운동은 나이가 많은 후에도 할 수 있으며 건강뿐만 아니라, 사회생활에도 좋은 것이 아닌가 생각됩니다. 또한 사람들은 불의의 사고로 청춘을 잃는 경우가 없지 않으니, 위험한 일에는 주의해야겠습니다. 우리 공과대학에서 과거에 있었던 일입니다.

● 인격 도야

그 다음은 또 하나 기술보다 못지 않게 중요한 것이 있으니, 그것은 인격을 구비한다는 것입니다. 사람의 인격은 언어와 행동에서 나타나는 것 입니다. 따라서

a. 첫째로 말을 조심하여, 막하지 말도록 해야겠습니다.
b. 나는 과거에, 사람은 그 사람의 '겸손'과 '정직'과 '근면'의 정도만큼 성공한다하는 말을 감명 깊게 들은 일이 있습니다.

연세대학은 기독교대학 입니다. 여러분들은 채플시간을 통하여 '크리스트'의 고결한 인격을 본받을 수 있을 것입니다. 인격을 구비한다는 것은 사회생활에서 이길 수 있는 무기를 장만하는 것이라 할 수 있으니, 여러분들은 졸업할 때까지는 사회인으로서 필요한 모든 젠틀맨(Gentlemen)으로서 인격을 구비하여야 할 것입니다.

● 정서

다음은 올바른 정서생활을 하는 것을 말하고 싶습니다. 자기 전공에만 전념하다 보면 사람들은 미술, 음악, 문학 등의 예술적 감성에 무감각하게 되기 쉬운 것을 가끔 느끼게

됩니다. 하루의 생활에 있어서 아름다운 미를 찾아볼 수 있고, 아름다운 음악을 들을 수 있으며, 아름다운 감각을 느낄 수 있다는 것은 지성인으로서의 가장 바람직한 태도일 뿐 아니라 한평생을 아름다운 환경 속에서 누리는 방법이라 할 수 있을 것입니다. 이러한 여러 가지의 고상한 취미를 대학생 시절에 기회 있는 대로 기르도록 해야겠습니다.

● 이성과의 사랑문제 (부부철학)

또한 대학생 시절은 성숙한 ○회기의 청춘으로서의 학생생활인 관계로 이성에 관한 문제로 대체로 머리도 많이 쓰고, 시간도 많이 소모합니다.

그러나 부부란, 국가사회가 성립할 수 있는 ○○요소이며, 개인으로서 결혼을 한다는 것은 가족을 구성하며 자기가 한 평생을 행복하게 살 수 있는 반려자를 구하는 매우 중대한 일인 것이며 부부는 일평생을 같이 살면서 나이가 들수록 더욱 다정해지는 것입니다. 간혹, 학생들 중에는 남녀문제를 향락의 대상으로 생각하고, 대학 4년을 학○에 기○을 주는 타락한 생활로 마치는 경우가 없지 않은데, 이는 성스러운 결혼을 모독하며, 대학생의 학생의 본분을 망각한 행위라 아니할 수 없으며 장래의 행복한 세상을 파괴하는 행위라 아니할 수 없습니다. 대학 생활 중 이성교제라든지 연애라든지 하는 것은 이러한 건전한 장래의 결혼 생활을 전제로 해야겠습니다.

● 장래진로의 확정

끝으로 여러분은 4년이 끝나고 대학을 졸업하게 될 때까지는 장래 사회인이 되었을 때를 생각하여 자기의 진로를 더 구체적으로 확정 지어야겠습니다. 그러기 위해서

1. 첫째로, 먼저 마음가짐에서 타인에게 의지하려는 마음을 버리고 혼자 자력으로 모든 것을 해결하며 살아야겠다는 독립심을 갖도록 해야 하겠습니다. 외국에서는 스물한 살만 되면 돈도 부모한테서 꾸어다 쓰는 예를 나는 직접 보았습니다.

2. 둘째로는 자기 전공분야 중 자기 적성에 맞는 전공을 졸업까지 정하는 것이니 예를 들어 쉽게 말하자면 의학을 하는 사람이면은 내과, 외과, 산부인과 중에서 자기가 졸업 후 종사할 전공을 정하는 것입니다. 건축과의 경우라면 설계, 구조, 시공, 학술(교수) 등 중에서 자기의 적성에 맞는 것을 선택하여 결정짓는 것입니다. 이를 위하여서는 선배나 교수의 조언이 필요할 것입니다.

3. 끝으로 졸업 전까지는 일생의 계획을 세우고 포부와 희망을 갖되, 되도록 크게 갖자는 것입니다. 예를 들어, 세계적인 대사업가, 백만장자, 대석학, 학자, 엔지니어 등 그 몇 분의 일만 달성되어도 개의치 않을만한 큰 계획을 세우는 것입니다. 그리고 일생동안 되도록 그 계획에서 자기의 생활방식이 이탈되지 않도록 노력을 할 각오를 가져야 할 것입니다. 즉 속담처럼 우물을 파도 여기저기 파보지 말고 한 곳을 파라는 말입니다.

지금까지의 말은 판에 박은 입학식사로서가 아니고 나의 인생을 살아온 경험을 토대로 한 생활신조입니다. 이제 인생의 황금기에 새 출발을 하려는 대학생 여러분! 끝으로 다시 한 번 반복하겠습니다.

a. 부디 4년 동안 장래 국가와 사회의 중심이 되고, 지도자가 되기 위하여 학문을 연마하고 건강에 유의하며, 인격 도야에 힘쓰라.

b. 그리고 졸업까지는 (장래의 진로를 정하고 원대한 포부를 가지되 행복하고, 의욕에 찬 생을 가지고 한국의 고○의 생활수준을 가진 아름다운 살기 좋은 사회를 ○○하며, 민족, 인류에 공헌하기 위하여) 희망과 보람을 느낄 수 있는 계획성이 있는 알찬 대학생활을 마음껏 즐기라.

교직과 설계업

김정수는 건축 교육은 항상 실무와 연관되어 살아 있고 실용적인 것이어야 한다는 교육관을 갖고 있었다. 그는 대학 교수와 건축 설계업의 병행이 법적으로 허용되지 않았던 한국적 상황에서 교직과 설계업을 병행하는 데에 어려움을 겪었다. 그는 이러한 현실이 건축교육에도 부정적 영향을 미친다고 생각하여 이를 극복하기 위하여 1969년에 교직과 설계업의 병행을 건설부에 건의하는 건의문을 만들었다. 남아있는 문서에 의해 확인할 수 있는 그 구체적인 내용은 다음과 같다.

건의문(전문)

작금의 우리나라 경제력은 국력과 아울러 산업발전에 힘입어 날로 성장하고 있으며 이제 산업기술발달은 그 어느 때보다도 절실히 요구되는 시기에 이와 가장 관련이 깊은 건축기술발달에 장애가 된다고 할 수 있는 다음 사항에 대한 시정을 관계 기관에 건의하오니 선처있으시기를 바라는 바입니다.

1. 외국에서는 건축과교수의 설계작품 활동이 자유로우나 한국에서는 그러하지 못하다.

즉 미국, 일본 등의 선진국에서는 건축과 대학교수는 건축작품 활동을 설계를 통하여 자유로이 할 수 있음에도 불구하고 유독 한국에서만은 건축사무소 등록을 하여야만 건축사국가면허자격자라 할지라도 건축설계를 할 수 있다는 건축사법 조항에 따라 등록을 하고자 하는 대학교수에게 일부 등록기관에서는 겸직 운운하고 건축사 등록을 안 해줌으로써 건축과 대학교수들의 건축작품 활동을 할 수 없게 하고 있습니다.

2. 최고 과학기술발전은 대학에서부터 이루어지어야 한다.

돌이켜보건대, 모든 신기술의 연구개발은 대학이 선도한다 할 수 있을 만큼, 국가적으로나 세계적으로 유명한 의학, 미술, 음악, 건축 등 각 분야의 권위자는 각 국의 대학에 있다고 할 수 있으며, 이들의 실력은 그 노력과 작품을 통하여 발휘되고 평가되는 것입니다. 만일 이들의 작품 활동을 금지시키면 이들은 빛을 내지 못하고 사장될 뿐만 아니라, 차츰 실무에 어두워지고 퇴보함으로써 대국적인 견지에서 볼 때, 국가나 사회적으로 크나큰 손실이 아닐 수 없습니다.

3. 한국의 젊은 건축과 교수들은 설계가 서툴어지고 있다.

특히 장래많은 건축사를 양성하여야 하고 새로운 기술을 연구개발하여야 할 한국의 젊은 신진대학교수들이 점차 건축설계를 할 능력이 없어져 가고 있는 것은, 그간 대학교수들에게 작품활동을 금한 탓이라 할 수 있으며, 장래 한국사회, 문화발전에도 크게 우려되는 바가 아닐 수 없습니다. 이러한 사실은 마치 환자를 치료해 본 임상경험이 없는 의과대학 교수가 의사를 교육하고 양성해 내는 것과 다를 바가 없습니다. 건축공학이란 많은 실무경험을 토대로 이루어지는 과학기술 및 예술분야라는 것을 생각할 것 같으면, 대학교수와 조교 등의 산 실무경험은 무엇보다도 산학협동에 중요한 요인입니다.

4. 대학교수가 대학부설기관에서 실용사업을 하는 것은 겸직이 아니다.

의과대학에서도 개인의 개업은 금지하지만, 비영리적인 교육상 필요한 실무경험은 대학부속병원을 통하여 이를 허용하고 있음은 당연한 처사라 아니할 수 없습니다. 이러한 모든 점을 감안할 때에 건축분야에서도, 외국과 같은 자유로운 작품활동은 못한다 할지라도, 대학교수들이나 조교들이 대학 내의 실습기관이라 할 수 있는 교육상 필요로 하는 비영리적인 대학부설기술연구소에서 설계실무를 습득하려고 작품활동을 하는 것은 이를 겸직이라 할 수 없으며, 이는 국가발전을 위하여서라도 당연히 할 수 있어야 할 것입니다.

5. 건축사법에는 누구나 건축설계가 업으로 필요한 경우에는 등록해 주게 되어 있다.

건축설계는 교수가 아닌 사람만이 업으로 필요한 것이 아니며, 대학교수들도 우수한 건축사를 양성하여야 하므로, 교육사업, 연구사업, 용역사업 등을 직업으로 하는 직책이므로, 업으로써 건축설계가 필요한 사업임을 알아야 할 것입니다. 모든 건축설계는 영업이 아니고 용역이라는 것을 생각할 때에, 업으로 필요로 하는 일부 건축사에게만 등록할 수 있는 기회를 줄 것이 아니고, 국가자격시험에서 합격한 모든 건축사에게 만일 그들이 업으로서 등록이 필요하다면 등록을 할 수 있는 대등한 기회를 줌으로서 그들의 자유국민으로서 권리를 옹호할 수 있고, 국가 백년대계를 위한 고급 건축기술의 발달과 향상을 기대할 수 있는 시에 참여할 수 있도록 하여 주시기를 관련해 모든 기관에 앙망하는 바입니다.

학위배출

김정수는 공과대학 일반대학원 및 산업대학원에서 수십 개의 공학석사학위 논문을 지도하였다. 그의 지도 논문 목록에서 김정수가 건축계획 및 역사, 이론뿐만 아니라 건축재료 및 시공, 공사관리 등 다양한 분야를 지도했음을 알 수 있다. 이 목록은 기본적으로 초평 김정수 회갑 논문집에서 발췌하여 작성되었으며 논문집 발간(1979년) 이후의 자료는 연세대학교 공과대학이 가지고 있는 기록에 근거하였다.

대학원 공학석사 학위지도 논문

- 1964. 2 한국석탑양식과 그 변천에 관한 계통적 연구 (이경회)
- 1964. 2 한국주택의 변천과 발달에 관한 연구 (주남철)
- 1956. 2 흥행장 건축의 기획에 관한 연구 (최동준)
- 1967. 2 한국의 주생활과 아파트건축에 관한 연구 (이영선)
- 1967. 9 학교건축계획에 관한 연구 (이호진)
- 1968. 9 주차장 건축계획에 관한 연구 (방한영)
- 1969. 2 한국고건축의 배치계획에 관한 연구 (서순덕)
- 1969. 2 종합병원건축계획에 관한 연구 (최호석)
- 1970. 2 건축고층화에 관한 연구 (김리철)
- 1970. 2 한국주거건축 공간구성요인에 관한 연구 (윤홍택)
- 1970. 9 공기조화설비의 건축적용에 관한 연구 (김병칠)
- 1970. 9 건축에 대한 computer의 이용연구 (이택용)
- 1972. 2 한국농촌의 집락구성과 생활시설에 관한 연구 (최찬환)
- 1972. 9 건축을 위한 PERT/CPM 의 LYD에 대한 연구 (송정홍)
- 1974. 2 공장건축계획의 기본사항에 관한 연구 (오대환)
- 1976. 2 건축공간조직의 계통과 디자인 방향에 관한 연구 (이배화)
- 1979. 2 빛이 건축적 공간에서 인간행위에 미치는 영향에 관한 연구 (김기환)
- 1981. 2 국민학교 건축의 시설규모 산정 모델에 관한 계통적 연구 (이호진)
- 1982. 2 신체장애자를 위한 주거 건축계획에 관한 연구_휠체어 사용자를 중심으로 (방정민)
- 1982. 2 다목적 오디터리엄의 잔향분석에 관한 연구 (김덕칠)
- 1984. 2 PERT/CPM을 이용한 자원 배당관리 기법에 관한 연구 (계만석)
- 1984. 8 근대 건축에 있어서 NEW FREE STYLE에 관한 연구 (김진성)
- 1984. 8 건축형태의 역사적 의미에 관한 연구 (하장성)
- 1984. 8 현대 건축에 있어서 LOCALITY의 중요성에 관한 연구 (최윤경)
- 1985. 2 한국 불사의 건축공간에 관한 연구 (안영배)
- 1985. 2 건축 공간 개념에 관한 연구 (정일교)
- 1985. 2 건축언어의 동일성 (장기성)
- 1985. 2 도심고층건물의 외부공간 조성에 관한 조사 연구 (김승욱)
- 1985. 2 POST-MODERN CLASSICISM에 관한 연구 (강병국)

산업대학원 공학석사 학위지도 논문

- 1974. 2 건축공사의 PERT적용에 대한 연구 (이희승)
- 1975. 2 아시아 대회를 위한 시설 및 대회운영에 관한 연구 (정재식)
- 1975. 2 한국고건축의 구조체에 관한 연구 (정동열)
- 1975. 9 농촌집락의 주택개량방안에 관한 연구 (김승수)
- 1975. 9 실내의장의 기본사항에 관한 연구 (이신옥)
- 1975. 9 알미늄 커튼월에 관한 연구 (채영문)
- 1976. 2 철도건축계획에 관한 연구 (원계태)
- 1976. 9 건축음향에 관한 연구 (권원)
- 1976. 9 목재창호에 관한 연구 (서재수)
- 1977. 2 새로운 콘크리트 거푸집에 관한 연구 (이윤수)
- 1977. 2 Louis I Kahn 의 작품에 관한 연구 (정길준)
- 1977. 8 건축공사 관리방법에 관한 연구 (문병수)
- 1977. 8 금속제창호에 관한 연구 (전태범)
- 1979. 2 매스 콤센타의 건축기본계획에 관한 연구 (박순종)
- 1979. 2 주거공간의 형성 및 분류에 관한 연구 (이병우)
- 1979. 2 한국창호의장에 관한 연구 (오문식)
- 1979. 2 에너지 절약을 위한 주거용 단열재에 관한 연구 (김정치)

– 초평 김정수 최갑기념 논문집에서 발췌

기타

다음은 1985년 4월 25일 김정수 타계 이후 연세대학교 중앙도서관에 기증된 책의 목록이다.

단행본
국내서 374권, 서양서 174권, 일본서 126권, 학위논문 193권

연속간행물
국내서 '공간' 등 8종 341권, 일본서 '신건축' 등 4종 79권, 서양서 2종 114권
연세대학교 간행 연속 간행물 등 10여종 80권

합계 1,444권

Life | 생애편
3/ 연구 활동

연구자료
초평 김정수 회갑기념 논문집 • 종교건축 • 농어촌 주택 • 원자력 발전소 건축

—

특허출원
연석 • 인조석벽 • 인조석 블록 • 댐파온돌기 • 콘크리트 쉘구조

김정수는 1950~60년대에 걸쳐서 활발한 작품 활동을 하였다. 1961년에 연세대학교에 부임한 이후에도 작품 활동을 계속하였지만 교육의 비중을 키울 수밖에 없었다. 그가 정부에 교수가 설계사무소 운영하는 것이 가능하도록 탄원을 하는 것을 보았을 때, 그가 교육자의 길을 걸으며 설계에 소홀히 하는 것에 대한 고뇌가 있었던 것 같다. 당시의 건축교육이 근대적 건축교육의 체제를 새롭게 잡아가야 하는 과정이었던 만큼 그는 많은 교육적 역할을 한꺼번에 수행하여야 했다. 여러 과목의 강의 이외에도, 학교 내의 보직 수행 및 학교 밖의 학회 활동 등 다양한 역할을 수행한다. 그러한 가운데 교수로써 연구활동을 진행해야 하는 부담이 있었으며 김정수는 본인이 평소에 갖고 있었던 관심 분야와 연구 활동을 연계시키는 노력을 시도하였다. 김정수가 처음부터 연구에만 매진한 학자가 아니였기에 연구 자체의 학문적 성과를 따지는 것보다 본인의 관심사를 연구를 통하여 어떻게 접근하려 하였는가를 관찰하여야 할 필요가 있다.

그의 연구 활동은 크게 두 가지의 영역으로 나뉜다. 하나는 시공, 재료, 원자력, 농촌 주택 등의 실무적이고 기술적인 연구 분야이고 또 하나는 불교 건축에 관한 연구와 같은 종교건축에 관한 연구이다. 이 연구 영역들은 학술지 등에 게재된 논문과 새로운 재료 및 기술 개발 등에 관한 특허 출원 등의 형태로 나타난다. 여기서는 연구 활동에 관련된 각종 자료들을 모아서 정리하되 크게 연구 자료와 특허 출원으로 나누어서 게재하였다. 그가 하였던 실제적인 연구의 깊이와 연구 결과의 내용 모두가 여기에 실린 것은 아니다. 여기에 실린 자료들은 연구에 관한 단편적 자료들을 모아놓아 놓은 것이기 때문이다. 그러나 그의 연구 활동 자료들도 김정수 개인의 관심사는 물론 1960~70년대를 전후한 건축계의 분위기와 상황을 반영하고 있는 것이므로 그러한 관점에서도 읽혀지길 바란다.

사진-분황사 3층 석탑 앞에서, 학생들과 함께 (1970년대로 추정)

연구자료

초평 김정수 회갑기념 논문집

『초평 김정수 회갑기념 논문집』은 1979년 김정수의 회갑을 맞이하여 엮은 기념논문집이다. 이 논문집은 초평기념사업추진위원회에서 발간한 것으로 김정수의 주요 논문 및 그가 지도한 대학원 공학석사 및 산업대학원 공학석사 학위논문들, 그리고 제자들의 논문으로 이루어져 있다. 그의 주요논문들은 전문이 실려 있는 데 반해 그가 지도한 학위논문들은 요약본만이 실려 있다. 연세대학교 제자들의 논문은 총 7편이 실려 있으며 전문이 실려 있다.

이 논문집은 1979년 이전까지 김정수의 학술적 연구 활동에 대해 추적해볼 수 있게 한다. 아래의 논문 목록은 회갑기념 논문집에 근거하여 만든 목록이며 제자들의 논문이 아닌 본인의 논문을 목록화한 것이다. 그의 연구들은 주로 한국의 종교건축에 대한 건축계획에 관한 것과 농어촌주택, Precast Concrete, 태양열 에너지 등 기술적이고 실무적인 것으로 이루어져 있다.

● 김정수 교수 주요 논문 목록
- 조립식 PRECAST CONCRETE 건축물_「연세대학교 80주년 기념논문집」
- 농어촌 주택의 온돌의 과학화와 개발방안에 관한 연구(I)_「대한건축학회지」 (1973년 7~8월호)
- 농어촌 주택의 온돌의 과학화와 개발방안에 관한 연구(II)_「대한건축학회지」 (1973년 9~10월호)
- 한국 내 기독교의 분류와 건축적 기능에 관한 연구_「대한건축학회지」 (1974년 3~4월호)
- 한국의 천도교 및 제종교 건축에 관한 연구_「대한건축학회지」 (1974년 9~10월호)
- 한국 내 건축을 위한 태양열 Energy 개발에 관한 연구_「연세대학교 산업기술연구소 논문집」
- 한국의 종교건축에 관한 연구_「연세대학교 대학원공학박사학위논문」
- 한국의 유교건축에 관한 연구_「대한건축학회 30주년 기념논문집」
- 한국 내에서도 실시 가능한 리프트 슬래브(Life-slab)공법소고_「건축사」 (1976년 3월호)
- 불교건축기획에 관한 연구_「대한건축학회지」 (1976년 7~8월호)
- 불교건축기획에 관한 연구: 사찰의 배치_「건축사」 (1976년 10월호)
- 불교건축기획에 관한 연구: 불전의 기능_「건축사」 (1977년 10월호)
- 불교건축기획에 관한 연구_「건축사」 (1978년 5월호)
- 지역개발에 따른 문화재 및 자연환경 보전에 관한 연구_「대한건축학회지」 (1978년 9월~10월, 김정수 외 3인)
- 연세대학교 실시확충에 관한 연구_ 연구보고서
- KIBBUTS와 새마을 건설_「대한건축학회 학술강연집」
- 이상 집락의 건설방안_「과학과 기술」

초평 회갑기념 논문집

종교건축

● 종교건축 관련 논문

김정수의 연구 논문 주제 중 가장 많은 것은 종교건축에 관련된 것이다. 그가 1975년 연세대학교에서 취득한 박사학위 논문은 『한국의 종교건축에 관한 연구』였는데 이 논문은 주로 불교건축에 관한 것으로, 한국 불교건축의 사적(史的) 연구 및 불교건축 각론, 신흥 불교계 건축, 불교건축에 대한 설문 통계로 이루어져 있다. 이 논문집에는 부논문으로 '한국 내 기독교회의 분류와 건축적 기능에 관한 연구', '한국의 천도교 및 제종교건축에 관한 연구', '농어촌 주택의 온돌의 과학화와 개발방안에 관한 연구' 가 함께 실려 있다.

박사학위 논문을 전후하여 김정수는 기독교, 천도교, 유교 및 불교건축에 대한 논문들을 학회지 및 잡지에 기고하였으며, 불교건축에 대한 관심은 지속적으로 이어져 타계직전까지 한국 불교건축에 대한 논문을 학회지에 기고하였다. 그는 종교건축이 그 나라 건축의 성격을 보여줄 수 있다고 생각했으며, 그렇기에 불교건축은 한국 및 동양 건축의 특징을 대변해 줄 수 있는 건축형식이라는 점에서 가치를 두었다. 불교건축을 비롯한 종교건축에 대한 그의 연구 목록은 다음과 같다. 1979년 이전의 자료는 『초평 김정수 회갑기념 논문집』의 주요논문목록에서 발췌하였고, 이후의 자료는 각종 학회지의 기록에 근거하였다. 이 연구목록은 앞 장의 『초평 김정수 회갑기념 논문집』의 논문목록과 중복되긴 하지만, 주제별 연구 동향에 대해 알기 위해 다시 싣는다.

- 한국 내 기독교의 분류와 건축적 기능에 관한 연구_「대한건축학회지」 (1974년 3~4월호)
- 한국의 천도교 및 제종교 건축에 관한 연구_「대한건축학회지」 (1974년 9~10월호)
- 한국의 종교건축에 관한 연구_「연세대학교 대학원공학박사학위논문」 (1975년)
- 한국의 유교건축에 관한 연구_「대한건축학회 30주년 기념논문집」
- 불교건축기획에 관한 연구_「대한건축학회지」 (1976년 7~8월호)
- 불교건축기획에 관한 연구: 사찰의 배치_「건축사」 (1976년 10월호)
- 불교건축기획에 관한 연구: 불전의 기능_「건축사」 (1977년 10월호)
- 불교건축기획에 관한 연구_「건축사」 (1978년 5월호)
- 황룡사 구층 목탑의 형태추정에 관한 연구_「대한건축학회지」 (1981년 9월호, 김정수 외 1인)
- 황룡사 구층 목탑의 형태추정에 관한 연구_「대한건축학회지」 (1982년 5월호)
- 망덕사 십삼층 목탑의 형태추정에 관한 연구_「대한건축학회지」 (1984년 7월호)

● 불교건축 강의노트

논문자료 외에도 불교건축에 관한 강의노트가 남아있는데, 특히 아래의 강의노트는 그가 미네소타대학에서 강의했던 자료이다. 개요는 국문으로 작성되어 있지만 안의 내용은 대부분 영문으로 작성되어 있다. 손으로 작성한 강의원고로

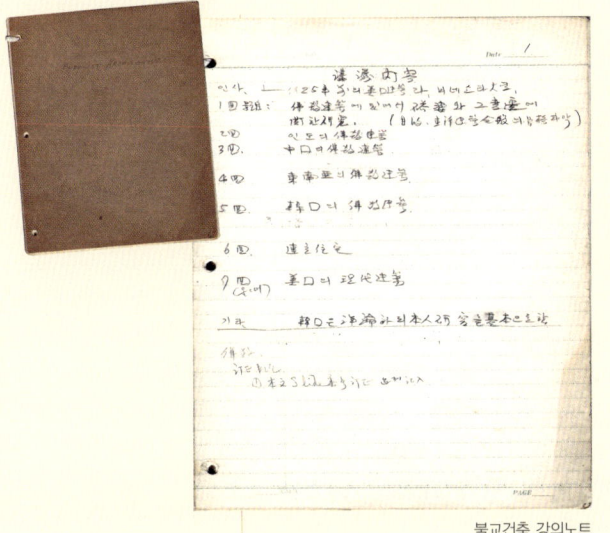

불교건축 강의노트

서 상당한 분량을 차지하지만 여기서는 표지와 목차만을 참고자료로써 싣는다. 노트의 첫 장에 쓰여 있는 강의내용에 관한 개요는 다음과 같다.

강의 내용
인사 – 25년의 미국건축과 미네소타대학
1. 불교건축에 있어서 O파와 그 변천에 관한 연구(목적, 동양사학 전반의 골격파악)
2. 인도의 불교건축
3. 중국의 불교건축
4. 동남아의 불교건축
5. 한국의 불교건축
6. 연립주택
7. 미국의 현대건축
   기타

농어촌 주택

불교건축 외에 김정수가 관심을 가지고 있었던 분야 중 하나는 농어촌 서민주택이었다. 그는 특별히 농어촌 서민주택의 개량방법이나 난방방법 등에 대해 연구하여 학술지에 논문을 기재하거나 관련 글을 잡지 등에 기고하곤 하였다. 그 목록들은 다음과 같다.

- 농어촌 주택의 온돌의 과학화와 개발방안에 관한 연구(I)_「대한건축학회지」(1973년 7~8월호)
- 농어촌 주택의 온돌의 과학화와 개발방안에 관한 연구(II)_「대한건축학회지」(1973년 9~10월호)
- KIBBUTS와 새마을 건설_「대한건축학회 학술강연집」

우측의 자료는 '과학마을'이라는 잡지에 김정수가 1980년 기고한 글로써 잡지 표지를 장식하고 있는데, 그 내용은 과학적인 건축에 의해 농어촌의 서민주택 환경이 개량되어야 한다는 내용이다.

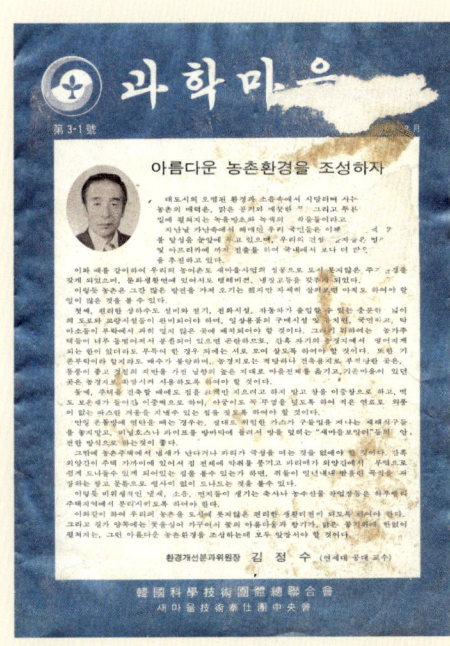

과학마을 표지

원자력 발전소 건축

● 원자력 발전소 건축 논문

김정수는 원자력 발전소 건축에 대해서도 관심을 가지고 연구를 하였다. 1968년 11월 건축사 잡지에는 '원자력 발전소의 건축' 이라는 제목으로 김정수의 연구논문이 실렸는데, 그 내용은 한국에서 원자력의 필요성이 급증하고 있음을 지적하면서 원자력 발전소의 종류를 소개하고, 원자력 발전소 건설에 필요한 구체적인 사항들을 국외 사례와 함께 소개하는 것이다.

다음은 1968년 11월 건축사 잡지에 실린 '원자력 발전소의 건축' 논문의 목차이다.

1. 총론
   1-1. 원자력 발전소의 발전방식
   1-2. 원자로의 기능
   1-3. 원자력 발전소의 현황
2. 원자력 발전소의 종류
   2-1. 가압수형 원자력 발전소
       (Pressurized Water Reactor Type)
   2-2. 비등수형 원자력 발전소
       (Boiled Water Reactor Type)
   2-3. 가스 냉각형 원자력 발전소
       (Gas Cooled Reactor Type)
3. 입지조건
   가) 위치선정
   나) 대지면적
   다) 기초지반
   라) 수송조건
4. 소요시설
5. 원자력 발전소의 건설
6. 대규모의 원자력 발전소

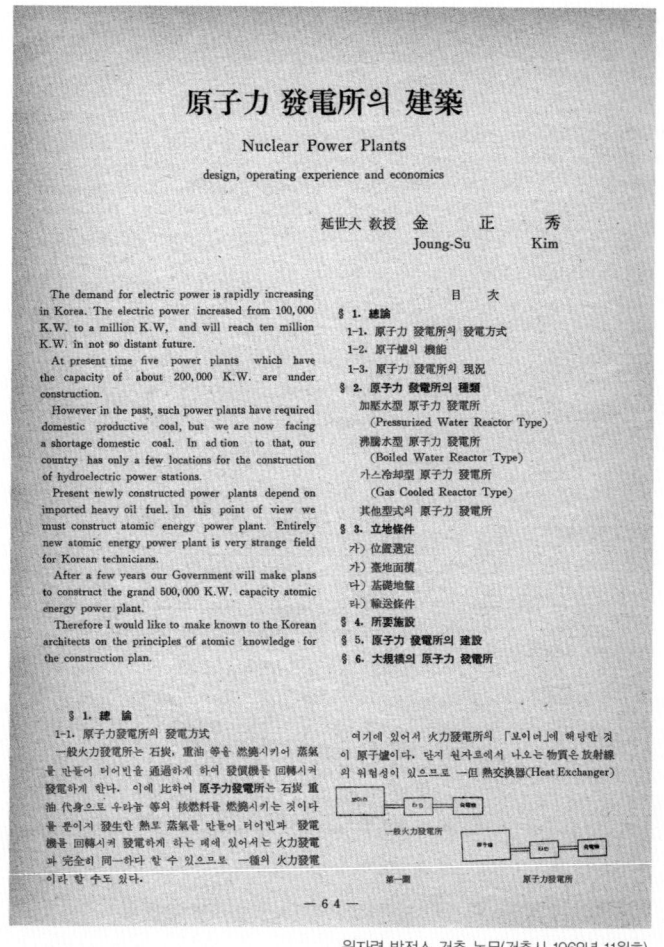

원자력 발전소 건축 논문(건축사 1968년 11월호)

● 원자력 발전소 건축 연구노트

논문 이외에도 김정수는 원자력 발전소 건축 연구노트를 남겼는데, 이는 그가 개인적으로 공부한 노트로써 원자력 발전의 원리부터 건축방법까지 상당한 깊이의 전문 지식이 기록되어 있다. 분량은 약 20여 쪽이다.

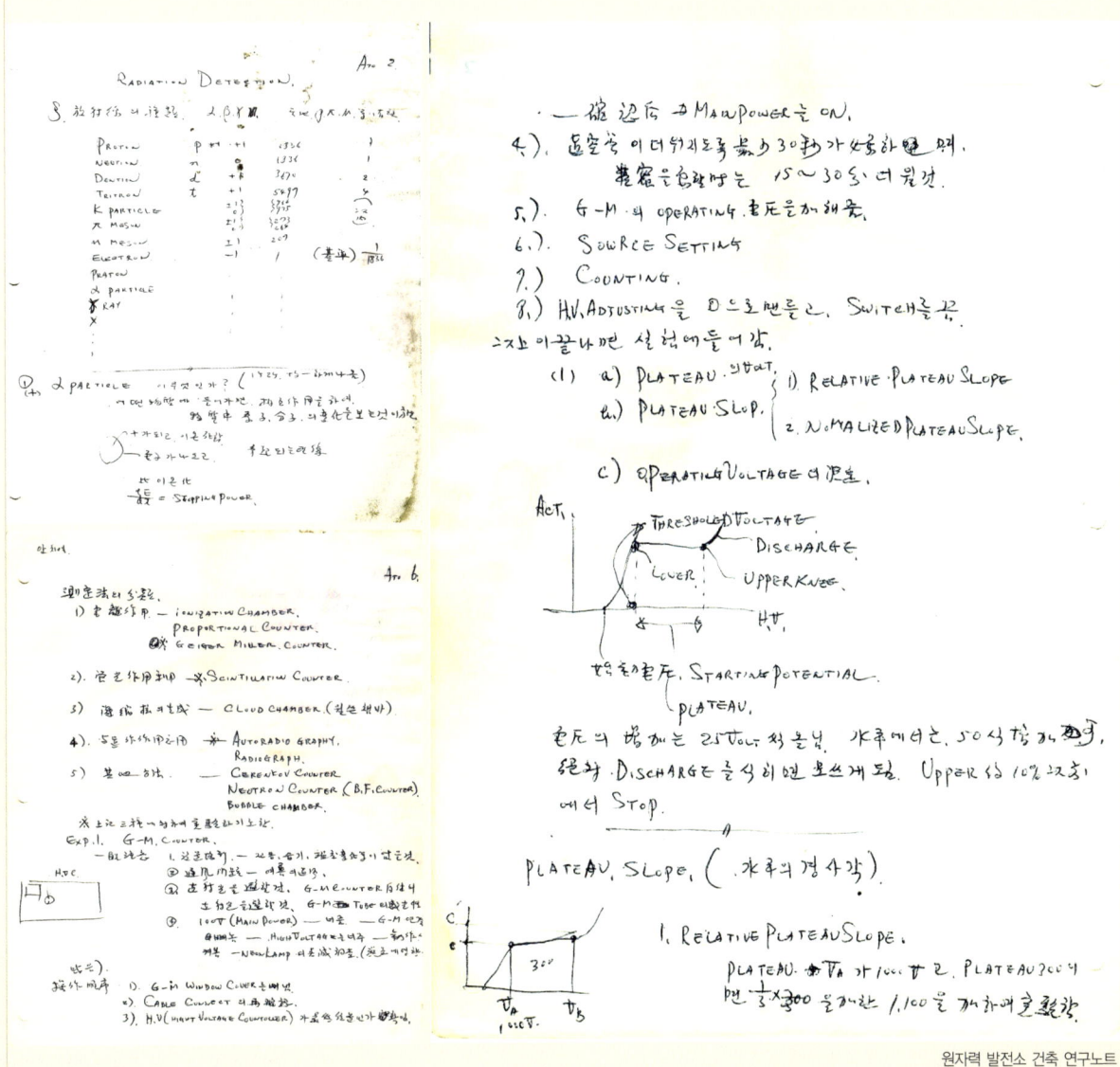

원자력 발전소 건축 연구노트

특허출원

김정수는 5개의 특허출원을 하였다. 여기에는 재료개발, 난방, 구조 및 시공관련 특허들이 포함된다. 한 사람의 건축가가 이러한 특허출원을 여러 개 시도하였다는 것은 우리나라의 경우 상당히 특이한 일이며 김정수의 건축세계를 보여주는 중요한 단면이 된다. 특허출원은 연석과 같이 실현된 경우도 있고, 또 특허출원으로 끝난 경우도 있다. 특허출원 자료는 건축에 대한 김정수의 관심 및 접근 방식을 보여주기도 하며 동시에 김정수가 살았던 시기의 건축현장에서 느끼는 필요에 부응하려는 노력으로 이해되어야 할 것이다. 여기에서는 특허출원시기에 따른 순서로 소개한다. 특허출원은 총 5개로 인조석 제조방법(발명특허 제311호), 인조석 벽(실용특허 제553호), 인조석 블록(실용특허 제921호), 댐파온돌기(실용특허 제922호), 카프 스레트 건물(실용특허 제2364호)이다. 그의 자필이력서에 의하면 5개 이외에도 50여개의 특허 출원이 있다고 기록하였으나, 그 나머지에 대해서는 자세히 알 길이 없다.

연석

김정수는 건축재료에 많은 관심을 기울였다. 미국 유학에서 연석의 재료와 생산 방법을 견학하고 한국에 돌아와서 직접 실험을 통해 그 생산방법을 개발하고 보급시켰다. 다음은 1957년 연석(인조석)의 특허출원 자료로서 연석의 특징과 구축 방법 등이 나와 있다. 원문이 읽을만한 수준이므로 그대로 싣도록 한다.

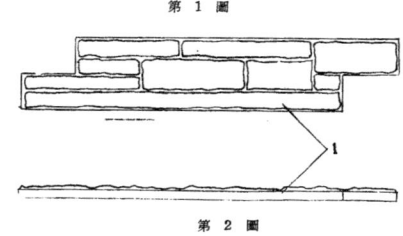

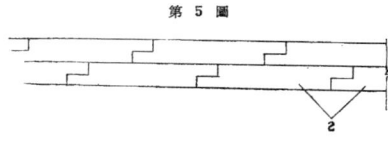

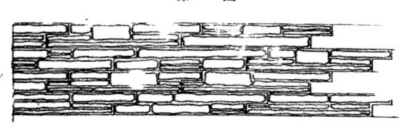

연석(인조석) 특허출원 자료(1957년)

다음은 연석 광고 전단이다. 광고 전단은 두 가지가 있는데 하나는 흑백 단면 전단, 다른 하나는 칼라 양면 전단이다. 컬러 양면 전단에는 그가 직접 설계한 작품들이 연석의 적용사례로 등장하고 있다. 여기에는 '공보처 영화제작소', '정신여고', '한일은행 광교지점', '감리교 신학대학 예배당'이 등장하고 있으며 이중 '정신여고 과학관'은 아직 남아있다. 광고의 내용은 다음과 같다.

(앞면)
연석
事務室, 學校, 商店, 其他 各種삘 의 外壁,
사롱, 茶房의 內壁, 文化住居의 玄關 및 外壁 의 丹粧은 연석으로!
YON SOK stone for building
As, shown in the photos on the reverse here of,
YON SOK stones installed on walls make the buildings charming.
Beauty!
Easy to install!
Color and style as you prefer!
Please send order to BUM AH CO

(뒤면)
施工上 注意할 點
① 통줄눈(이모메지)을 피하고, 大小와 色調를 壁面 全體에 均等히 分布시킬 것.
② 窓주위 等 曲面은, 特殊曲形을 使用하거나, 或은 人造石 물 씻기 或은 人造石 바르기 고운 다듬 等으로 硏石을 붙이기 事前에 마무리하여 둘 것.
③ '硏石'을 붙일 때에 表面에 '시멘트모르타르' 等을 떨어뜨리지 않도록 主意하되 만일 시멘트모르타르가 表面에 떨어졌을 경우에는 굳기 전에 即時 닦아내야 함. 높은 벽은 上部에서부터 五尺 內外의 높이로 붙여 내려오도록 할 것.
④ '연석'과 벽 사이는 빗물이 고일 空間이 안 생기도록 완전히 시멘트모르타르를 채울 것.
⑤ 줄눈(메지)을 비가 안 새들어가도록 잘 바르고 ○○○ 放水液(시리콩 수透明體가 最上)을 분무 산포하면 더욱 효과적임.
① 어떠한 建築材料도 '연석'의 아름다움을 쫓을 수 없음.
② 색조, 형태 등 永久不變한 建築材임.
③ 두께는 1寸내외이며, 施工方法은, 타일, 테라초 - 等을 붙이는 方法과 同一하여 極히 簡單함. 붙이는 순서는 그림 참조.
④ 가격이 石造에 比하여 極히 저렴함.
⑤ 어떤 치수나 位置에도 맞추어 잘라 붙여 마무리 할 수 있음.

연석 광고 전단(흑백 단면)

연석 광고 전단(칼라 양면)

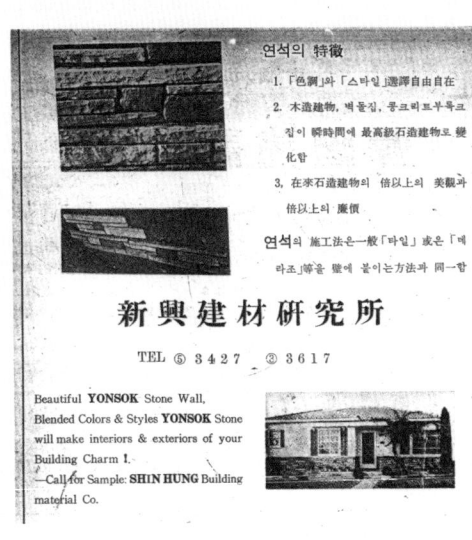 

「建築」(1958년 가을호와 1960년 3월호)

또한 1958년과 1960년 「건축」 잡지에 연석의 광고를 실었는데, 그중 1958년 「건축」 가을호에 실린 광고의 내용은 다음과 같다.

연석의 特徵
1. '색조'와 '스타일' 選擇自由自在
2. 木造建物, 벽돌집, 콘크리트 블록 집이 瞬息間에 最高級石造建物로 變化함
3. 在來石造建物의 倍以上의 美觀과 倍以上의 廉價
연석의 시공법은 일반 '타일' 或은 '테라조' 等을 壁에 붙이는 방법과 同一함.

Beautiful YONSOK Stone Wall,
Blended Colors & Styles YONSOK Stone will make interiors & exteriors of your Building Charm.
-Call for Sample: SHIN HUNG Building material Co.

다음은 연석개발과 관련된 주변 사람들의 회고, 신문 기록, 김정수 자신의 글 등으로 참고자료로 포함시킨다.

연석은 시멘트에 색소를 넣어 돌과 같이 보이게 만든 콘크리트 건축재료로 버미큘라이트(Vermiculite)라고도 했다. 벽돌보다는 강도가 높았으며 당시로는 신소재였다고 한다.
_「기독교 타임즈」 2002년 3월 23일자

마침내 김 선배는 신소재를 개발해 내 몇몇 재료에 대해서는 출원도 했다. 또 지금의 원자력 연구소 자리 3만 평에 직접 개발한 신소재인 연석(시멘트에 색소를 넣어 만든 재료)을 생산하는 공장을 운영했으며 나도 좋은 아이디어라고 생각해 공장설계에 참여하기도 했다.
_이광로, "선배님은 웬일이세요?", 「한국의 건축가 김정수」(고려원, 1995, p.44)

필자도 김 교수님을 따라서 버미큘라이트(Vermiculite:연석 콘크리트)등의 재료공장에 간 적이 있었고...
_윤정섭, "미네소타대학 유학시절", 「한국의 건축가 김정수」(고려원, 1995, p.56)

해외에서는 볼 수 있는 건축자재가 우리에겐 없었기 때문에 스스로 개발해야 하는 어려움을 안고 있었죠. 화강석을 구하지 못해 김정수 씨가 시멘트에 연석을 사용하는 등 신재료를 개발하면서 설계한 것은 대단한 과업이라고 생각합니다.
_원정수, 종합건축, p.17

다음은 김정수의 작품들에 사용된 연석의 용례로서 김정수의 유품에 포함되어 있던 것이므로 이 곳에 싣는다.

치장용 내장재로 사용된 연석(로비, 동교동 빌딩)

주택보수, 연석입구

국립영화제작소

외장재로 사용된 연석(외벽, 정신여고 과학관)

인조석벽

인조석벽은 1957년 특허 출원이 되고 등록이 된 건축자재로써 특허출원자료에는 다음과 같이 설명되어 있다. "저면에 막다듬은 돌과 같은 형상으로 조각하고 지류 등을 깔고 그 위에 광물질 색소를 산포하고 거기에 시멘트모르타르를 담아서 벽체 압압점착시켜 응고한 후 형과 지류 등을 제거하여서 구성하는 인조석벽의 구조"이다. 연석과 비슷하지만 연석과 다른 타입의 건축외장재로 김정수가 개발한 것이다.

현재 남아있는 특허출원에 관하여 남아 있는 자료는 우측의 그림과 아래의 설명이 전부이므로 충분한 전모가 확인되지 않는다.

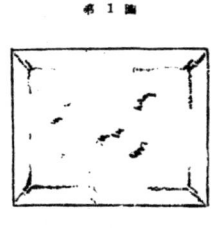

인조석벽 특허출원자료

출원번호/일자 20-1957-0000906 (1957.08.13)
공개번호/일자
공고번호/일자 20-1958-0001236 (1958.07.31)
등록번호/일자 20-0000553-0000 (1958.10.27)

인조석 블록

1959년 김정수가 개발하고 실용특허를 받은 건축 외장재료인 인조석 블록이다. 이는 연석 방식의 또 다른 변형으로 연석이 타일형식으로 구조적인 역할을 하지 못하는데 비해 이 인조석 블록은 콘크리트 블록과 연석이 결합된 형태로 구조적인 역할도 수행한다. 특허출원 관련 자료와 그 구체적인 내용은 다음과 같다.

실용고안의 성질과 목적의 요령

본 실용고안은 콘크리트 블록, 시멘트 벽돌 또는 임의 치수의 시멘트모르타르를 소재로 하는 6면체의 일면 또는 이면에 천연석 형상과 색깔을 나타나게 한 인조석 '블록'인데 그 목적은 건물의 벽을 건조함에 있어 벽의 구조적 역할을 하는 동시에 미장적 역할을 겸하는 구조재료인 블록을 얻으려는데 있음.

도면약해

제 1도의 갑을은 본 고안의 예를 표시하는 '인조석블록' 정면도
제 2도는 동우(同右)의 횡단면도
제 3도의 갑을은 본 고안품을 사용하여 완성된 벽체의 모양

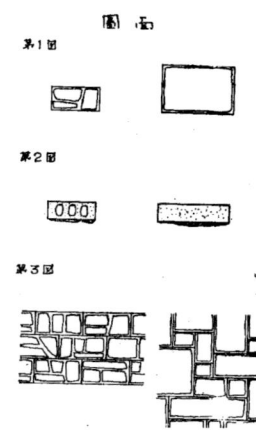

인조석 블록 특허출원자료

실용고안의 상세한 설명

본 고안은 '콘크리트 블록', '시멘트' 벽돌 또는 '시멘트모르타르'를 소재로 하여 제조되는 임의치수의 6면체 등 건물의 벽을 축조하는데 사용되는 재료의 표면에 천연석 형상과 같은 색을 나타나게 한 블록인데 그 특징은 (1)건물

축조에 있어 구조재료인 동시에 미장재료를 겸하고 (2)그 제조에 있어 재래의 '콘크리트 블록'이나 '시멘트 벽돌'을 제조하는 과정과 거의 동일하게 용이 제조함에 있음.

제조법을 요약하면 내면에 천연석 형상을 조각한 형화(목재, 철재 등)를 사용하여 '콘크리트 블록'이나 '시멘트 벽돌'을 만드는 방법으로서 제조하는 것이고, 또 색소를 혼합한 '시멘트모르타르'를 사용하거나 또는 형화의 조각면에 색소분말 또는 액체를 받음으로서 표면에 색깔을 나타나게 할 수 있음

실용고안의 관계
본 고안은 발명특허 제 311호 '인조석' 및 실용특허 제 553호 '인조석벽'에 있어 천연색 형상을 조각한 형화를 '시멘트' 소재에 사용하여 인조석 또는 인조석벽을 얻은 구상을 '블록' 자체에 천연수 형상을 나타나게 한 것임

실용특허 청구의 범위
본 고안은 도면에 표시함과 같이 '시멘트'제 '블록' 또는 벽돌에 천연석 형상과 각종 색깔을 1면 또는 2면에 표시한 '블록'의 구조

댐파온돌기

김정수가 1959년 실용특허를 낸 연탄난방설비로 연탄으로 실내난방을 할 경우 바닥이 불균형하게 뜨거워지는 것을 방지하여 평균적으로 덥히는 데 목적이 있다. 다음은 특허출원 관련 자료들이다.

실용고안의 성질과 목적의 요령
본 고안은 구공탄을 넣는 철화통에 수개(필요에 응하여 그

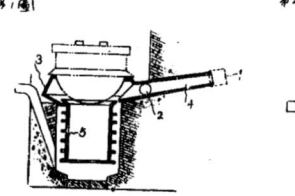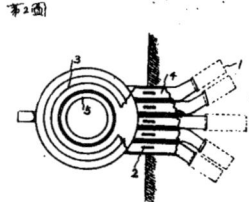

댐파온돌기 실용특허자료

수를 증감함)의 배열관이 장치되고 각 배열관 내에 열통과 조절용 댐파가 장치되어 있는 구공탄용 '댐파온돌기'인데 그 목적은 구들 골에 배열과 늘 연결시키고 관내의 댐파를 개폐하여 열공급량을 조절함으로써 온돌을 일정하게 덥게 하려는 데 있음

도면의 약해
제 1도는 댐파온돌기와 배기관내의 댐파의 단면도, 제 2도는 동평면도

실용고안의 상세설명

본 고안은 구공탄을 넣는 철화통(3)에 수개의 배기관(4)이 장치되고 각 전기관(4)내에 기통과 조절용댐파(2)가 장치되어 있는 구공탄용 댐파온돌기인데 그 특징은 배열관을 철화통(3)에서 구들골토 직접연결하고 각 댐파의 개폐조작으로서 구들골별로 열의 공급량을 조절함으로써 온돌축조가 나빠 온돌바닥이 골고루 덥지 않은 경우에도 균등하게 온돌바닥을 덥게 할 수 있는 점임

실용특허 청구의 범위

도면에 표시함과 같이 철화통(3)에 수개의 배열관(4)이 장치되고 각 배열관(4)내에 열통과 조절용 댐파(2)를 장치한 것을 특징으로 하는 댐파온돌기

콘크리트 쉘구조

콘크리트 쉘구조(카프 스레트 건물)은 콘크리트로 만든 조립식 슬래브로 아치형 구조물을 건식으로 만들 수 있는 구조재이다. 김정수는 이 콘크리트 쉘구조를 1963년 실용신안으로 등록하였다. 그는 콘크리트 쉘구조를 학교 수업 시간에 직접 학생들과 만들어보는 실험을 하였으며, 이 쉘구조를 응용하여 YMCA 등을 설계하였다.

다음은 실용실안 등록자료에 관한 구체적인 내용들과 자료에 실린 도면자료이다.

카프 스레트 건물
도면의 간단한 설명
제1도는 본안벽체 하단의 사면투시도
제2도는 연결부를 종단한 동상의 측면도
제3도는 연결부의 분해 사면도

실용신안의 상세한 설명
본고안은 호형(弧形)으로 만곡된 파형(波形) '슬레이트'로서 '돔' 형 건물의 벽체를 조립형성하는 장치에 관한 것으로 골재(骨材)를 사용하지 않고 직접 '슬레이트'판을 연결 조

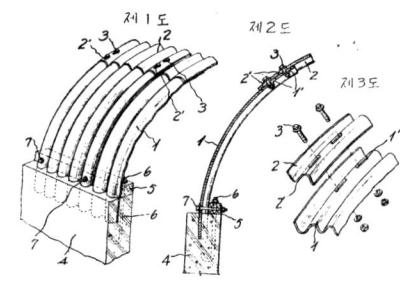

콘크리트 쉘구조

립함에 있어 조립이 간편하고 재료가 절약되며 견고할 뿐 아니라 풍화작용에 의한 약간의 진동이나 신축작용이 있더라도 건물의 충격을 가볍게 하기 위하여 안출한 것으로 도면에 의하여 상세히 설명하면 다음과 같다.

하위(下位)의 '슬레이트'(1)의 하단부를 '콘크리트' 기초(4)의 상면에 매몰(埋沒)하여 기초(4) 상면에 입설된 '볼트'(6)로서 고착한 기초대(5)에 '볼트'(7)로 측면으로 체착(締着)하고 각 '슬레이트'(2)의 상하단 접착부에는 수개의 '볼트' 공(1)(2)를 세로(縱)로 긴 장방형으로 천공하여 내측으로 접착될 하층 '슬레이트'(1)의 「볼트」공(1)은 하연부에 또 외측으로 접착될 상층 '슬레이트'(2)의 '볼트' 공(2)은 상연부에 '볼트'(3)이 걸리게 체착 연결하여서 됨을 특징으로 하는 구조이다.

이와 같이 된 본 고안은 먼저 기초(4)에 '볼트'(6)와 하위 '슬레이트'(1)를 정해진 거리와 경사도로 파형상 골이 세워지게 매설하고 이 '슬레이트'(1)의 내측 기초(4) 상면에 기초대(5)에 고착하여 견고하게 정착하고 그 위에 연결 접착부는 '볼트' 공(1)(2)가 세로 장방형으로 천공되어 있으므로 내외 '볼트' 공을 맞추기가 용이하며 '볼트'(3)가 하층 '슬레이트'의 '볼트' 공(1)의 상연에 또 하층 '슬레이트'의 '볼트' 공(2)은 하연부에 걸리게 함으로써 내외 '볼트' 공(1)(2)가 교착 지지(交着支持)하게 되며 또 풍화작용에 의하여 건물이 약각 진동되더라도 '볼트' 공에 여유가 있으므로 '슬레이트'에 무리가 가지 않게 되고 이 '볼트' 공(1)(2)의 위치가 약간 어긋나게 천설되었더라도 임의로 조절하여 '슬레이트'를 정치(正置)할 수 있게 되는 등의 효과가 있는 것이다.

실용신안등록 청구의 범위

도면에 표기한 것과 같이 하위의 '슬레이트'(1)의 하단을 기초(4)에 매입하고 상하층 '슬레이트'(1)(2)의 연결 접착부에는 '볼트' 공(1)(2)을 세로 긴 장방형으로 천설하여 '볼트'(3)의 내측의 '볼트' 공(1)는 하연부에 또 외측 '볼트' 공(2)는 상연부에 걸리게 체착 연결하여서 된 카프 슬레이트 건물의 구조

다음은 1954년 연세대학교에서 시행한 콘크리트 쉘 구조 실험 모습이다.

콘크리트 쉘구조 실험(1964년)

Life | 생애편
4/ 사회활동

삼정토건
—
UNKRA
—
종합건축연구소
—
기타

김정수는 건축가로서 활동을 시작하기 전에 우리나라 건축계에서 다양한 사전 경험을 하게 된다. 그는 관공서의 건축계 공무원으로서 역할과 시공회사 사장으로서 역할을 먼저 경험한다. 그 후에 설계사무실을 운영하며 1961년 후에는 연세대학교 교수로 재직하였다. 이렇게 보았을 때 8년간의 관공서 근무, 4년간의 시공회사 운영의 기간이 김정수의 건축설계에 분명한 영향을 미치게 된다. 김정수의 작품 활동에서 시공, 재료 및 기술적 측면이 강조되는 것도 김정수의 관공서와 시공회사 운영의 영향을 직접적으로 받았기에 가능했던 일로 생각된다. 이천승과 함께 종합건축사무소를 운영할 때의 경력은 설계 작품으로 잘 드러나고 있으며, 그 후 연세대학교에서의 30년 남짓한 기간은 교육 연구 및 사회활동에서 활동 내용을 추적해 볼 수 있다. 그의 관공서 근무기간에 대해서는 아무 기록이나 근거가 찾아지지 않는다. 한편 연세대학교의 교육 및 연구활동은 앞에서 다루었으므로 여기서는 토건회사 운영, UNKRA 근무 및 종합건축연구소에 관한 자료들을 다루기로 한다.

김정수의 사회활동기간은 다음과 같이 정리된다.
① 관공서(구조선총독부 관방 회계과 영선계, 1941~1949)
- 1941년 3월 구조선총독부 관방 회계과 영선계 근무
- 1945년 8월 중앙청 서무처 건축서 설계과장
- 1948년 4월 중앙청 서무처 건축서장
- 1948년 6월 중앙청 서무처 건축국장
- 1949년 4월 중앙청 서무처 사임
② 시공회사(삼정토건사, 1949~1951년) 사장
③ UNKRA (1951년 10월~1953년 9월)
④ 설계사무실(종합건축연구소, 1953~1961년) 이천승과 함께 공동 대표
⑤ 교육(연세대학교, 1961~1985년)
⑥ 사회기관(단체) 참여활동
 1. 대한건축학회
  - 1946년~1962년 대한건축학회 이사 10회 연임
  - 1962년~1972년 대한건축학회 부회장 4회 연임
  - 1972년 4월~1974년 4월 대한건축학회 회장
 2. 대한건축사협회 부회장(1950년~1965년 6월) 4회 연임

사진-종합건축연구소 당시의 김정수(아랫줄 가운데)

삼정토건

삼정토건(三正土建)은 1949년에서 1953년까지 김정수가 운영했던 회사이다. 삼정토건을 운영했던 기간에 관련된 자료는 아래에 실린 경우를 제외하고는 찾아지지 않는다. 여기에 실린 자료는 김정수의 유품에 포함되어 있었던 것으로 그가 시공회사를 운영하던 당시 각종 공사의 입찰에 사용된 것으로 보이는 삼정토건 지명원이다. 총 2본의 지명원이 있으며 1950년과 1952년에 작성된 것으로 되어 있고, 이 두 자료는 한국전쟁 전·후의 우리나라 건설회사 상황을 잘 보여주고 있다.

삼정토건은 한국전쟁 후 자본금의 축소, 동업자들의 감소, 장비와 건설재료의 감소 등 여러 방면으로 어려움을 겪었던 것을 김정수 회갑기념 논문집의 회고를 보면 알 수 있다. 하지만 지명원에 첨부된 주요공사경력으로 볼 때 상당한 공사실적을 갖고 있었던 것으로 보인다.

다음의 내용은 1950년의 삼정토건 지명원에 실린 내용을 옮긴 것이다.

업자지명원(1950년)
단기 4283년 월 일(1950년)

업자지명원
― 영업장소
1. 본사: 부산시 보수동 3가 78번지 전화 5925번
2. 서울지점: 서울시 서대문구 천연동 98의 2호 전화 광화문
   (3)3515번
3. 대구지점: 대구시동성로 2가 160번지 전화 51번

― 상호: 三正土建社
― 대표자: 김정수

今般貴局 지정업자로 ○入코저
별지일반書額 添附하여 신청하오니 銓衡하시와
승인하여 주심을 요망함
단기 4284년 월 일
부산시 보수동 3가 78번지 삼정토건사
대표자 김정수 귀하

資産調書
― 본사: 木造瓦葺 건평 48평 壹棟
― 창고: 木造瓦葺 건평 70평 貳棟
― 거래은행: 조흥은행, 신탁은행
― 자본금: 9천만圓

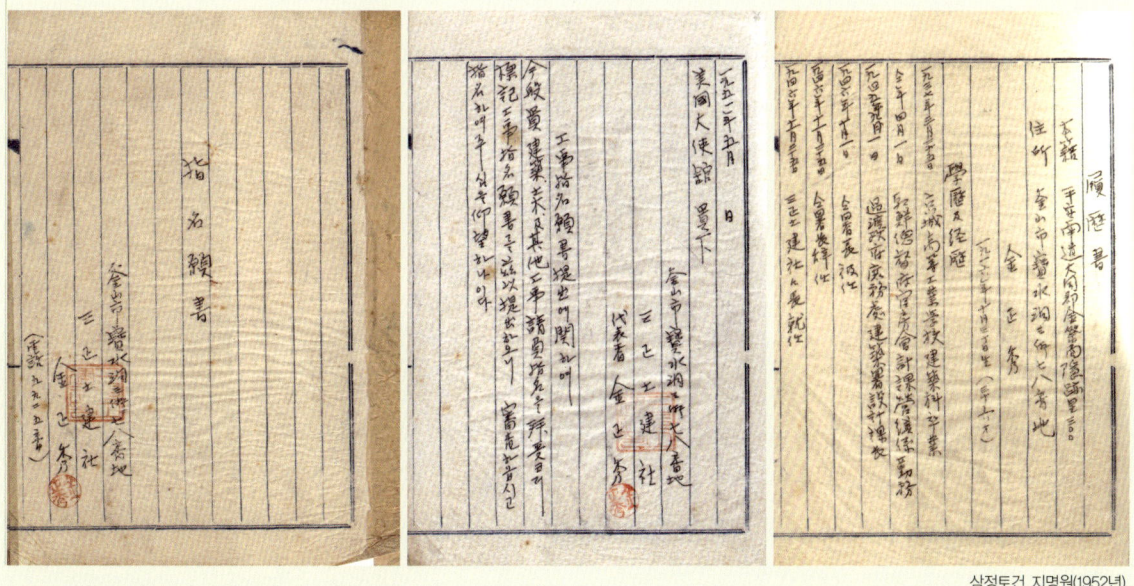

삼정토건 지명원(1952년)

주요공사 경력서(해방전)

계약년월일	공사명	금액
1937년 3월	평북신의주남시간철도공사	840,000
1938년 5월	경북O해송라간 철도공사	450,000
1939년 4월	부산공회당도장공사	40,000
1940년 10월	구총독부서사헌동관사이십동신축	387,000
1941년 4월	세균검사소동물시험실신축공사	680,000
1942년 3월	구총독부경찰관훈련소도장공사	1,350,000
1943년 5월	청진적십자병원신축공사	12,700,000
1943년 5월	부산지방철도국도장기타공사	65,000
1944년 3월	함북신건룡북간건원탄광O용철도공사	2,400,000
1944년 6월	청주사범학교신축공사	2,750,000
1944년	대전사범학교부지조성공사	950,000
1945년 3월	대전사범학교신축공사	3,300,000

주요공사 경력서(해방후)

계약년월일	기업주	공 사 명	금액
1945년 9월		마O수리조합개량공사	1,320,000
1945년 11월	보건부	마산 요양소 수리공사	4,230,000
1946년 5월		정구장지O공사	560,000
1946년 7월		요근전O빌수리공사	560,000
1946년 10월		남미창동미군숙사난방공사	384,000
1947년 4월		진해읍하수도수리공사	450,000
1947년 11월		서영고미군도로포장공사	7,850,000
1948년 9월		서울대학병원난방공사	1,500,000
1948년 10월		서울대학병원급수장치공사	12,000,000
1949년 4월		부산전화국수리공사	7,500,000
1949년 7월		대구역수리공사	4,350,000
1949년 9월	부매국	경주부매국 수예소 신축공사	5,200,000
1949년 10월		대구역 추가공사	400,000
1949년 12월		부산화력발전소 수리와 신축공사	6,000,000
1950년 2월		부산 부매국 염고 수리공사	2,000,000
1950년 2월		부산노무자숙박소 수선공사	2,940,000
1950년 4월		미국 사절단 서면 도로와 철망 공사	2,800,000
1950년 4월		부산대한부인회사무소수선공사	510,000

자재와 기재 일람표

품 명	수 량	품 명	수 량	품 명	수 량
레-루	1,500 本	투란짓	1台	전선	20 卷
시멘트	2,000 袋	보이라	4號 1台	양정	200 존
석회	500 袋	보이라	2號 1台	승용차	1 台
목재	15,000 才	보이라	1號 1台	트럭	3 台
후엘트	500 坪	방열기	1,000	삽	1,300 ○
연와	20,000 坪	철관	5	고광이	850 ○
세멘와	200 坪	조인트(각종)	3	함마	70 ○
루핑	300 坪	바이스	2	렌치	1 台
초자	70 箱	오스라	1	그릴	1 式
아스팔트	40 ○	골탈	20 ○	기타 앵글 등	1 式
우인치	2台	가세잉	1,300 ○		
레벨	2台	페인트	8,000 ○		

종업원 일람표

직분	성명	년령	학력
사장	金正秀	33	경성고등공업
지배인	金正和	43	日本大學
총무과장	李東○	33	平壤高普
토목과장	黃○兩	43	大○高工
건축과장	崔善○	34	早田高工
기계과장	崔麟善	34	昭和工科
기사	○成守	41	○○工業(대구지○ 대표)
기사	金甲洙	36	大邱工業

*기타 종업원 18명

다음은 1952년의 삼정토건 지명원이다. 50년도 지명원과 유사한 내용이 포함되지만 당시의 토건회사 상황을 읽을 수 있게 하는 자료이므로 그대로 다시 싣도록 하였다.

업자지명원 (1952년)
부산시 보수동 3가 78번지 삼정토건사 김정수 (전화 5925번)
1952년 5월 일
미국대사관 귀하
부산시 보수동 3가 78번지 삼정토건사 대표자 김정수
공사지명원서 제출에 관하여 ○반○건축·토목과 기타 공사 청부지명을 배○코저 표기공사지명원서를 자차 제출하오니 심사하옵시고 지명하여 주심을 앙망하나이다.

목차
1. 사내용의 개요
1. 공사 경력서
1. 직원명부
1. 대표자와 기사장의 이력서
1. 보유 기계기구 목록
1. 보유 자재목록

사내용의 개요
1. 주소 : 부산시 보수동 3가 78번지
1. 명칭과 대표자의 성명 :
    (1)명칭: 삼정토건
    (2)대표자: 김정수
1. 자본금 : 오천만원
1. 설립년월일 : 1949년 10월 1일
1. 영업종목 건축. 토목. 전기 난방설계 와 시공
1. 기타사항

직별	사장	상무	기사장	기사	기능공	인부	계
인원	1	1	1	4	20	10	37

전화번호 : 5925 번 / 거래은행 : 한국상업은행 부산지점

공사경력서

계약년월일	기업주	공 사 명	청부금액
1946.11	보건부	마산 요양소 수리공사	4,790,000
1947.3	대관리부	김○○ 건축 수리공사	8,670,000
1947.7	해안경비대	경남해안경비대 수리공사	24,500,000
1948.4	국방부	육군병원 신축공사	23,000,000
1948.8	서울대학교	대학병원 수리공사	75,000,000
1949.4	전화국	부산전화국교환국 수리공사	6,500,000
1949.7	교통부	대구역 개수(수리)공사	5,900,000
1949.9	부매국	경주부매국 수예소 신축공사	5,600,000
1949.12	상공부	부산화력발전소 수리와 일부 신축공사	4,280,000
1950.1	부매국	부산 부매국 염고 개수공사	3,200,000
1950.3	미사절단	씨크로휄스 신축공사	7,598,000
1950.3	경상남도	도노무자숙박소 신축공사	2,600,000
1950.4	미사절단	콩크리트 도로 포장공사	3,800,000
1950.5	내무부	부산지방 삼성교 공사	5,600,000
1950.5	미공보원	방송국 신축공사	4,800,000
1950.5	고려방직공장	진천방직공장 복구공사	52,000,000
1950.10	교통부	용산 교통병원 전재 복구공사	53,000,000
1950.2	미대사관	미대사관사택 수리공사	43,000,000
1951.1	해군본부	군수국 철조망 신축공사	8,342,000
1951.3	해군본부	해군본부통신대 보수공사	16,000,000
1951.3	진해통제부	소모도 교교각 보수공사	9,400,000
1951.5	해군본부	해군본부 시설감실 기타 수리공사	15,000,000
1951.6	해군본부	해군본부 고등부관실 기타 수리공사	11,000,000
1951.7	해군본부	해병대 취사장 신축과 기타 수리공사	19,000,000
1951.8	부매국	진주부매국 제품창고 기타 신축공사	100,000,000

직원명부

직명	성명	연령	담당부문	출신학교	경력연한	간단한 경력
사장	김정수	36	사무전반	경성고공	10	과도정부건축서장
전무	박○수	35	업무전반	경성고상	10	고무공장기○인
사장	강진성	30	공무전반	경성공업	10	총무처기사
기사	이충○	26	건축	소화공과	6	총무처기사
기사	김갑수	43	건축	금산공업	23	토건회사기사
기사	이태진	36	토목	소화공과	15	토건회사기사
기사	김순덕	46	전기와 난방	대구공업	28	전기회사기사

이력서

본적: 평안남도 대동군 김제면 은적리 300

주소: 부산시 보수동 3가 78번지

김정수 1916년 10월 30일생 (삼십육세)

학력사항 1937년 3월 25일 경성고등공업학교건축과 졸업

순년 4월 1일 조선총독부 관방회계과영선계 근무

1945년 9월 1일 과도정부 서무처 건축계 설계과장

1946년 10월 1일 동계장 ○임

1946년 11월 25일 동계장 사임

1946년 11월 25일 삼정토건사 사장 취임

상벌 : 없음

右相違 : 없음

1952년 5월

보유기계 기구목록

명○	단위	수량	명○	단위	수량
목수도구	式	5	초자	籍	50
삽	個	50	베니야판	板	1,000
곡괭이	個	30	양정	○	20
트란싯트	台	2	훼루도	卷	100
레베트	台	2	고-루 댈	도람	15
철재미○	個	2	가셍	입	5
철공기구	式	1	페인트	가롱	500
전기도구	式	1	아아연 인 철판	卷	500
○○차	台	2	전선	卷	30
자동차	台	2	전기 고-도 선	卷	5
목재	才	5,000	철선	米	1,000
시멘트	俵	200	전기스위치	個	100
석회	입	500	철관	米	300

UNKRA

UNKRA 참여 (1950년대), 왼쪽으로부터 강진성, 장양기, 김정수, 김규복, 문해식 (강진성 제공)

UNKRA는 1950년 12월 국제연합총회의 결의에 따라, 6·25전쟁으로 인해 파괴된 한국의 구호와 재건을 목적으로 설립된 기구이다. 김정수는 사업을 그만두고 UNKRA 주택국 기사장(技師長)을 지내는데(1951년 10월~1953년 9월) 김윤기 씨가 부산피난시절 교통부 자재국장으로 있을 때 요청하여 일을 시작했다고 한다. 김정수는 삼정토건 이후 종합건축연구소를 시작하기까지인 1951년 10월부터 1953년 9월까지 UNKRA에서 일했다.

UNKRA의 사업은 한국 정부와 긴밀한 협조 아래 이루어졌으며, 부분적으로 UNCURK(United Nations Commission for the Unification and Rehabitation of Korea: 국제연합 한국통일부흥위원단)의 감독 아래 있었다. 1953년 7,000만 달러의 기금으로 부흥사업에 착수한 이래, 1960년까지 계획된 물자를 원조했는데, 그 실적은 1억 2208만 4000달러에 달했다. 식량을 비롯한 민수물자를 들여와서 우선적으로 민생안정을 꾀하는 데 주력했다. 인플레이션을 수습하고 파괴된 산업 교통통신시설을 복구했으며, 주택, 의료, 교육 시설 등을 재건했다. 이 기구의 원조에 의해 건립된 주요시설로는 인천판유리공장, 문경시멘트공장, 국립의료원 등이 있다. 재원은 국제연합 회원국들의 각출금으로 충당했다. 1958년 6월 한국정부와의 협의 아래 활동을 종료하고 해체되었다.

종합건축연구소

종합건축연구소(綜合建築研究所)는 김정수가 1953년에서 1961년까지 이천승과 공동대표로 운영하던 회사이다. 김정수는 교수직과 겸임의 어려움 때문에 종합건축의 운영을 포기하지만 연세대학교로 옮긴 1961년 이후에도 계속하여 종합건축연구소와 작업을 계속했음을 알 수 있다.

김정수의 유품으로 1961년 작성된 종합건축연구소의 경력서가 남아있어서, 이 자료를 통해 우리는 설립취지와 인원구성, 그간의 설계활동상황과 수주 금액, 주요 건물들의 준공 사진 등을 확인할 수 있으며, 당시 설계사무실의 구성과 역할, 운영방식 등을 확인할 수 있다.

종합건축연구소의 설립취지를 보면 당시 김정수, 이천승 등의 생각을 읽을 수 있는데, 발전하는 건축기술에 대응하기 위하여 건축, 토목, 구조, 시공 등을 전체적으로 총망라하는 설계사무실을 지향했음을 알 수 있다. 종합건축연구소에 근무하였던 기간의 설계 관련자료는 설계도서 및 시공된 건물들이 잘 대변하고 있다고 보아야 할 것이다.

종합건축연구소 직원사진. 뒤에 보이는 건물이 영보빌딩(앞줄 왼쪽에서 4번째가 김정수, 5번째가 이천승, 2번째가 이상순, 뒷줄 왼쪽에서 4번째가 이승우, 6번째가 강진성)
사진제공: 강진성

다음은 1961년 작성된 종합건축연구소의 경력서에 나온 내용들이다.

설립취지

국토복흥사업에 있어서 건축의 중요성은 서언을 불요하거니와 일진월보하는 건축기술의 활용은 일개인이나 수인의 집합체로서는 불가능함으로 각 방면에 걸친 건축토목기술자 및 부대설비기술자를 총망라해야 당면과제인 설계 감독과 구조계획시공의 연구 및 후진의 양성을 목적으로 본연구소를 설치하였음 – 김정수의 종합건축연구소 경력서(1962, 유품) 중 설립취지 발췌

경력서

- 위치 서울특별시 종로구 종로2가 82 영보빌딩 일층
- 전화번호 서국 ③삼육일칠
- 명칭 종합건축연구소
- 대표자 성명 김정수
- 사업내용 건축구조 및 양식의장의 연구
   건축서적발간
   건축 및 건축부대(전기, 수도, 난방 토목 및 기계설비의 설계감독)
   기타건축에 관한 의문 상담에 응함
- 기구 1. 건축설계부
   2. 구조계산부
   3. 전기설계부
   4. 부대설비설계부(수도, 난방, 기계)
   5. 도시계획부

대표자 경력서

본적 평안남도 대동군 금제면 음적리 300
주소 서울특별시 서대문구 평동 28의 4
성명 김정수
단기 4252년 10월 30일 생

학력 및 경력

단기 4270년 3월 평양공립고등보통학교 졸업
4274년 3월 경성고등공업학교건축과 졸업
4274년 4월 구조선총독부 회계과 영선계 근무
4278년 8월 해방과 동시 미군정 영선계 건축과장
4279년 4월 남조선과도정부 건축서 설계과장
4281년 4월 남조선과도정부 건축서장
4281년 10월 전직 사직과 동시 삼정토건사사장
4284년 9월 전직 사직후 UNKRA 주택국기사장
4286년 9월 전직 사직후 종합건축연구소장 현재에 이름
4290년 8월 교환교수로 1개년간 도미 구미 각국 시찰 후 귀국

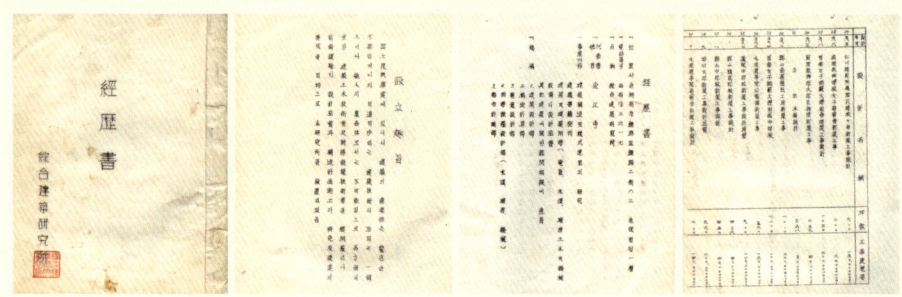

주요설계 감독 경력

설계연월	설계명칭	평수	공사가(賈)개요
1953년 10월	태창방직 공장신축설계	10,562	1,584,300,000
1953년 11월	국회의원합숙소 전후복구 공사설계감독(창성동, 삼청동, 청운동)	1,500	120,000,000
1954년 1월	UNKRA 원조사업 청량리와 광릉 임업 시험소	40사동(舍棟) 연(延) 2,800	364,000,000
1954년 2월	한국문교서적 주식회사 신축공사 철근 콩크리트 구조계산	600	78,000,000
1954년 6월	남대문교회신축현상설계 1등,2등 당선	700	
1955년 1월	이화여자대학교 강당 현상설계 1등당선	900	
1955년 2월	UNKRA 원조사업 인천 자 부지측량 보링 지내력 시험	20,000	
1955년 2월	FOA 원조사업 중앙청 신축부지측량 보링 지내력시험	8,000	
1955년 6월	한국흥업은행 대전지점 신축공사설계 감독	450	21,500,000
1956년 3월	O남회관신축공사설계	1,500	4,500,000,000
1956년 6월	UNKRA원조사업 문경세멘트공장 부지측량	280,000	
1956년 6월	공군본부청사 신축공사설계 현상 1등 당선	3,000	
1956년 7월	동대문시장 신축공사설계	5,000	6,00,000,000
1956년 8월	흥업은행 대전지점 신축공사설계	300	90,000,000
1956년 12월	조흥은행 대전지점 신축공사설계	300	90,000,000
1957년 2월	흥업은행 광교지점 신축공사설계	300	75,000,000
1957년 3월	경기공업고등학교 신축공사설계	400	60,000,000
1957년 3월	이화여자고등학교 학사와 강당 신축현상설계 1등 당선	1,900	
1957년 6월	이화여자고등학교학사 신축공사설계	1,200	216,000,000
1957년 8월	국제극장 신축공사설계	500	125,000,000
1957년 12월	공보실 영화제작소 신축공사설계 OEC 원조	200	50,000,000
1958년 1월	정신여자중고교학사 신축공사설계	500	90,000,000
1958년 3월	O국호텔 신축공사설계	600	150,00,000
1956년 4월	카톨릭대학 의학부부서병원 신축공사설계	2,500	1,000,000,000
1958년 5월	수원농사원본관기타 신축공사설계	1,300	36,000,000
1958년 5월	인천사범부속초등학교교사학사 신축공사설계	900	150,000,000
1958년 6월	감리교 신학교 여자기숙사	200	60,000,000
1958년 8월	수도여자 사범대학 교사 증축공사설계	1,030	200,000,000
1958년 12월	감리교 신학대학 예배당 신축공사	239	40,000,000
1958년 12월	감리교 신학대학 본관설계	368	50,000,000
1959년 2월	군산 고려제지 공장	1,000	100,000,000
1959년 4월	수도여자사범대학 부속중학교	1,100	100,000,000
1959년 6월	수원 농사원 공보관 신축공사	560	160,000,000
1959년 7월	한영중학교 신축공사 설계감독	900	120,000,000
1959년 7월	군산초등학교 신축공사 설계	436	40,000,000

종합건축연구소 경력서

설계연월	설계명칭	평수	공사가(價)개요
1959년 8월	군산중학교 신축공사 설계	450	40,000,000
1959년 9월	배재대학 신축공사 설계감독	960	200,000,000
1959년 10월	수원농사원기숙사 신축공사설계	700	140,000,000
1960년 1월	YMCA 본관 신축공사설계	3,600	200,000,000
1960년 2월	장충단 체육관 지붕공사설계	1,800	400,000,000
1960년 2월	경일빌딩 신축공사설계	2,000	600,000,000
1960년 8월	중앙광물지질연구소분관 신축공사	120	40,000,000
1960년 11월	원자력원본관 신축공사	350	120,000,000
1960년 11월	보성중고등학교 체육관 신축공사	300	30,000,000
1961년 3월	주한O국대사관 공사	260	80,000,000
1961년 2월	수원 농촌진흥원 훈소원교사 기숙사 및 기타 건물	200	50,000,000
1961년 4월	혜화 유치원 신축공사	80	18,000,000
1961년 5월	성심여자중학교부속국민학교 신축공사	320	100,000,000
1961년 6월	루테란 교회 서비스 센터 신축공사	100	50,000,000
1961년 11월	서강대학교사 신축공사	940	260,000,000

* 기타 상점, 교회, 사무소, 주택 등 각종설계 100여건

직원명단

직위	성명	최종 출신교	실무년수	비고
소장 / 건축책임	김정수	경성고공 / 美미네소타교환교수	21	건축학회 부회장
난방책임	이휴선	남만주공전	31	난방협회 부회장
전기책임	지철근	서울공대대학원 / 美미네소타교환교수	10	전기학회 이사
건축기사	강진성	경성공업	16	대한건축사협회 임원
도시계획 / 건축기사	윤정섭	서울공대대학원 / 美미네소타교환교수	10	건축학회 이사
구조설계 / 건축기사	이승우	서울공대	8	건축학회 이사
건축기사	김형만	동경공업대학교	8	
건축기사	박건조	해주공업	26	
건축기사	최진감	서울공대	6	
건축기사	이경호	한양공대	4	
건축기사	홍영기	한양공대	3	
건축기사	유경철	한양공대	3	
건축기사	김세열	한양공대	3	
토목기사	정O천	동경공업	20	
실습생	홍상길	서울공대	2	
전기기사	심윤보	서울공대	3	
건축기사	지윤	한양공대	2	

공군본부 현상설계작업 종료 후 종합건축 직원 사진(1956년)
(오른편에서 2번째 송종석, 4번째 김정수, 5번째 강진성, 6번째 이천승, 7번째 이채영, 사진제공: 강진성)

김정수의 종합건축연구소는 설계, 의장, 구조, 시공 등 건축의 전 분야를 통합적으로 아우르는 것을 목적으로 했다. 공동대표였던 김정수와 이천승은 각각의 역할을 나누어 맡으면서 종합건축연구소를 운영하였다. 설립 당시의 종합건축연구소의 모습과 사무실의 분위기 등을 김정수 생전의 좌담회 자료와 종합 건축 연구소 직원들의 회고를 통해 알 수 있으며 그 내용은 다음과 같다.

"지금 정선생(鄭寅國)은 작품을 만들 수 있는 여건을 말씀하셨는데 이제 내가 처음 종합건축연구소를 만들 때 얘기를 하면, 8·15 전까지는 한 사람이 자기 작품을 만들기 위해서 모든 일을 혼자서 전부 했었는데, 나는 그때 전연 다른 생각을 한 것입니다. 한 사람의 능력이라는 것은 아무래도 한계가 있는 것이에요. 그래서 각 분야별로 소위 유능한 젊은이들을 모아가지고 전부 일을 나누어 해보자, 의장, 구조, 상세 이렇게 팀을 짜서 공부를 해가지고 우수한 작품을 만들어 보자, 이런 의욕에서 연구실을 조직했고, 그래서 이름도 綜合이라고 했던 거예요. 사실 그때 의욕들이 굉장했습니다. 그때 작품을 만들 적에 mood라는 것이 소위 현대 건축가의 온상을 만들어보자는 것이었어요. 그때 우리로서는 우리의 진로를 분명히 느끼고 있었다고 생각이 되는데요, 지금에 와서 그 공은 평가를 받아야 할 것입니다."

– 좌담회, 한국건축계의 현황과 전망, 작품활동, 「건축」, 1966년

"그런데 김형이 불쑥 찾아왔다. 태창방직이 영등포에 큰 공장을 건설하는데 그 설계를 맡았다는 것이다. 하지만 공교롭게도 선배 이천승 씨도 태창방직에 연고가 있어서 언약을 받았다고 하므로 하는 수 없이 두 사람이 공동으로 일을 추진하는 것으로 합의를 보았다고 했다. 그러나 이천승 씨가 워낙 독불장군식이라 혼자서는 부딪치기 힘들 것 같으니 나도 가세해서 같이 설계사무실을 운영, 이천승 씨의 독주를 막자는 것이었다. 나도 목포 천주교성당을 이천승 씨와 함께 설계해본 경험이 있어서 김형의 말에 동조는 했으나 여러 가지 사정으로 그 제안에 응하지는 못했다.
결국 태창방직 설계경기를 계기로 '종합건축연구소'라는 건축설계사무소가 세워졌고, 김형은 부산에서 운영했던 삼정토건을 처분하고 이천승 씨와 동업을 시작했다."
-송민구, "김정수 형과 나", 『한국의 건축가 김정수』(고려원, 1985년, pp.23~24)

"6·25전쟁후 서울이 수복되면서 이후 창설된 건축설계사무실 종합건축연구소는 경험이 많고 재기에 넘치며 모든 일에서 판단이 빠른 이천승 선생과 과묵하고 끈기 있는 성품의 김정수 선배의 리드로 순풍에 돛을 단 듯 성공적으로 커 나갔다.
그 당시 종합건축연구소의 젊은 직원들이 이구동성으로 이 두 분의 성격을 면도날(이천승)과 도끼(김정수)로 비유했다는 이야기를 듣고 나서는 '옳아' 하며 수긍을 했다.
-윤장섭, "유도를 통해 익힌 대륙적 기질", 『한국의 건축가 김정수』(고려원, 1995년, p.38)

"한편, 고 이천승씨와 종합건축연구소를 공동으로 운영하던 김 선배는 서로 뜻이 맞지 않아 헤어지고 말았다. 나는 애당초 이천승 씨와 김정수 씨가 합작한다고 할 때부터 이미 두 사람이 맞지 않을 것을 예측하고 있었다. 왜냐하면 교통부에 있을 때 이천승 씨에게 일을 배워서 그의 성격을 잘 알기 때문이었다. 그래서 결국 김정수 선배가 혼자서 종합건축연구소를 운영하는 것을 보고 이런 생각을 하며 아쉬워했다. 만약 이천승 씨가 조금만 더 너그럽고 후배를 사랑하는 마음이 깊었더라면 더 크고 훌륭한 설계사무실로 자리매김할 수 있었을 텐데"
-이광로, "선배님은 웬일이세요?", 『한국의 건축가 김정수』(고려원, 1995년, p.45)

이천승의 역할은 기능분석과 동선, 김정수의 역할은 형태적인 측면이었다. 복잡한 기능을 단순한 매스 속에 정리하는 스타일이 김정수의 스타일이었고 기능에 따라서 매스가 확장되는 설계가 이천승식이었다.
-안영배(2006년 2월 1일 서울에서, 장원석과의 면담)

이천승의 역할은 견적과 구조, 김정수의 역할은 설계와 투시도 등이었다. "종합에 가면 당시의 외국서적을 많이 볼 수 있었다. PA, 신건축, Forum등 당시에 흔하게 볼 수 없던 잡지들이 수두룩했다."
-이상순(2006년 1월 20일 서울에서, 장원석과의 면담)

"종합건축 자체가 너무나 강력한 디자인 컨셉이였다."
"종합건축에서는 입사한 사람들에게 바로 디자인을 시켰다. 내부에서 공모를 하곤 했는데 이화여대강당을 4명에게 설계시켜서 설계안을 결정했다."
-이호진(2006년 8월 2일 서울에서, 장원석과의 면담)

기타

김정수 작품집 (꾸밈 제21호 부록)

「꾸밈」 제 21호에 연재된 '작가와 작품' 13호로서 건축가의 대담 및 그의 대표작품이 실린 작품집이다. 1980년 초반(김정수의 생존 당시)에 출간된 것이다.
총 17페이지로 이루어져 있고 여의도 국회의사당, 연세대학교 학생회관, 장충장로교회, 연세대학교 종합교실과 중앙도서관, 종로 YMCA, 서강대학교 과학관, 국제극장, 명동성모병원, 한일빌딩, 시립장충체육관, 감리교신학대학 및 교회가 그의 주요 작품으로 소개되어 있다. 김정동이 대담을 진행하였으며 이 작품집을 만드는데 중요한 역할을 하였다.

건축가 김정수
대담: 김정동_ 목원대 건축과 교수, 건축역사학회 이사

연세 건축의 뿌리
사회 김 교수님 회갑기념 사업회의 도움으로 이런 자리를 함께 하게 되어 반갑습니다. 이제 회갑(1979년 10월 30일)을 맞게 되었고, 아울러 '연세 건축'이 뿌리를 내린 지 스무 돌을 맞으면서 한국 건축의 한 세대를 가름하는 원로로서 감회가 깊으시리라 믿습니다. 선생님의 건축 수업 이전부터 말씀해 주셨으면 합니다.
김정수 제가 태어난 곳은 평양 시내에서 가까운 곳입니다.(1919년 10월 30일 생) 당시의 사회상은 누구나 학업을 하기 어려운 때라 학벌 있는 사람이 드물었지요. 다행히 저의 선친은 서울의 휘문의숙에서 교편생활을 하고 계셨어요. 그 후에는 평양 광성학교에도 계셨고. 당시의 이른바 인텔리라 볼 수 있었지요. 생활도 여유가 있었고……. 집도 그 당시에 한국식 기와집을 짓고 살 때 양옥을 짓고 살았으니까요. 건축을 시작한 것은 형님이, 작고하신 전창일(全昌日, 경기도 개성, 1912~71년, 경성고공, 만주동흥토목회사, 한국은행근무, 대한건축학회 참여이사)씨와 친하게 지내면서 건축을 부러워하셨습니다. 내 자신도 미술·기하 등에 취미가 있었으므로 적성에 맞는다고 생각되어 관립경성고등공업학교(현 서울공대 전신)에 입학했습니다. 수업 연한이 현 공대보다 1년이 짧았지만 당시 건축과로서는 한국에서 최고 교육기관이었지요. 한국인으로 입학하기가 아주 힘들었어요. 20명 정원에서 한국인의 평균 입학 허용인원이 1~2명 정도였기 때문에 합격을 하면 상당히 행세를 했지요.
사회 당시의 경성고공 자료를 지금 찾아낼 수 있을까요. 후학들에게 '우리의 기억에서 사라져 가는 건축인'들의 증언을 알려 주어야 되지 않을까 생각합니다.
김정수 경성고공 자료는 6·25때 전부 없어진 모양입니다만, 그 이후 다시 기록이 작성되어 졸업생 명부가 서울공대에 보관되어 있는 것으로 알고 있습니다. 일제시대 졸업생 수는 한국인이 약 63명이 되는데(1919년 이후) 지금 생존해 계신 분이 약 29명 정도이며 나머지 분들은 작고하시거나 납북, 행방불명 등으로 소식을 알 수 없습니다.
그 당시 살아 계시다가 지금 작고하신 분으로서는 박길룡(朴吉龍), 이원식(李元植), 김세연(金世演), 장연채(張然采), 김순하(金舜河), 유상하(劉相夏), 전창일, 이한철(李漢哲), 김동수(金東洙), 신태수(申兌秀), 오천복(吳天福)씨 등인데 많은 활약을 하신 분들입니다.
사회 대한건축학회지(1975년 7~8월)의 30년 회고담 특집에 김 선생님은 '미군정하의 난립시대'를 말씀하셨습니다.

회계과 영선계의 역할은 큰 것
김정수 일제시대에 건축의 본부 같은 관청은 현 총무처 정부청사 관리사무소의 전신이라 할 수 있는 회계과 영선계였는데, 약 100여명의 우수한 기술자라고 하면 대부분이

일본인들이었고 남북한의 공공 건축설계 감리가 여기서 전부 행해졌습니다. 저는 해방 약 5년 전부터 그 곳에 근무하게 되었는데 (1941~48년) 한국인 건축 기술사는 김세연(경기도 광주, 1897~1975년, 경성고공, 조선총독부 기사, 조선건축기술단 초대단장, 대한건축학회 참여이사), 김순하(강원도 삼척, 1901~66년, 경성고공, 주택영단기사, 대한건축사협회 초대회장), 장연채(경기도 의정부, 1901~76년, 경성고공, 조선총독부 기사, 조선건축기술단 이사, 대한건축학회 참여이사), 이용재(李龍在, 함경남도 성진, 동경고공, 1897~1974년, 대한건축학회 참여이사, 조선총독부 영선계 기수, 미군정청 건축서장) 선배와 유원준(兪元濬), 김재철(金在哲) 선생들이 계셨었지요. 그 외에도 한무성(韓武星), 김태흥(金泰興), 이기동(李基東), 김영전(金永銓), 박영준(朴泳俊), 한건석(韓建錫), 송재용(宋在用), 송규순(宋圭淳) 등의 여러분이 계셨고, 박길룡, 김동수, 김희춘, 황갑선(黃甲善) 씨 등도 여기에 일찍이 계신 것으로 알고 있습니다. 그 당시의 사무실이 지금의 중앙청 내의 제 1별관이었는데 점심시간이면 경회루에 나가서 스케이트를 타던 기억이 납니다.

사회 해방이 되고 미군정하의 상황은 그 분들의 참여가 필연이었겠습니다.

김정수 중앙청에는 일본사람이 다 가버리고 약 40명의 한국인이 남았고, 그 후 약 150명으로 증원되고 건축서(建築署)로 개칭되어 국(局)과 동격이 되었습니다. 장연채, 이용재, 김재철 그리고 제가 차례로 책임을 맡았습니다. 이 당시만 하여도 교통부, 체신부, 전매청을 제외한 전국의 공공

김정수 작품집(꾸밈 21호 부록)

건물은 신축 설계 감리를 여기에서 모두 담당하게 되어 있었습니다. 특히 해안경비대와 국방경비대의 건축공사로 무척 바빴지요. 당시에 계시던 분들로서는 김세연, 김순하 씨를 제외하고는 일정시대 분들이 다 남으셨고 그 밖에도 다음과 같은 여러분들이 새로 오신 것으로 기억합니다.
한무성, 김태흥, 이기동, 김영전, 박영준, 한건석, 송재용, 송규순, 윤승선(尹昇善), 송민구(宋旼求), 김만식(金晩式), 오영섭(吳英燮), 김낙집(金洛執), 조기영(趙奇瑩), 김창서, 김영채, 박문규(朴文奎), 한태희(韓泰熙), 송석문, 김재은, 김희곤(金熙坤), 최린히_, 김영주, 이봉환, 이병진(李炳珍), 심희태(沈熙泰), 한규승(韓圭承), 이강수(李康洙), 이문조(李汶祚), 이병룡(李秉龍), 유진중(俞鎭中), 성원구(成源求), 신철호(申喆浩), 김태수(金泰洙), 맹익재(孟益在), 이인식(李寅植), 한기석(韓起錫), 최광현(崔光鉉), 최남기(崔南基), 조선연(趙宣衍), 이충선(李忠善), 지희경(池熙慶), 이홍남(李洪南), 어창수(漁彰秀), 이능환(李能煥), 강진성(姜鎭成), 윤흥노(尹興老), 허정욱(許廷旭), 이동근(李東根), 김광현(金光鉉), 주혁중, 최장홍, 송석준 씨 등이 있었습니다.

사회 선생님의 건축 제 1기가 '관청으로부터' 였다면, 제 2기는 '종합건축을 통한 시기', 제 3기는 '연세대학을 중심

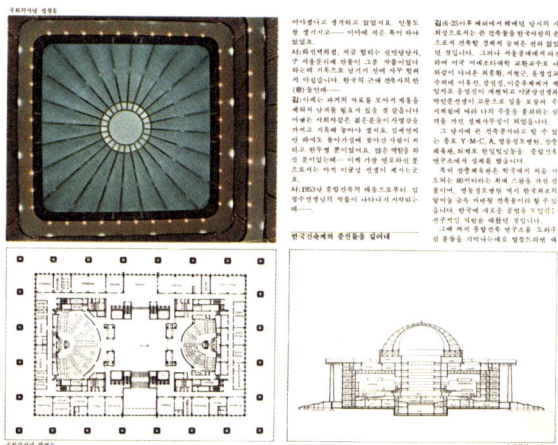

김정수 작품집(꾸밈 21호 부록)

으로 한 시기'가 된다고 보겠습니다.
김정수 획을 긋는다면 그럴 수가 있는데 중간에 제가 3~4년 동안 토건업을 한 일도 있습니다. 해방 후 총무처 당시 건축행정이 전국적으로 일관성이 없어서 이를 위하여 내가 조직체를 처음 만든 것이 '전국도영선과장회의'였어요.
6·25 사변 직전 양복쟁이, 청과물상까지 토건업에 뛰어들어 사장이라 명함을 찍을 때였습니다. 그 때 총무처를 그만두고 부산에 내려가 삼정토건사를 차렸지요. 돈도 좀 벌고 서울에 올라와서 1949년 서울 본사도 장만했지요. 군정시대 마포장의 인연으로 이승만 대통령, 프란체스카 여사, 이기붕 비서와도 알게 됐죠. 6·25 사변 후 국군이 평양을 수복하고 우리 쪽에서 압록강 물을 떠온다고 야단일 때에 도지사가 나를 보고 부흥국장을 맡아 달라고 했었습니다. 그러나 다시 후퇴를 하는 바람에 실현되지는 않았습니다만, 죽을 고비도 많이 넘겼지요. 폭탄이 내가 섰던 자리에서 터지고…… 다시 부산에 가서 돈을 좀 벌었지요. 운크라(UNKRA)의 일에 다시 참여도 했지요. 그때 김윤기 씨가 부산 피난 시절 교통부 자재국장으로 계시며 청하기에.
사실 그때는 인플레이션이 심해서 상당히 번 돈을 다 날렸어요. 할 수 없이 설계사무실을 한 거예요. 서울 수복이 되면서 부산에 올라올 때 이천승, 송민구 씨하고 셋이서 설계사무실을 하기로 약속했지요. 송민구 씨는 참여를 못했고 이천승 선생과 공동운영체로, 지금은 헐려서 없어졌습니다만 종로 YMCA 건물 맞은편에 있었던 영보빌딩 1층에서 종합건축연구소를 차리고 건축설계 및 감리업무를 시작했습니다.

설계사무소의 시작, 박길룡, 김태식씨
사회 그 때부터 종합설계시대의 막이 열렸군요.
김정수 그랬다고 할 수 있지요. 그러나 설계사무실은 김태식 씨가 해방 후 한국인으로서는 제일 먼저 시작했어요. 박길룡 씨는 일찍이 일제시대부터 이미 설계사무실을 시작한 분으로서 건축가로서도 한일간에 제 1인자였죠. 경성고공 2회 졸업생인데 일제시대에 돌아가셨죠. 나도 이 다음에 박길룡 씨 같은 훌륭한 건축가가 되어야겠다고 생각하고 있었지요. 인물도 잘 생기시고, 이마에 작은 혹이 하나 있었죠.

사회 화신백화점, 지금 헐리는 신민당 당사, 구 서울문리대 건물이 그 분 작품이었다고 하는데 기록으로 남기기 전에 자꾸 헐려서 아쉽습니다. 한국의 근대 건축사의 한 장(章)들인데……

김정수 이제는 과거의 자료를 모아서 계통을 세워서 남겨둘 필요가 있을 것 같습니다. 어쨌든 사회자 같은 젊은 분들이 사명감을 가지고 기록해 놓아야겠지요. 김세연 씨만 하여도 돌아가실 때 찾아간 사람이 저하고 한 두 명뿐이었어요. 많은 역할을 하신 분이었는데……. 이제 가장 연로하신 분으로서는 아직 이균상 선생이 계시는군요.

사회 1953년 종합건축의 태동으로부터 김정수 선생님의 작품이 나타나기 시작하는데.

김정수 6·25 이후 폐허에서 헤매던 당시의 사회상으로서는 큰 건축물을 한국 사람의 손으로 건축할 경제적 능력이 전혀 없었던 것입니다. 그러나 서울공대에서 파견하여 미국 미네소타 대학 교환교수로 나와 같이 다녀온 최종환, 지철근, 윤정섭 교수 외에 이휴선, 강진성, 이승우 씨가 책임자로 운영진이 개편되고 이균상 선생과 박인준 선생이 고문으로 일을 보살펴 주시게 됨에 따라 타의 추종을 불허하는 실력을 가진 설계사무실이 되었습니다. 그 당시에 큰 건축공사라고 할 수 있는 종로 YMCA, 명동 성모병원, 장충체육관, 퇴계로 한일빌딩 등을 종합건축연구소에서 설계했습니다.

특히 장충체육관은 한국에서 처음 시도되는 80미터라는 최대 스팬을 가진 건물이며, 명동 성모병원 역시 한국 최초의 알루미늄 금속 커튼 월 건축물이라 할 수 있습니다. 한국에 새로운 공법을 도입하는 선구적인 역할을 해 왔던 것입니다. 그 때까지 종합건축 연구소를 도와주신 분들을 기억나는 대로 말씀드리면 대략 다음과 같습니다.

고문은 이균상, 박인준, 운영진은 이천승, 김정수, 최종완, 윤정섭, 강진성, 이승우, 지철근, 이휴선 등이며 이외에도 정택천, 김정철, 홍성철, 황상일, 이정덕, 김정식, 이해경, 이상순, 안영배, 최춘환, 박완빈, 민영준, 유희준, 김창우, 오웅석, 송기덕, 권진갑, 박건조, 송종석, 성백채, 이규재, 고국원, 방윤묵, 임승업, 이철화, 문영재, 남궁종, 안선구, 송진호, 이경주, 이신옥, 김영택, 이신환, 윤병양, 성익환, 최광현, 장동식, 최영규, 이창식, 김형만, 정해철, 신영창, 정용식, 이복, 유경철, 이경호, 홍영기, 강석원, 한무성, 강남익, 김세열, 백승대, 백남식, 함광익, 신국범, 이경회, 주남철, 최현철, 김경식, 김건기, 지윤, 이주영, 김쾌로, 이호진, 홍순길, 홍상길, 김현석, 곽정수, 이충환, 김웅배, 양덕규, 김치환 김봉훈, 김영규, 김형수, 김미해, 김영수(2명), 김서운, 민경재, 주영백, 김학식, 이준헌, 윤석우…….

너무 오래 되어서 생각이 잘 나지 않지만 생각나는 대로 말씀드렸습니다. 종합건축연구소는 그 후 이승우, 강진성 씨가 운영을 해 나가는 시대로 접어들면서 더욱 많은 사람들이 여기를 경유하여 지금 한국 건축계의 각 분야에서 중추적 역할을 하고 계신 것으로 알고 있습니다.

사회 이제 연세대학교 건축계의 역할이 기대되고 있습니다. 두부를 자르듯 메커니컬한 구조 전문가로 평가할 수 있는 영향이 수직으로 파급되고 있는 것 같습니다. 이호진 교수는 김 선생님에 대하여 다음과 같이 말하고 있습니다.

"김 선생님 제자들 중 가장 오래 고락을 같이 했던 사람으로서 볼 때 김 선생님은 건축의 각 분야의 경험을 갖고 교육계에 20년의 경험, 작품 활동을 통하여 미스 반 데어 로에나 월터 그로피우스에 비견되는 우리나라의 대건축가라고 생각됩니다. 700여명의 연대 제자가 김 선생님의 아이디어와 사상을 받아서 각 계 각 층에서 활약하고 있습니다. 김 선생님의 사상은 하나의 '기능을 위주로 하는 건축 표현'이라고 할 수 있을 것입니다. 하나의 건축공간을 기능적인 것으로서 처리하여 항상 지루하지 않고 영구히 건축의 순수성을 우리에게 보여주고 있습니다. 저 자신 하나의 큰 벽을 담당한 건축가로서 그 정신을 지금도 이어받고 있습니다."

김정수 저는 서울공대, 서울미대, 고려대, 한양대, 숙명여대 등에서 시간강사를 비교적 오래한 편입니다. 연세대 전임으로 오게 된 것이 아마 1961년 9월 2일경입니다. 그 때는 건설공학과였지요. 다음 해부터 건축공학과가 되었습니다.

사회 학교생활은 건축작품 활동에 큰 장애를 주고 있지요. 하나를 얻고 하나를 버려야 되는……. 누구나 할 수 있는 일은 아니지만 한국 건축계의 썩은 모순들이 진보보다 퇴보를 더 요구하는 것 같습니다.

김정수 그렇습니다. 대학교수에게 작품 활동을 못 하게 하는 것은 한국뿐인 것 같습니다. 의대 교수들은 대학 부속병원에서 환자를 치료하는 실무경험을 가질 수 있으므로 의사를 양성하는 데 별 지장을 받지 않지만, 건축 교수들만은 실무경험 없이 건축가를 양성하라는 것이니 위험한 일이지요. 외국에서는 볼 수 없는 일이며 이러한 건축기술 발달을 가로막는 제도는 하루 속히 고쳐져야 할 것입니다.

사회 해외에서 느끼신 점을 통해 비교해서 선생님의 한국적 건축관은 어떤 것인지요?

사용하기 위한 건축을 해야

김정수 이번에 한 바퀴 돌아보고 느낀 것인데 주거단지 같은 분야는 이미지를 남길 수 있게 건축가들이 노력해야할 분야입니다. 주거환경, 단지계획, 타운하우스, 연립주택 들은 크고 작은 것이 붙은, 폭이 좁고 앞뒤가 긴 중정을 갖고, 나무가 많이 있는 아름다운 환경조성에 힘써야겠습니다. 그리고 한국의 건축가들은 아주 세련된 건축을 설계하고 시공도 뒤따라야 하겠습니다. 그러기 위해서는 건축 재료 하나라도 제 것을 생산해야지요. 또한 시스템 아키텍처는 질적 향상을 기대할 수 있습니다. 예컨대 문틀, 문짝은 기성제품으로 규격품을 쓰도록 해야겠어요. 우리나라 건물은 국산 최고품을 썼다 해도 외국 건축 재료에 비교해 보면 손색이 많습니다. 그래 가지고는 건축의 질적인 향상은 기대할 수 없습니다. 일반적으로 건축물은 보기 위한 것보다는 사용하기 위해 건축하는 것인 만큼 건물은 외관보다도 내부가 더욱 중요하다고 생각합니다. 요사이 건축가들은 추상적인 외관에만 너무 신경을 쓰는 것 같습니다.

사회 선생님의 논문 주제가 종교적으로 흐르는데 연세 대학교적 풍토에서 그 뜻을 찾아야 하는지.

김정수 동서양을 막론하고 유명한 건축물들은 대부분 종교 건축이라고 할 수 있으며 서양은 대개 기독교 건축이고 동양은 불교 건축이 대종을 이루고 있습니다. 한국 건축가들이 일제시대에는 한국 건축을 배울 기회가 없었으며 우리들은 이제부터 우리의 것을 찾아야 할 때가 왔다고 봅니다. 그러기 위해서는 우선 한국 건축의 주축을 이루고 있는 종교 건축에서도, 특히 불교건축을 연구하지 않을 수 없습니다. 금후도 이 방면은 후진들의 계속적인 많은 연구가 있어야 할 미개척 분야라 하겠습니다.

사회 연대 졸업생의 분포는…….

김정수 700여명 되는데 미국에 60~70명, 그 외 캐나다, 중동에도 있고, 국내에는 7~8개 대학에 15명 정도가 후진을 키우고, 나머지는 거의 실무에 종사하고 있지요.

사회 이 풍진 세상에 남으셔서 풍토 개선에 힘이 되셔야겠습니다. 건축가 전체의 지위 향상을 위해 바람직한 방향을 제시하시고…….

여러 사람이 한 장의 그림을 그릴 수는

김정수 지금까지 한평생을 통하여 가장 작품 활동을 많이 할 수 있는 시기를 주로 대학에서 교수 생활로 보냈으며 한국에서는 교수의 작품 활동을 가로막고 있는 관계로 나 자신 건축가로서는 비교적 작품이 적은 것이 유감이며 그 몇 개의 작품이나마 내 마음대로 소신껏 유감없는 작품을 남기지 못한 것이 미련입니다.

서울 명동 성모병원 설계는 내 자신으로서는 한국에 처음으로 '알루미늄 커튼월'의 아름다움을 소개하려던 야심작이었던 것입니다. 그러나 병원 측의 요구로서 내 마음에도 없는 옥상과 펜트하우스 철골 구조물을 각각 한 층씩 증축하게 되어 외관의 양상이 달라져 버렸습니다. 여의도 국회의사당 설계의 경우도 처음에는 국회 측에서 한국 건축기술을 믿지 못하여 경복궁을 가로막은 일제시대에 건축한 총독부 건물과 똑같이 건축하라는 것을 겨우 우여곡절 끝에 현재와 같이 낙착을 보게 된 것입니다.

금후에 있어서 내가 바라며 말하고 싶은 것은, 첫째 건축가가 아닌 사람은 건축주라 할지라도 건축가의 아이디어를 존중하여야 좋은 건축이 이루어질 수 있다는 것을 이해해 주어야겠으며, 둘째 한국의 건축가들은 한 사람이 붓을 들고 그림을 그려야지 여러 사람이 한 장의 그림을 그릴 수는 없다는 사실을 알아야겠고, 셋째 건축가들은 서로 남의 작품을 칭찬하고 높이 평가해 줄 수 있는 건축사회풍토가 이루어져야 한다는 것을 말하고 싶습니다.

지금까지 한국의 건축은 나이 많은 사람들에 의하여 발판이 구축되었다고 생각되며 내일의 한국 건축은 젊은이들이 이를 개척하고 꽃 피워야 할 것입니다.

한국의 건축가 김정수
(김정수 10주기 추모집)

1995년 출간된 추모집으로서 초평기념사업회에서 엮은 것이다. 42명의 동료, 후배, 그리고 제자들의 회고와 3편의 김정수 교수의 원고인 '한국건축의 족적과 미래상', '회갑을 맞이하여', '사랑하는 여생의 동반자 봉범 어머니 보시오!' 및 「꾸밈」 제 21호 "작가와 작품13"에 실린 김정동 교수와의 대담으로 이루어져 있다. 이 중 '한국건축의 족적과 미래상'은 이 책 5장에 실려 있으며 김정동 교수와의 대담은 바로 앞의 '건축가 김정수 작품집'에 실려 있다. 이 추모집에 실린 후학들의 회고들을 통해 김정수의 개인적인 삶과 지인들과의 일화들에 대해 알 수 있다.

「한국의 건축가 김정수」

Life | 생애편
5 발표원고

현대 건축과 과학화
-
한국건축사와 장래의 과제
-
미군정하의 난립시대
-
건축구조 1945년부터 오늘까지
-
한국건축의 족적과 미래상
-
한국도시의 중소득층 주택시장 육성방안
-
지상낙원의 현대적 도시건설을 위한 아파트의 기술측면
-
주택정책 연설문

다음에 실린 자료는 김정수가 직접 써서 발표하였던 원고들이다. 논문과 같이 학술적인 내용은 싣지 않았지만 건축에 관한 그의 생각이 담겨 있는 발표원고들을 중심으로 하여 실었다. 여기에 실린 글 이외에도 발표된 원고가 더 있으리라고 생각되지만 일단 찾아진 자료로 만족해야 했다. 김정수의 건축에 관한 여러 가지 생각들이 각각 다른 주제로 정리되어 있으며 그 중에는 영문으로 된 글이나 연설문 등도 포함되어 있다. 김정수가 활동하였던 당시의 사회와 김정수 개인의 생각을 잘 보여주는 자료이다.

현대 건축과 과학화 – 현대건축소론

연강의 스케줄이 본인의 차례로서 끝이게 되므로, 으레 중복되는 경우가 있을 것이요, 또 반대되는 의견과 주장이 두드러지는 결과를 가져올 수 있을 것이라 생각한다. 이러한 경우는 현명하신 여러분이 판정하시되, 먼저의 강연이 전부가 사실이 아니고, 본인의 이야기만이 진실이라고만 믿어주신다면 틀림없을 것이라 생각한다.(웃음)

과거에서 현재에 이르기까지 우수한 건축물을 판정하는 3요소로서 'Commodity', 'Firmness', 'Delight' 즉, 유용하고 튼튼하며, 사람의 마음을 기쁘게 해주는 것을 들어왔으며 이와 같은 3요소가 충분히 반영된 것을 명건축이라 하여왔다.

같은 말로 우리들은 흔히 'Function', 'Construction', 'Aesthetic' 즉, 기능, 구조, 미의 세 가지라고 번역하고 있다. 특히 그중에서도 건축이란 사람의 생활행위상 필요한 설비인 만큼, 우선 쓰기 좋고 튼튼한 요소를 첫번째로 삼아야 할 것이다. 그 다음에 꼭 같은 정도의 쓰기 좋고 튼튼한 건축이 여러 개가 있을 경우에는 그 중 가장 아름다운 것을 선택하는 것이 옳은 사고방식이 아닌가 한다. 즉 건축의 3요소 중에서는 어디까지나 기능과 구조를 먼저 택하여야 할 것이다. 아름다움만을 건축의 제1요소로 생각하는 건축가가 있다면 기념건축물 등과 같은 특별한 경우를 제외하고는, 주객을 바꾼 건축의 본질을 망각한 옳지 않은 사고방식이라고 생각한다.

하여간 기능, 구조, 미의 3대요소는 고금을 통한 건축의 진리요, 원칙인 만큼 현대건축에 있어서도 불가결의 요소라 아니할 수 없지만, 이것만 가지고는 현대건축과 고대건축의 차이점은 이 밖에도 그 무엇이 있어야 한다고 믿는다.

지루하게 현대건축사강의를 늘어놓고 싶지 않지만, 앞으로 본인의 강연을 계속하여 나가는데 또 현대건축을 이해하는 데 필요하리라고 생각되는 바에 대하여 간단히 살펴보고자 한다. 현대 건축을 낳게 된 동기에 대하여 이야기하고자 한다.

과거의 건축은 Egypt, Greece, Rome, Gothic 등의 건축양식이나 혹은 당대의 동양의 건축양식은 대부분 군주나 전쟁을 위한 힘의 건축이 아니면, 신을 위한 종교건축이었다는 것은 주지의 사실이라 하겠다.

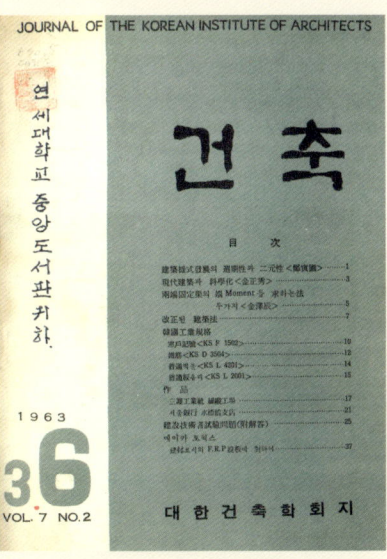

「건축」 1963년 6월호

구조면에서 살펴보면, Wall Bearing Construction이나 혹은 Post Lintel Construction이 주였으나 Gothic에 이르러서는 다소의 발전을 보게 되어, Pointed Arch에 의한 수직선의 강조와 아울러 Thrust를 방지하기 위한 Flying Buttress의 발명과, 유리를 건축에 이용함으로써 실내공간을 옥외에 연장시키는데 도움이 되어 왔던 것이다. 그러나 음향에 대한 현대적인 고려가 없었으므로 Gothic 건축양식은 사용상 불편을 금치 못하였으리라고 생각한다.

근세에 이르러 Renaissance 건축양식이 일어났으나 이것은 옛날의 추억을 되살리는 Renaissance Style이라 할 수 있으며 Greece, Rome 시대의 양식에다 건축물 꼭대기에 Byzantine 양식의 Dome을 올려놓은 고대건축의 모방이며 양식으로나 구조면에 있어서도 건축발전에 별로 큰 공헌을 하지 못하였다.

그 후 Renaissance 양식은 Baroque, Rococo의 화려하며 수락적인 모습을 나타내었으나 Rome의 재현을 꿈꾸는 Napoleon 1세에 이르러, 건축양식은 또다시 엄정한 고전주의양식을 되풀이하게 되었다. Rome을 그리워하는 Napoleon은 심지어 의상까지도 Rome 시대를 본뜨게 하였던 것이다. 그의 실각 후에는 그 반동으로 Gothic 양식을 그리워하는 염세적이고 감상적인 공기가 휩쓸게 되었고 일시적이나마 Romanticism이 유행하였으나 이것도 오래 지속하지 못하고 건축계는 드디어 고금동서의 각종양식을 헤매는 절충주의 양식의 암흑 속에 빠지게 되었던 것이다.

이와 같은 모방에서 헤매던 건축계에 새로운 건축양식발견의 서광을 비추게 하였으니, 그것은 지금까지의 봉건적인 사회에서 군주 등 지배자나 신의 건축에서 일반대중을 위한 민주주의적인 학교, 병원, 상공업을 위한 건축으로의 전환이라 할 수 있다. 민주주의 번영을 향하여 줄달음치든 미국 고층건축물의 출현과 때를 같이한 유럽의 L'Art Nouveau 및 Sezession 등의 예술개혁운동은 한마디로 실용미를 강조하였든 것이라 하겠다.

20세기는 과학의 힘을 과시하게 되었으며 강철, 유리, 시멘트 등의 신과학의 대량생산과 역학의 발전은 인간생활이 요구하는 건축물의 '폭'과 '높이'를 자유롭게 하였다. 세계적인 현대건축가인 Walter Gropius는 Bauhaus의 신예술운동을 통하여 말하기를 "건축은 개인적이고 국민적이다. 然이나 3개의 동심원 즉 개인, 민족, 인류 중 최대의 원이 동시에 다른 2개를 포함한다." 함으로서 건축의 국제성과 기능을 강조하였으며, 또한 유명한 Le Corbusier는 "건축은 사람이 살기 위한 기계이다."라고 까지 말하게 되었다.

이 밖에 New Regionalism의 F. L. Wright를 비롯하여 표현파의 Erich Mendelsohn 또는 가공하지 않은 콘크리트의 표면을 사랑하는 Perret 형제 등 현대건축에 큰 영향을 끼친 쟁쟁한 건축가들이 연이어 나타났던 것입니다. 제2차 대전 후의 현대건축 경향에 있어서는, 건축에도 가일층 과학화를 위한 노력을 지적하지 않을 수 없다. U. N. Building의 예를 보더라도 전 외벽면을 공장생산품의 Aluminum Curtain Wall, Dry Wall Construction에 의한 동기공사의 가능성, 경량, 비계다리 발판 등을 사용하지 않은 조립식 건축구조 등등 건축구조를 과학적인 방향으로 지향하여 나가려는 노력이 뚜렷이 보이고 있다. 또 설비면에서도 Heat Absorbing Glass에 의한 외기의 Heat Gain을 감소시킴으로서 Cooling Load의 절감을 시도하고 있으며 각 실온습도의 Automatic Control에 의한 조정장치 등, 동선구분에 의한 세련된 평면계획과 아울러 Copen Hagen Rib의 이용에 의한 음향의 고려 등등을 또한 예로 들 수 있다.

또 과학적 근거에 의한 경제적인 형태를 솔직히 표현함으로써 구조 자체의 미를 표현하려는 경향을 볼 수 있으니 예컨대 Mies Van Der Rohe의 "호숫가의 Apart"를 비롯한 철골의 솔직한 표현 및 M.I.T강당을 위시하여 각처에 건축된 Dome과 Thin Shell의 경제적인 대 스팬의 건축물 등 직경이 근 100m의 대 Concrete Dome의 중공부 두께가 불과 10cm에 불과하며 말단의 두께가 겨우 15cm밖에 되지 않는 놀라움을 금할 수 없는 건축물 등이 속출하고 있는 것이다.

이 밖에도 Prestress Concrete에 의한 재료의 절약 아울러 Tilt-up Construction 등의 신공법, 플라스틱의 건축에의 이용 등등 건축의 과학과의 證左는 뚜렷한 것이라 하겠다. 그리고 공산국가의 각 건축생산방식도 경시할 수 없었다. 이처럼 과학화의 途上에서 Le Corbusier등에 의한 Abstract Art의 건축물에 표현하고자 하는 노력도 높이 평가하지 않을 수 없다.

건축은 시대의 거울이라 한다. 그렇다면 20세기의 특색은 과연 무엇일까? 20세기는 달에 로켓이 날아가는 과학의 시대이다. 나는 20세기의 건축은 과학적인 표현과 추상적인 세기의 미술로서 이루어 질 수 있으리라고 생각한다.

우리 한국의 현대건축에 있어서도 건축에 대한 과학화의 노력은 없었던 것은 아니다. 비근한 예로 Aluminum Curtain Wall도 시도하여 실현한 바 있으며 100m에 가까운 철골 Dome의 사용에 의한 구화 근 1억에 가까운 철골의 절약도 시도하였었다. 이렇게 건축에서는 과학화의 노력이 부단히 계속되고 있다. 그러나 이것은 건축전반에 거쳐 이루어지고 있는 것은 아니다. 광복 후 20년이 경과하는 오늘날, 우리나라의 농촌주택은 여전히 초가의 원시상태를 면하지 못하고 있다. 요는 국부에 달려 있는 것이다. 한국의 '나일강변의 기적'은 과학의 진흥 없이 즉 사회의 과학화 없이 이루어 질 수 없는 것이다. 만일 우리에게 우수한 시계제조기술이 있었다면 스위스 못지않게 철근을 떡 썰듯 잘게 썰어 특수금층처리를 해서 콩고 같은 나라에 수출하여 외화를 무진장 획득할 수 있을 것이다. 우리나라에서는 자원이 없다고 한다. 지하자원만이 자원은 아니다. 우수한 과학기술도 훌륭한 자원이다. 그 기술만 있다면 원자발전은 물론이요, 태양의 무한한 에너지의 이용도 불가능한 일이 아니다. 이것만 있다면 달이나 우주의 어떤 별에 가서 필요한 금 덩어리라도 날라 올 수 있지 않은가. 우리나라의 '나일강변의 기적'은 오직 과학의 힘으로서만이 성취될 수 있는 것이 확신하여 마지 않는다.

우리의 현대건축도 최대한 과학화해서 쾌적한 건축물을 더욱 경제적으로 대량생산 공급되어야 할 것이며, 이렇게 만드는 것이 우리 한국의 현대건축가의 지상사명이 아닐까 한다. 세기의 특색은 과학의 비상이며 시대의 거울인 건축도 과학의 표현과, 또 20세기의 추상적 미술의 표현이 조화를 이룬 것이라야 하며, 이러한 정신이 결여하고서는 진실한 현대건축의 가치가 없다는 것을 재삼 강조하며 이만이 소론을 맺으려 한다.

「건축」 1963년 6월호

한국건축사와 장래의 과제

1. 사회생활과 건축사

우리들 건축에 종사하는 사람들은 인간생활에 있어서 가장 중요한 부분의 하나인 주적(住的) 문제를 맡고 있는 것이다. 건축기술자들이 생활의 위협을 받고 있어서는 결코 건축을 연구 개량할 정신적 여유가 없을 것이며 그 나라에는 외국에 자랑할 만한 건축이 나올 리가 만무하며 따라서 그 나라 백성들은 쓰기 좋고 아름다운 건축의 혜택을 전혀 받지 못할 것이다.

문화가 발달한 일류선진국가의 예를 보더라도 그 나라 건축이 우수한 이면에는 반드시 그것을 창조하는 건축기술자들의 생활 정도나 사회적 지위가 상당한 위치에 놓여 있는 것을 알 수 있다.

우리나라는 해방 당시는 일할 만한 건축기술자의 수가 손을 헤아릴 정도였으나 현재에는 각 대학을 졸업하는 수만 하더라도 매년 막대한 수에 달하고 있으며 따라서 무자각한 기술자의 상호경쟁이 날이 갈수록 심하여 가며 따라서 건축기술자의 수입은 차츰 줄어만 가고 있는 현실이니 희망을 가슴에 가득 안고 교문을 나오는 후배들의 전도가 암담해 감을 걱정 아니 할 수 없는 것이다.

비근한 예로 일본의 경우를 보면 전후의 일본의 건축가의 수입은 현재의 한국과 대동소이하였으나 이후 건축사법 등이 통과되고 건축사 상호가 단결하여 자각한 결과 건축설계비도 미국과 같이 5% 인상하는데 성공을 하였으며 각 협회가 단결하여 건축가중 일정 인원이 국회의원으로 당선됨으로써 건축가의 사회적 지위를 확보하고 나아가서는 국가에도 공헌을 할 수 있는 터전을 마련해 놓은 것이다.

이러한 것은 우리나라의 건축사법이 통과되려고 하는 시기를 당한 우리로서 지상의 교훈이 아닐 수 없으며 우리들도 대각일성 지금까지의 무모한 경쟁으로 인한 '황새와 조개'와 같은 결과를 가져오지 않도록 만반의 결의를 함은 물론이려니와 나아가서는 건축기술자 전체의 사회적 지위향상을 위한 최대의 노력이 있어야 하리라고 믿는 바이다.

2. 건축행정과 건축사

우리나라 강산 방방곡곡에는 각종의 수많은 건축물이 있으며 인간사회에 건설 부문은 큰 비중을 차지하고 있다. 그러

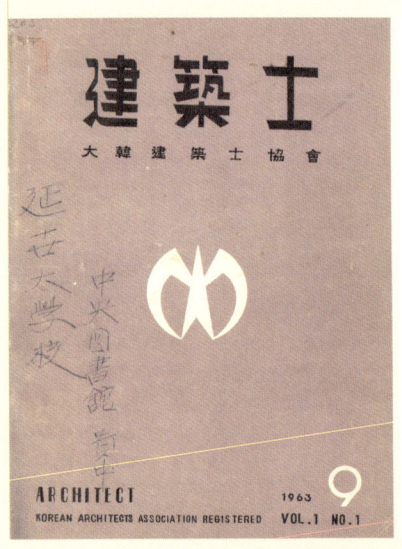

「건축사」 1963년 9월호 논단

나 우리들은 그 하나하나를 세심히 관찰할 때는 원시적이고 무계획하고 무질서함을 보고 통탄하지 않을 수 없는 것이다. 예를 들어 농촌의 초가집은 해방 후 20년이 가까운 금일에도 구태의연하며 서울만 하더라도 서울의 교외 아현동 등지의 산꼭대기까지 빈틈없이 깔린 불량 주거지구는 오물철거와 급배수의 곤란 등 국민위생상의 不備함은 물론이려니와 일단 유사시 화재라도 발생하면은 全洞民이 헐벗어질 것은 지금까지의 전국각처의 대화재의 전례를 보더라도 상상하여 남음이 있는 문제이다. 공공건축에 대한 행정 역시 정부 각 부처에 산재하여 행하여지고 있으며 대부분 부처가 營繕事務에 익숙하지 못함은 물론이고 건축기술자가 한 명도 없어 가지고 가끔 營繕事業을 행함을 볼 때에 國庫의 손실을 우려하지 않을 수 없는 것이다.

결과적으로 모든 이러한 허다한 不備點이 현 한국정부에 중앙건축관청이 없는 탓이라 하겠으니 건축법은 있고 그것을 관리하는 중앙관청이 없다 함은 큰 모순이라 아니할 수 없다.

현재 도시계획만 하드래도 건축의 도시계획 전문가가 토목에 고용을 당하여 기술을 제공하고 있는 실정이니 이러한 모든 기관을 망라한 중앙건축관청이 하루속히 출현 되기를 고대하여 마지않는 바이다.

3. 과학기술과 건축사

우리 한국은 6·25의 참변으로 많은 건물이 파괴되었으며 그 부흥에 따른 많은 건축 활동과 아울러 우리 건축계도 기술면에 있어서 상당한 진보를 보게 되었던 것이다. 그러나 최근 5년 내외의 우리 건축계의 기술면을 외국선진국의 그것과 비교하여 볼 때 허다한 미흡한 점이 증가만 하고 있는 것을 발견하고 또다시 근심에 잠기지 않을 수 없는 것이다. 이러한 직접적 원인은 건축이란 모든 부문의 종합적인 소산물임으로 타 공업과 경제부문의 직접 간접의 미흡한 영향을 받고 있다 아니할 수 없으나 타부문의 영향을 비교적 과히 받지 않고 발달을 볼 수 있다고 생각되는 구조나 역학부문만 하더라도 외국에 비하야 뒤떨어진 부분이 허다함을 발견할 수 있다.

예를 들면 콘크리트만 하더라도 P. C. Concrete, P. S. Concrete, Concrete Thin Shell 등과 이에 수반되는 이론의 뒷받침 등등 미흡한 점을 들 수 있고, 기타 설비, 재료, 공법, 설계 등에 있어서도 미비한 점이 허다한 것을 발견할 수 있다. 현대에 있어서 일국의 성쇠는 과학기술분야에 좌우된다고 하여도 과언이 아니라고 할 수 있다. 우리나라는 현재까지 정부에서 확고한 전반적인 과학기술진흥정책을 세우는 것을 본 기억이 본인은 전혀 없다. 혁명정부에서 작년 예산에 비로소 약간이나마 이에 대한 고려가 되어 있음은 부족하나마 천만다행한 일이라 아니할 수 없다.

특히 과학기술의 전위적 역할을 하는 각 학술기관에 종사하는 사람들이 가족의 호구지책을 걱정하지 않고 연구실에 묻혀 있을 수 있는 분위기의 조성이 무엇보다도 시급을 요하는 해결책의 하나라 믿어 마지않으며 우리 온 건축사들도 가일층의 창의성을 발현하여, 창의성에 대한 성과의 큼을 인식하는 시기가 하루속히 도래하기를 기다려 마지않는 바이다.

4. 민족문화와 건축사

향토건축 지역주의건축 민족건축 등등이 최근 상당한 비판을 받으며 건축계에서 차츰 재고되고 있음을 우리들은 알 수 있다. 과연 외국을 여행하고 있는 한국 사람들에게 가장 그리운 것은 쌀밥에 열무김치를 먹는 것이라는 것과 마찬가지로 한국 사람들은 양식 배드(Bed)도 좋겠지만 역시 오랫동안 습관해온 온돌에서 등을 지져야 온몸의 피곤을 쉴 수 있는 것은 사실이라 하겠다. 우리 조상들은 결코 야만생활을 한 것은 아니고 아주 옛날에도 외국문화에 못지 않은 우리나라 고유의 문화가 꽃을 피워왔었다는 것은 역사나 유적을 통하여 충분히 우리들이 알고 있다. 이러한 자랑스러운 문화가 흘러 흘러서 이조 말기까지 계속 진보 발달을 하였으나 일본의 식민정책으로 중단상태가 되었던 것이다. 그러나 우리들 생활에는 어디까지나 지금까지 발전해 내려온 이 문화가 현대에 있어서도 우리의 구미에 가장 맞으리라 하는 것은 의심할 여지가 없는 것이며 현대의 우리를 건축가들은 이러한 조상의 유업을 상속하여 가일층 발전시키고 현대화할 의무를 지니고 있는 것이다.

그리고 보니 현대의 우리 건축가들은 우리 古來의 건축을 너무나 모르고 있었던 것이다.

불행히도 우리나라의 과거의 건축은 대부분이 목조였기에 오랜 세월의 천재지변으로 도심지에 남은 건축은 이조시대의 그것도 일부분에 불과하며 그나마 남아있는 대부분은 인적이 없는 심산에 건축된 종교건축이 어느 정도 재해를 면하고 있는 것이다.

하여튼 우리들은 나라를 다시 찾고 다소 소강상태로 접어들어가고 있는 오늘날 이 마당에서 무엇보다도 우리들 조상이 쌓아놓은 우리 고유의 건축문화의 정신이 무엇인가를 캐내어야 할 때는 왔다고 하겠다.

즉 아직 남아있는 고적 건축은 실측을 하고 불에 탄 건축은 주춧돌을 찾으며 옛날 책에 쓴 글과 그림을 찾고 기타 온갖 노력을 경주하여 우선 우리들은 가능한 한의 모든 정확을 기할 수 있는 한국건축사를 건축가의 손으로 완성하도록 하고 나아가서는 현대에 맞는 한국건축을 장착하는데 노력을 경주하여 한민족건축의 꽃을 피워 만방에 자랑을 하도록 하여야 할 것이다.

「건축사」 1963년 9월호 논단

미군정하의 난립시대

일제시대에 가장 으뜸가는 대규모의 궁정건축기관은 현 총무처 정부청사관리사무소의 전신이라 할 수 있으며, 그 당시는 회계과 영선계라 불렸다. 거기서는 약 백 명 이상의 중진기술자들이 남북한 전체의 중요건축물의 신축과 감리를 담당하고 있었다. 기술자들의 대부분이 일본인이었으나 그중 몇몇 한국 사람들의 실력은 일본인들도 무시할 수 없을 정도로 일본인들도 선배로서 존경을 하고 있었으니 본인이 해방 약 5년 전 여기에 처음 근무할 당시만 하여도 중요 한국인 건축기술자는 지금 작고하신 김세연, 김순하 이용재 선배를 위시하여 장연채, 여원준, 김재철 등 여러분이 계셨으며, 이분들 손으로 현 서울대학병원 및 서울공과건물 등이 이루어지고 있었고, 본인도 그 후 청진적십자병원을 위시하여 많은 공공건물의 설계 감리에 종사할 기회가 있었다. 한국 사람들은 현장에 총감독관으로 나가기도 하였으나 그 당시는 관사의 선분이었으므로 감독관의 위세는 대단하였으며 특히 이용재 씨는 현장의 호랑이로 통하였고 일본인 청부업자간에도 위협의 대상이었다.

8.15 조국해방의 감격과 더불어 일본인들은 다 본국으로 돌아가고 미군정이 실시케 됨에 따라 명칭이 건축과로 바뀌게 되고 초대과장에 장연채 선배가 취임하고 공사계장

이용재, 설계계장 김재철, 영선계장 김정수가 각각 임명되었고, 그밖에 한국인 기술자 약 50여명이 남아 있었다. 하루는 본인이 담당하고 있는 계에 서울대학병원 전체 대수리 공사명령이 내려져서 직원을 이끌고 서울대학병원 현장에 달려갔다.

서울대병원은 그 당시만 하여도 국내에서 굴지의 대병원으로 이름나 있었으므로 대체로 옛 모습을 상상하며 현장에 도착한 나 자신 깜짝 놀라지 않을 수 없게 더러워져 있음을 알았다. 병동 여기저기 복도에서는 환자들의 가족이 환자 식사를 장만하느라고 불을 피우고 밥을 짓고 있었으며 여기저기서 숯불을 피우고 생선을 굽는 냄새가 병원동 전체를 가득 메우고 있었다. 더욱 나를 놀라게 한 것은 수세식 변소에 물이 나오지를 않아 소변 보는 곳까지 사람들이 설 자리가 없을 정도로 대변을 꽉 차게 보고 나니 환자들의 용변을 처리할 방법이 없어서 차츰 대변을 신문지에 싸서 입원실 주위 창에서 내버리게 됨에 따라 병원주위가 오물로 가득 깔리게 되어 건물주위를 오물과 악취로 걸어다닐 수 없게 되었다는 것이었다. 이는 일인이 일시에 퇴거하고 나서 8·15 해방 직후의 사회질서의 혼란상을 말해주는 일면이라 할 수 있으며, 그 당시는 서울 일원의 상수도 수압이 낮아서 집집마다 물탱크를 설치하여 야간에 수도에서 나오는 물을 모아두었다가 주간에 사용하는 것이 상례로 되어 있었다. 그 후 서울시에서 상수도광장공사에 주력하여 지금은 서울시내 수도사정이 매우 좋아졌으나 아직도 서울주변고지대는 갈증을 못 면하고 있을 정도이니, 해방 후 금일까지 한강을 가까이 두고도 그 얼마나 오랫동안 서울시민이 상수도부족에 애를 먹어왔겠느냐 하는 것은 짐작할 수 있으리라고 본다.

총무처 건축과는 그 이후 국정도과로 승격되어 총무처 건축서로 되었으며 직원도 약 150여 명으로 증가하였고 이용재, 김재철 건축서장의 뒤를 이어 본인이 심대 책임자로 있게 되었다. 이 당시만 하여도 전국의 공공건축물 행정은 일관성이 있었으며 교통부, 체신부 전매청을 제외한 전국의 공공건축물은 전부 신축 및 감리를 총무처 건축서에서 담당케 되어 있었다. 따라서 공사량이 남한에서 으뜸가게 많았으며 특히 새로 창설된 육해군의 전신인 해안경비대와 국방경비대의 건축공사로 직원들은 눈코 뜰 사이 없이 바빴다. 이 당시만 하여도 건축법이 제정되지 않아 너도 나도 다투어가며 건설회사를 차렸다. 건축서에서 건축공사가 쏟아져 나온다는 소식을 듣고 본인에게 입찰지명을 해달라고 새로 회사를 꾸며가지고 찾아오는 사람이 매일 수십 명이고 경력서를 보면 그중에는 양복장사, 청과물상 등 건축업은 전혀 해보지도 못하였던 사람들이 사장이라고 명함을 찍어 가지고 찾아들었다. 각 회사마다 자본금은 수십억이 된다고 거짓말을 경력서에 기재하여서 온다. 나는 이들 급조건축업자들 중에서 돈이 많다고 찾아와서 큰소리하는 업자들에게 일 달라는 귀찮음을 피하기 위하여 묘안을 안출했다. 건축학회에 의뢰하여 건축학회 찬조금서약서를 많이 갖고 오게 하여 나에게 대회사라고 큰소리하는 신규업자에게는 그 본보기로 학회찬조금 서약서에 우선 서명하기를 권하였다. 그 결과로서 업자들은 나에게 큰소리쳐놓고, 불응하기도 난처하여 울며 겨자 먹기로 응하지 않을 수 없었으며, 건축학회는 상당한 혜택을 보았고 나는 나대로 부실업자를 가려내고 피할 수 있는 방안이 생겼다.

중앙청건축서의 호황시대도 세월이 흐름에 따라 차츰 퇴색하게 되었다. 대한민국정부수립과 더불어 건축서는 총무처 시설계로 개칭되고 공공건축물신축은 각 부처에서 제각기 하게 되었으니 자연 공사량도 줄고 해를 거듭할수록 직원의 인원수도 축소되어 그 이후는 각 부처에 속하지 않은 영빈관 종합청사 등의 공사만 취급하게 되어 오늘에 이르렀다.

「대한건축학회지」 19권 65호 1975년 7월

건축구조 – 1945년부터 오늘까지

해방 후 우리나라의 콘크리트 공법 분야도 많이 진보되어 왔는데, 예를 들면 우선 한미재단후원으로 건설된 서대문구 행촌동의 아파트에서 시도된 P.S Concrete Beam의 사용을 들 수 있다. 현재 이 밖에 P. S. Concrete류 재료로서 철도침목과 전주, 그리고 Pile 등이 국내에서 생산이 실현되어 사용되고 있다.

Drop Panel이 없는 Concrete Floor도 현 최고회의 청사, 공보부 영화제작소에 각각 시도되어 좋은 성적을 올리었다고 볼 수 있다. Concrete를 형성하는데 동력에 의한 Vibrator의 사용은 최근에 이르러 상당히 보편화 되었으며, 이러한 방법에 의한 각종 Concrete제품은 물론 주한불란서대사관이나 워커힐 등에서 Exposed Concrete를 만드는데 많은 도움을 주었던 것이다. 기타 Concrete Shell 과 Folded Panel 등이 YMCA과 서강대학교사 등에서 부분적으로 시도되어지고 있음은 또한 주목할 만한 것이다.

이상과 같이 Concrete공법은 많은 발전을 하였다고 볼 수 있으나 아직 선진 외국 예와 비교하여 본다면 아직도 연구를 거듭하지 않을 수 없는 과제가 허다한 것이라 하겠다. 그 몇 가지 주요한 것을 열거하여 본다면 첫째로 Ready Mixed Concrete 공업발전에 의한 Concrete의 조합 기타 질의 향상을 위한 연구개량이 절실히 요구된다. 이에 따라 Prepact Concrete와 각종 Concrete Admixture에 대한 연구가 있어야 할 것이다. Light Weight Concrete와 A. E. Concrete도 우선 Aggregate와 Admixture의 연구가 선행 되어야 한다. 이렇게 되면 미국의 H. P. Shell과 미란의 40층 Concrete 건축물 예도 우리나라에서 시도되어 실현 안 되리라고 믿을 수 없다. 끝으로 최근 일본에서도 4층 철근 콘크리트 아파트가 조립식으로 건축되고 있음을 주의하여 둘 만한 것이다.

강구조부문

강구조부문에서도 우리 건축계는 상당한 추진이 있었다. 우선 장충단공원에 건설된 곡판이론에 의한 체육관의 Steel dome은 공기, 공비, 재료면에서 많은 절약을 가져

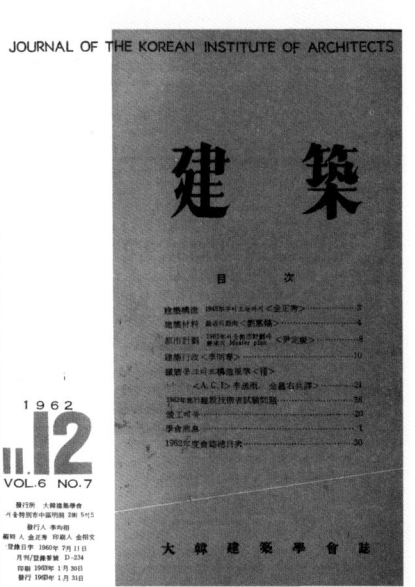

「건축」1962년 12월

올 수 있었다. Wide Flange Angle도 6.25사변 후 미군이 교량공사용으로 도입한 잔재가 부분적으로 前記한 장충단 체육관 Tension Ring 기타에 부분적으로 이용되는 등 資材의 공급은 원활한 것은 아니었다.

Light Weight Steel 역시 6.25사변 당시 미군용 Quonset용으로만 도입되던 것이 현재는 일본 등지로부터 일부 원자재 도입이 가능하게 되었다. 그래서 현재 시공 중인 산업은행본관 내부공사 등에 Floor Deck Plate와 Beam 등으로 이용되고, 대한공론사옥공사 등에 Open Web Bar Joist가 4" Wooden Plank와 같이 Welding에 의하여 시도된 예가 있다. 그러나 철재의 Arc Welding은 아직 信賴性이 희박한 상태이다. 또 High Tension Bolt의 이용 즉시 아직 우리나라에는 전혀 소개되지 않고 있다. 장래 울산종합제철의 준공과 아울러 케이블에 의한 Suspension 구조 등의 새로운 철골구조면에서의 기대는 큰 바 있는 것이라 하겠다. 또 주체 Truss 등의 연구에도 많은 노력이 경주되어야 할 것이라 하겠다.

경금속 구조부문

해방 후 알루미늄 재료의 이용은 우리나라 건축가 사이에 상당히 관심을 모은 것이었지만, 실제로 그 이용은 신신백화점의 고정 루버의 피복정도의 범위를 벗어나지 못하였다. 이후 미우만 백화점에 Curtain Wall로 이용이 시도되었으며, 성모병원의 Curtain Wall에서는 Scaffolding을 사용치 않고 Spandrill에 Plastic Coating과 '스티로폼'의 Insulation을 사용하는 구조에까지 진전하였다. 그러나 아직 알루미늄 창호는 그 제작방법과 제품자체가 조악하므로 더 개선해야 하겠으며, 나가서는 중요한 건물에는 Stainless Steel의 활용도 점차 고려되어야 하겠다고 생각된다.

Aluminum Window와 Door의 제작공업이 발전하기 위해서는 Aluminum의 성질에 대한 연구와 아울러 새시 바를 위시한 각종 Rolling 한 원자재의 생산이 선행되어야 할 것이다. 최근 시중에서 발견할 수 있는 국산 알루미늄 창호가 외국산에 비해 너무 손색이 큰 원인은 주로 위에 기인한다고 할 수 있을 것이다. Reflective Industrial Material로서의 Aluminum Foil의 이용은 외국에서 많이 볼 수 있으나 아직 우리나라에서는 생각이 안 되고 있는데 단열효과가 타 보온재에 비해 우수할 뿐 아니라 화기, 온기에 대한 저항성과 기타 각종의 특색을 생각한다면, 경제력이 약한 우리나라에서는 하루 속히 생산 공급되어야 하리라 믿는 바이다.

기타–상기이외에도 Plastic류 보온재로서 '스티로폼'과 '몰토푸렌'의 국내 생산이 실현됨에 따라 건축계에 많은 공헌을 하고 있다. 특히 이 재료는 습기에 대한 저항력이 우수하므로 냉장고, 기타 냉동시설물 구조에 대한 고충을 해결하여 준 셈이다. 머지않아 耐濕뿐 아니라 耐熱·耐腐에도 좋은 성능을 발휘하는 Foam Glass 같은 단열재의 출현도 기대된다.

최근 외국에서는 Vermiculite나 Perite 등과 같이 Acoustic과 Light Weight Aggregate의 특성을 겸비하는 Insulation Material이 다량으로 이용되고 있는 형편에 있다.

Plastic의 건축 분야 이용 – 최근 국내시장에 폴리에스틸류를 비롯하여 Plastic 관련 Painting 재료가 등장하기 시작하였으며, 내 산성, 내 알카리성 등과 아울러 Concrete면에도 도장할 수 있는 Painting 재료가 출현되어 건축구조면에도 많은 도움을 주고 있다. 또 반투명지붕재료 Luminated Panel과 Plastic Pipe 등이 약간 수입되어 부분적으로 사용되는 예를 볼 수 있다.

이 외에도 Vinyl Floor Tile 등의 국내생산이 되고 있는 이것은 Rubber Tile이나 Asphalt Tile 등과의 가격차 또는 기타관계로 인하여 널리 보급되지 못하고 있다. 외국에서

Silicone등이 외벽에서 방수에 대한 우수성이 인정되어 널리 보급되고 있으며, 또한 각종 접착제로서도 그 이용도가 나날이 증가하고 있는 실정이다. 장래 울산정유공장의 완공과 아울러 Plastic 재의 국내생산이 가능하기만 하면 Plastic 재의 건축구조 면의 이용도 비약적으로 激增하리라는 것은 의심하지 않는다.

이외에도 최근 전하는 바에 의하면 벅민스터 풀러 박사의 Dome에 대한 연구는 뉴욕전시를 하나의 Dome지붕으로 덮을 수 있다고 까지 豪言하고 있으며 우리나라에도 그 특허를 신청하였다고 紙上에 보도되기도 하였다.

H. P. Shell(Hyperbolic Paraboloid Shell)에 대한 연구도 성행되어 미국은 물론이고 일본에서도 많이 이런 구조를 채택한 예가 더러 있다. 특히 체육관 등의 건축물에 대하여 H. P. Shell이 유리한 점은 그 Suspension에 의한 부재의 절약뿐 아니라 천장고를 재래 Dome에 비해 상당히 낮출 수가 있으며, 따라서 Air Conditioning에서 Heating과 Cooling Load의 절약으로 경상유지비에도 도움을 많이 준다.

Floor Panel과 Wall Frame의 Tilt-up구조 역시 외국에서는 상당한 진전을 보이고 있다. 미국에서는 고층 철골조 Frame이 Tilt-Up구조에 의하여 매우 경제화 되었으며 일본에서도 최근 소규모의 Concrete Floor가 Tilt-up Construction에 의하여 건조되는 예가 있다.

우리나라 현재 실정으로 보아 이에 대한 연구 활용은 가장 절실하게 요구되는 것이라 할 수 있는데, 그 중에서도 주택 건축에 응용하고 싶은 것이다.

서울시만 하더라도 年年 30만여 호의 주택이 부족하다고 하고 있을 뿐 아니라, 농촌주택은 해방 후 근 20년이 경과한 오늘날에도 아직 초가의 원시적 상태를 면치 못하고 있으며, 온돌구조에서도 만족할 만한 진보를 보지 못하고 있다고 해도 과언은 아닐 것이다. 물론 이러한 여러 면은 우리나라의 경제, 기타, 사회실정에도 직접·간접으로 많은 관련이 있겠지만, 이의 개선의 주동적 역할을 담당할 분야는 건축기술면이라 할 것이다.

그러므로 공정생산에 의한 Mass Production 기타방법에 의한 조속한 연구성과와 해결책을 촉구 아니할 수 없는 것이다.

「건축」1962년 12월

한국건축의 족적과 미래상

1. 한국의 건축문화유적

우리나라는 예로부터 기술자를 홀대하여 '장이'라고 부르는 등 기술을 천시해 온 결과, 물질문명이 낙후되어 주거에 있어서도 문무(文武)에 종사하는 일부 양반 계층을 제외하고는 대부분 초가집에서 오랜 세월 동안 가난하게 생활해 왔다. 또 이러한 과학기술의 낙후는 마침내 일인들에게 나라까지 빼앗기는 비운을 겪게 하기도 했다. 그러나 한국의 과거를 말해 주는 각종 문헌이나 고건축 등은 우리 민족이 우수한 기술적 소질을 가지고 있는 국민임을 분명히 보여주고 있다.

일본에는 우리나라의 『삼국유사(三國遺事)』에 해당하는 책으로 『일본서기(日本書記)』라는 귀중한 고서가 있다. 이 책의 기록에 따르면 A.D. 554년 백제의 승려 아홉 명이 일본에 왔다고 기록되어 있으며 『일본건축학 대계(日本建築學大系)』라는 책에도 일본의 아스카사(飛鳥寺) 건축을 위하여 백제 왕이 승려와 절을 짓는 기술자 50인을 보내었다고 기록되어 있다. 이 같은 내용은 우리나라의 『삼국유사』에도 기록되어 있다. 일본 최고(最古)의 불교 건축물 아스카사는 현재 초석만 남아 있을 뿐이지만, 이 밖에도 일본의 국보급에 속하는 나라(奈良)의 법륭사(法隆寺), 오사카(大阪)의 사천왕사(四天王寺) 등이 전부 한국의 기술에서 유래한 것들이다. 실로 일본의 대륙문화와 건축은 대부분 한국을 통하여 이루어졌다고 해도 과언이 아닐 것이다. 과거 한국에는 국제적으로 자랑할 만한 국보급 건축물들이 많았으며, 일례로서 신라 때 지어진 황룡사 9층 목탑을 들 수 있다. 이 탑은 동양에서 그 유례를 찾아볼 수 없는 웅장하고 아름다운 탑이었다고 한다.

신라 24대 진흥왕 즉위 14년 계유 2월에 장축자궁어룡궁남(將築紫宮於龍宮南)하니 유황룡현기지(有黃龍現基地)라, 급개치위불사(及改置爲佛寺)하여 호황룡사(號黃龍寺)하여라……일황룡사건구층탑(一皇龍寺建九層塔)하고……우고종 십육년무술동월(又高宗十六年戊戌冬月)에 서산병화(西山兵火)로 탑사장육전우개재(塔寺丈六殿宇皆災)하더라.

신라 진흥왕 14년(서기 553년)에 대궐을 짓다가 황룡(黃龍)이 나타났으므로 이를 불사(佛寺)로 고쳐서 구층탑을 완성시켰으나 몽고 병란(1238년)으로 모두 소실되었다. 이것만 보더라도 우리나라 문화유물의 상당수가 몽고 및 일본의 침략 등으로 없어졌음을 알 수 있으니 참으로 안타까운 일이 아닐 수 없다.

그러나 이러한 수차에 걸친 외세의 침입에도 불구하고 아직도 우리나라 심산유곡에는 과거 우리가 고도의 문화 민족이었음을 말해 주는 아름다운 고건축들이 다음과 같이 남아 있으니 매우 다행스러운 일이다.

　불국사 석굴암(A.D. 751년) 경주
　봉정사 극락전((12~13세기) 경북 안동군
　부석사 무량수전(A.D. 1379년) 경북 영주군
　수덕사 대웅전(A.D. 1308년) 충남 예산군
　서울 남대문(조선 초기)
　경복궁 경회루(1870년)

2. 일제시대의 한국 건축

일제시대에 이루어진 한국 건축을 살펴보면, 일본은 한국을 점령한 후 먼저 자신들의 위용을 보임으로써 쉽게 통치하기 위하여 경복궁의 근정전을 가로막고 네오 르네상스 양식의 총독부 건물인 구 중앙청을 건축하였다.

그리고 기타 행정기관으로서 각 도청과 각 부청(府廳 일제시대 府의 행정사무를 취급하던 관청. 현 시청)을 건축하였으며, 사법기관으로서 법원, 형무소, 경찰서 등을 건축하여 이곳에서 후에 많은 애국자들이 고난을 당하기도하였다. 그 밖에 식민지적 경제를 운용하고 토지정책을 펴는 데 필요한 식산은행 (현 을지로 입구 산업은행 자리), 동양척식주식회사(현 을지로 입구 외환은행 자리) 등을 관비로 건축하였다.
또한 정자옥(현 미도파 전신), 삼월(현 신세계 전신) 등의 백화점과 약간의 관립 고등교육기관도 건축하였으나 이것들은 대부분 한국에 와 있는 일본인의 생활과 교육의 편의를 위해 세워진 것으로서 한국인에게는 별다른 혜택이 돌아가지 않았다.
일정 말기에는 일본의 대기업들이 대거 진출하여 광산개발 및 섬진강 개발, 함흥질소공장 건립 등에 박차를 가하였다. 그러나 이 역시 중국 만주를 공략하는 데 필요한 군수물자를 조달하기 위해 식민지의 값싼 노동력을 이용, 물자부족을 보충하려는 데 그 목적을 둔 건설이었다고 할 수 있다.
일제시대에 일본은 한국인에게 고등 과학 및 기술 교육을 시키려 하지 않았으며 당시 한국 내 유일한 건축 최고공업 기술 교육기관이었던 관립 경성고공(현 서울공대 전신) 건축과에도 한두 명의 한국인만이 입학할 수 있었을 뿐이다. 그 당시는 지금처럼 일반 민간 설계사무소가 보편화되어 있지 않았기 때문에 건축설계를 연마하려면 중앙 관공서에 입사하는 것이 가장 좋은 방법이었다. 필자 역시 중앙청에 입사하여 설계를 연마하였고, 일을 배우고 나서는 설계감독 책임자로서 부하인 일인 직원을 대동하고 일본인 대도급회사가 시공하는 청진적십자종합병원이나 각처에 신설되는 학교 등의 건축공사감리에 여러 해 동안 종사하며 직접 실무를 익혔다.
일정 초기의 대표적 건축양식으로는 지금도 남아 있는 서울역과 같은 절충주의 양식과 네오 르네상스 양식의 중앙청 및 각 은행 건축과 네오 고딕풍의 종교 건축 등을 들 수 있다. 이밖에 고층 사무소나 백화점 등은 미국 시카고파의 영향을 많이 받은 건축으로 볼 수 있다.
또 일정 말기에는 국제주의 등의 영향으로 양식적 표현이 전혀 보이지 않고 단순화해져 가는 경향을 엿볼 수 있으나 통일성이 결여된 채 시도된 변화에 불과해 초기 국제주의 양식의 범주를 벗어나지 못한 감이 있다.

3. 8·15 해방 이후의 한국건축

해방 직후 서울대학교 병원의 대수리를 하기 위하여 현장 조사를 나가 보니 수돗물이 나오지 않아 화장실 사용이 금지되었으며, 입원실 안팎은 오물과 쓰레기로 뒤덮여 있었다. 게다가 복도에서는 환자들의 식사를 장만하려고 숯불을 피우고 생선을 굽는 통에 음식 냄새로 가득 차서 병을 치료하기는 커녕 없던 병도 생길 지경이었다.
이것이 바로 해방 직후 일본인들이 한국에서 일시에 물러난 후 혼란스럽게 그지없었던 그 시대의 한 단면을 나타낸 모습이라고 할 수 있다. 따라서 이 당시의 건축은 신축보다 현존 건물의 수리가 더 많았으며 신축공사는 경제적 기반이 없었던 탓에 거의 이루어지지 못하였다. 반면에 현 육해공군의 모체라 할 수 있는 국방경비대와 해안경비대가 창설됨에 따라 미군의 원조 자재를 사용한 간이 막사들은 비일비재로 건축되었다.
6·25 직후 남산에 올라가 서울 시내를 내려다보니 그 처참한 모습에 눈시울이 붉어졌다. 서울시 전체가 완전히 잿더미로 변해 버렸으며 화신백화점 등 철근 콘크리트 건물도 각 창문마다 화재 연기로 시커멓게 그을렸고 인방돌은 화염으로 모가 지워져 둥그스름하게 되어 있었다.
그 후 필자는 서울대학교에 강의를 나가다가 교환교수로 미국에 건너가 새로운 선진 기술을 접할 기회를 얻게 되었다. 귀국 후에는 성모병원을 건축하면서 국내 최초로 알루미늄 커튼 월 공법을 시도했는데, 그 당시만 해도 알루미늄 바 등이 생산되지 않을 때여서 알루미늄 판을 접어서 커튼 월용으로 만들기 위해 많은 우여곡절을 겪었다. 그 밖에 1만 명을 수용할 수 있는 장충체육관을 설계하였으며 당시로써는 선진 기술에 속했던 와이드 플랜지 앵글(Wide Flange Angle)을 사용한 고층 건물 뼈대나 냉방을 겸한

에어컨 및 오토매틱 컨트롤 시스템 등의 공법을 시도, 국내에 소개하였다.

1969년부터는 여의도 국회의사당 설계 총책으로 위촉되어 설계에 착수, 윤중제로 둥글게 돌려막고 이렇다 할 건축물 하나 없는 여의도 남단의 양말산을 정지(整地)하는 등 총 6년의 세월이 걸려 국회의사당 건물을 완성시켰다.

한국의 건축은 이때부터 보다 적극적인 발전을 보게 되었는데, 서울 복구공사도 본 궤도에 올랐고 건축기술 수준도 향상되었으며 국제주의 건축양식도 무비판적이기만 했던 도입기를 벗어나 완전 정착되기 시작하였다. 바야흐로 오늘날의 현대건축을 잉태할 시기가 온 것이다.

4. 2000년대를 향한 한국 건축의 미래상

일정 말기에 이르러서는 일본이 탄압의 더욱 거세져 한국인에게 과학 및 기술 교육을 받을 기회가 거의 주어지지 않았다. 뿐만 아니라 해방과 더불어 일제는 물러갔으나 곧이어 6·25 전쟁이 발발하면서 약간의 잔존 건축물마저 완전히 파괴되어 소진되고 말았다.

그러나 우수한 민족성을 지닌 우리 민족은 전쟁의 잿더미 속에서 모진 진통을 겪으며 결국 재기에 성공했고, 과거 오랜 세월을 두고 겪어온 가난에서도 벗어날 수 있게 되었다. 오늘날 우리나라는 250억 달러라는 수출액을 기록하고 있으며 현대식 고층 빌딩과 아파트가 하루가 다르게 세워지고 있다. 또 국내뿐만 아니라 외국에도 진출, 매년 100억 달러의 건설 수주를 하고 있으니 실로 건축은 한 나라의 문화경제 수준의 척도라고 할 수 있다.

이제 우리는 2000년대의 선진국 진입을 향하여 줄달음치고 있다. 우리가 도달하여야 할 목표는 고도의 세련되고 편안한 주생활을 향유하는 것이다. 그래서 선진 외국인이 와서 보더라도 감탄할 만한 수준이어야 할 것이다. 또 어디에서도 전례를 찾아볼 수 없고 만방에 자랑할 수 있는 한국만의 독특한 금수강산으로 만드는 것이다.

그러기 위해서는 종합적인 국토계획 아래 토지이용계획이 이루어져야 한다. 우선 인구 증가를 고려한 소득 증가를 예측하여 녹지 및 레크레이션을 위한 문화시설, 공해 및 방재설비를 갖추어야 하고, 교통 등을 고려한 편리하고 아름다운 도시 및 농어촌계획을 세워야 할 것이다. 그리고 그 지역적 특성에 맞는 건축물 계획도 별도로 세워야 할 것이다. 또 그러자면 우리의 기술 수준도 청년기를 지나 원숙한 장년기로 접어들어야 할 것이니 외국과 비교하여 부족한 건축기술이나 건축공법을 마스터해야 할 것이다.

최근 필자가 외국에서 보고 온 것만 하여도 공기막 구조의 5만 명을 수용할 수 있는 축구장 건물, 철근 콘크리트 건물, 슬래브, 빔 등 Postension 도입의 보편화, Gypsum Board 공법 등을 이용한 건물의 경량화, 공기 단축 등을 꼽을 수 있는데, 이 모든 것들이 우리나라에서는 아직 미숙한 분야라고 할 수 있다. 또 디자인 분야에서도 모더니즘·포스트모더니즘 등 국제적 경향의 진의를 완전히 파악하여야 하는데, 이것은 설사 우리 건축이 그러한 방향을 지향하지 않는다 할지라도 중요한 의의를 가지는 일이다. 그렇다고 선진국의 흉내만 내고 있어서는 늘 다른 나라의 뒤를 쫓는 처지밖에는 안 될 것이다. 우리의 특색을 살린 창의적인 것을 개발함으로써 국제사회에서 건축을 선도해 나가겠다는 의지를 가져야 한다. 이것을 이루기 위해서는 건축 재료, 공법 등 기술적인 면에서도 창의성 있는 연구 개발이 필요하다. 특히 건축은 20세기다운 과학적인 건축이어야 한다. 건축은 당시의 시대상을 반영하는 바로미터라고 할 수 있다. 건축물의 내·외장 표현이 20세기다워야 하며 건축물의 생산과정도 20세기다운 건축설계 시공방식이어야 한다. 현재 구조 및 설비로드(Load) 설계면에서는 이미 컴퓨터가 도입되고 있다. 머지않아 건축계획이 전산화될 것이며 건축설계·구조·시방서 견적 등도 전산화될 것이 분명하며 나아가서는 건축시공도 컴퓨터 조작으로 작동되는 로봇에 의해서 이루어질 것이 틀림없다고 생각된다. 이러한 상황에 대응해 나가려면 1차적으로 모든 건축에 전산화에 편리한 조립식 방식을 적용하는 것이 바람직하다고 하겠다.

우리에게는 과거 수천 년 동안 찬란한 꽃을 피워 온 전통 건축예술이 있다. 그러나 필자는 젊었을 때 국제기능주의의 물결에 휩쓸려 있었으므로 우리의 것을 제대로 돌아볼 겨를이 없었다. 한국 건축을 지붕만 크고 무거운데다 실면적이 작고 보온이 안 되는 가연성 비과학적인 산물로만 생각하였고 특히 여러 가지 색깔로 진하게 칠해진 장식을 보며 무속에서 나온 샤머니즘적인 것이라고 경시하기도 하였다. 그러나 이제 나이가 들은 눈으로 보게 되는 한국 전통 건축의 실체는 멀리서 볼 때 마치 하늘을 날고 있는 새와 같고 물 위에 떠 있는 궁전과도 같다. 특히 녹음으로 둘러싸인 단청 칠한 사찰 건축의 아름다움은 만록총중홍일점(萬綠叢中紅一點)이라 할 만하다. 우리가 두고 온 대동강 부벽루에는 당나라의 장군 소정방(蘇定方)이 쓴 현판이 걸려 있다.

실로 한국 건축은 가까이서는 예술적이요, 건물 내부에서는 절경을 바라볼 수 있게 되어 있고, 외부에서는 자연과 조화를 이루고 있는 것이다. 우리는 일제시대를 거치면서 조상으로부터 면면히 이어내려 온 전통 건축을 단절시키고 말았다. 그러나 프랭크 로이드 라이트(Frank Lloyd Wright)는 한국 건축에서 온수 파이프 온돌을 발견하여 온수 파이프 바닥을 일본의 제국 호텔 등에서 원용했다.

이제 우리들은 우리의 것을 되찾기 위하여, 또 우리의 순수성을 되살리기 위하여 동양 건축 가운데 한국 전통의 미와 기능을 찾아내야 할 것이다. 그리하여 우리 고유의 아름다움을 가미시킨 현대건축을 재창조하여 한민족의 우수성을 온 세계에 알려야 할 것이다.

『한국의 건축가 김정수』 1983년, pp. 239–242

한국 도시의 중소득층 주택시장 육성방안

김정수의 유품으로 '한국 도시의 중소득층 주택시장 육성방안'의 발표원고이다. 영문으로 된 발표 내용이 일부 남아 있으며, 김정수가 제시한 방안은 주택의 모듈화, 주택 구성품의 공장생산화, 신기술을 적용한 건설재료 전시장을 운영하는 것이었다.

한국도시의 중소득층 주택시장 육성방안

세종호텔 2층 은하수 Room
1971년 6월 7일 PM 6:30
참석자 : 노정현, 윤홍택(도시문제연구소), 김형만(KIST), 김형걸(서울대학교), 이해성(한양대학교), 이철표(주택공사), 박병주(홍익대학교), 그 외 외국인 5명(워싱톤)

If anybody wants to have his own house, he must have his money or loan & grants available for the purchase of his house. The Korean government is not interested in spending much money for the house, but it is essential to increase the government investment as well as to give encouragement to the private building industrial co. for their investment.

In another hand, through the steering the engineering study & development activities, reducing the production cost is quite important as well as getting more money.(I am not an economist or a politician, just an architect. I don't know so much about policy. So I would like to speak something about the engineering study & their development activities)

1. Firstly we can apply the principal of modular co-ordination. This is the standardization of the building component, and we can minimize the production losses.
2. The second is the industrialization of the housing products. This means the method of mass production of the prefabricated houses by using the new materials like P.S.concrete & light weight concrete. We can also think about the movable prefabrication housing plant,

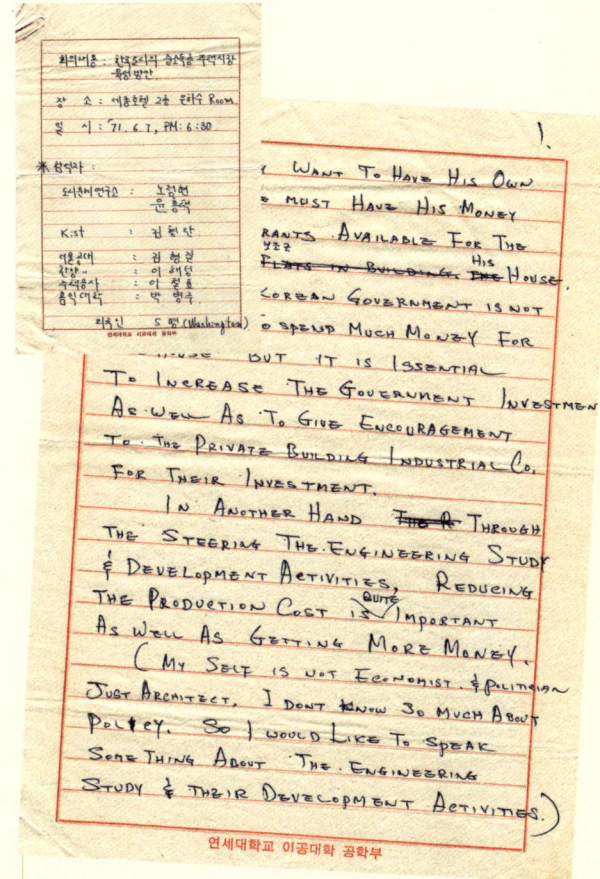

too. The crane & some other heavy equipments can not produce in this country. But it may be purchased through the loan of foreign aid. We can expect to save the considerable amount of money through these up-to-date method of planning organization, management & construction.

3. The third is the installation of the new building material-exhibition center. This will contribute for the assembly of information, distribution of research project & the practical application of their result.

I also feel the necessary of some organization for the close co-operation & communication between all private & public housing activity bodies.

지상낙원의 현대적 도시건설을 위한 아파트의 기술 측면

이 글은 김정수의 유품으로 도시적 문제를 언급한 글이다. 기고를 준비한 글로 보인다. 아파트 단지 계획과 신공법에 관해 언급하고 있으며 광주 대단지 계획을 기대한다는 내용이 있다. 게재되기 전의 자료이므로 출처가 없다.

지상낙원의 현대적 도시건설을 위한 아파트의 기술 측면
아파트는 서울을 변모시키고 있다. 개발도상에 있는 우리는 지금 우리들의 생활 방식을 개량하여 현대화하여야 할 시기가 되었다고 보아야 하겠다. 많은 사람들이 생활을 하고 있는 도시는 과거는 주로 단독주택으로 도시가 형성되어 있었으나 차츰 도시인구가 증가하고 대도시화 함에 따라 단독주택을 기준으로 하는 도시형성에 있어서는 여러 가지 폐단을 가져오기에 이르렀으니, 즉 도시가 광대한 면적을 차지하게 되며 행동반경이 길어짐으로써 ○가 멀어지고 도로가 길어짐에 따라 도시인의 시간낭비, 도로건설의 증대, 유효경작농지의 감소, 도시미관 문제 등을 지적할 수 있다. 따라서 선진국의 도시는 차츰 '아파트'를 기준으로 하는 입체도시로 변모하는 것을 볼 수 있으며, 우리 서울에도 근래에 '아파트' 건축으로 차츰 현대도시로 변모하고 있음을 볼 수 있음은 매우 고무적이라 하겠다.

외국을 여행하면 가끔 참으로 아름다운 이상도시를 건설하고 있는 나라의 예를 많이 볼 수 있다. 그렇다고 그 나라가 한국보다 부유한 나라의 경우만이 아니다. 우리들도 남이 부러워하는 지상낙원을 건설하는 것을 지상목표로 우리의 주거환경을 만들어나가야 할 것이다. 최근 한국의 예와 같이 한 채의 아파트만을 설계하여, 그것을 벽돌장을 나란히 세워 놓은 모양의 아파트는 대단지계획으로서는 이상적인 도시가 될 수 없다. 종횡으로 바둑판 모양의 재래식 격자형 도로망설계는 대단지 아파트에 경우 공해를 조장하는 결과를 가져온다. 아파트 단지 내에는 충분한 식수와 잔디, 화초 등의 녹지를 보유하여야 하며 어린이들이 안심하고 놀 수 있으며 조용하고 아름다운 휴식처가 있어야 한다. 일상용품을 파는 점포가 적당히 배치되어 있으며 필요에 따라 유치원, 집회실, 교회, 자가용 주차장 등의 설비가 갖추어져 있어야 한다. 전체적인 종합적 아파트건축○○이 통일성과 적당한 변화를 가진 아름다운 조형물의 집합체가 되어야 하며 자동차의 소음, 가스 등의 공해를 받을 염려가 있는 대로가 단지를 관통하여서는 안된다.

따라서 이같은 ○관○들의 두뇌를 짜서 이루어지는 아파트 단지의 건축계획을 고려한 이상도시는 재래식 단독주택들을 ○분된 대지위에 건축의 문외한인 집장사가 주로 건설하여 이루어지는 도시와 비교할 때에는, 그 사용할 때에 있어서 ○○상○○한 ○으로 보나 또는 도시 전체의 미관으로 보나 커다란 차이가 있는 것이다.

아파트의 각 정면 공용출입구 및 ○○출입구 등은 항상 문단속이 잘 되어야 하며 각 ○○별 인터폰, 자동개폐장치 등의 편리한 시설 등이 우리나라에는 별로 이용되고 있지 않다. 또한 아파트의 건축비를 절약하고 공기를 단축하려는 건축방식을 개량하여 신공법을 채택하도록 하여야 한다. 재래식 공법을 그냥 두고 기술자의 의견을 존중하지 아니하고 ○○적으로 무리한 ○○과 단기공사기간을 ○○하면 와우아파트의 비극을 낳게 된다. 대○○을 ○○ 또는 공장에서 콘크리트 또는 기타 재료로서 사전에 대량 제작하여 조립하는 방식의 건축이 외국에서는 주로 아파트건축에 사용되고 있다. 물론 이 대벽판에는 내외변이 다 수장재로 마감되어 있을 뿐 아니라, ○○재가 층 가운데 들어 있고, 창도 다 붙어 있으며 환기장치, ○○수 등도 다 되어 있는 벽판을 말한다. 지붕이나 바닥도 마찬가지로 넓은 한 장의 판을 조립함으로써 이루어진다.

판 하나의 중량은 약 1~5톤의 무게임으로 크레인 등의 중기를 써서 설치하여야 한다. 이러한 장비를 사용하면은 공사비와 공사기간을 현저히 단축할 수 있다. 이러한 방식은 약간의 정부의 뒷받침함으로써 훌륭히 한국 사람의 힘으로 개혁해 나갈 수 있는 분야이다.

아파트 건축의 기술적 개량발전에는 각종 새로운 재료생산이 뒤쫓아야 한다. 우리나라에서 특히 빨리 개발하여야 할 건축재료는 경량콘크리트이다. 아파트는 경량콘크리트를 사용함으로써 건물 자체의 중량을 감소시킬 수 있음에 따라, 기둥, 보 등을 가늘게 하여 재료를 절약할 수 있으며 조립부분의 ○○이 용이하여지고, 건물활○에 유효함으로 연료를 절약할 수 있게 된다.
그 밖에도 외국에서는 접착제, 코킹제 등 ○○한 ○○○○ 공법이 개발되고 있으나, 우리나라에서는 기업인들이 이러한 분야에 눈을 돌리지 않고 있으므로 건물의 질적 향상에 많은 지장을 가져오고 있다.

이러한 모든 지방 및 중앙을 ○한 전국의 국민 생활에 대한 지상낙원건설을 위한 장기적인 정부기구조직으로써 지상낙원의 신도시를 건설하고 있는 ○생국 이스라엘에는 건축부장관이 건축 및 주택 아파트 정책을 관할하고 있으며, 영국 등 많은 국가들이 그 행정기구 내에 건축부를 두고 눈에 띄게 아름다운 국가를 건설하고 있다.
일한 건축행정○의 ○가 고려되어 있지 못한 우리나라로서는 하루속히 도시 및 농촌의 국민의 생활환경을 개선함으로써 우리나라를 외국사람에게 자랑할 수 있고 국민의 사기를 진작시킬 수 있는 지상낙원건설을 위한 건축부의 ○○가 하루속히 ○○된다.

대도시 서울에 인접한 신생○○도시 광주대단지계획은 ○○의 손에 의하여 우리들에게, 우리의 힘을 과시하고 미래를 암시하는 지상낙원의 현대적 도시의 본보기를 만들어 주기를 바라 마지 않으며, ○○○에 의한 건축계획을 병행하는 도시계획 없이는 간혹 세분된 개인대지위에 임의로 세워지는 철거민의 빈민가가 될 수도 있는 것이다.

작품 연표 Chronology

1956	1957	1958	1959	1960	1961
시민회관 	한일은행 광교지점 	명동성모병원 	배재대학교 본관 	종로 YMCA 	서강대학교 과학관 
신신백화점 	국제극장	수원농사원 본관 	감리교신학대학 여자기숙사 	감리교신학대학본관 	동대문 실내스케이트장 
공군본부 	공보처 영화제작소 	감리교신학대학예배당 		한일빌딩 	장충동 장로교회 
		수도여자사범대 교사 		서대문 장로교회 	루터란 서비스센터 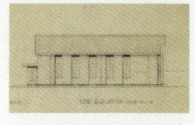
		정신여고 과학관 		원자력병원 	

1962 1964 1965 1966 1967 1969 1979

1962

금수장 호텔

서울은행 수표교지점

장충실내체육관

서울예고 교사 및 이화여고 특별교실

1964

대한화재해상회관

1965

풍문여고 과학관

동교동 빌딩

연세대학교 건공관

1966

국방부 청사

1967

연세대학교 학생회관

1969

연세대학교 종합교실

국회의사당

1979

연세대학교 중앙도서관

*현존
*증개축
*소실
*철거

감사의 글

김정수 교수의 작품집을 만들자는 이야기는 벌써 오래 전부터 있어 왔다. 이번에 발간하게 되는 이 책도 처음 이야기가 본격화된 것은 벌써 2~3년 전 작고 후 20주년을 전후했을 때의 일이다. 자료가 준비되어 있는 상태가 아니었기에 필요한 자료를 모으고 필요한 연구를 진행하고 글을 쓰고 편집을 하는 과정이 근 2년 이상의 시간을 끌 수밖에 없었다.

다른 무엇보다도 우리나라 건축계를 위하여 김정수 교수의 작품집은 반드시 있어야 한다는 당위성이 이 긴 작업을 끌고 오게 하는 배경이고 이유였다. 이제 책이 나오게 된 마당에 서문 및 편집후기 등은 생략하더라도 이 책이 나오기까지 도움을 주신 분들을 여기에 기록하여 감사의 뜻을 전하려고 한다.

이 책은 김정수 교수님의 유가족 측에서 출간에 대한 적극적인 의사를 보여주시고 필요한 경제적 협조를 해주셨기에 가능할 수 있었다. 물론 유가족의 입장이었기에 그러한 뜻을 가졌다고도 이해되지만 사실 이 책의 출간은 김정수 교수님과 그의 업적을 알고 있는 모든 사람의 염원이었기에 먼저 발의해주신 유가족의 의사와 적극적인 협조에 대하여 먼저 깊은 감사를 드린다.

김정수 교수님께서 작고하신지 23년이 되었고 그 분께서 종합건축연구소에서 나오신 지는 47년이 되었다. 그 동안 교수님께서 설계한 작품이 멸실된 경우도 다수 있고, 설계도면 원본을 구한다는 것이 쉽지 않았다. 가장 많은 수의 도면은 종합건축연구소의 창고에서 구할 수 있었다. 이 도면들을 활용할 수 있게 해 주신 종합건축 여러분께 우선적으로 감사를 드린다.

그 외에 여기저기에서 도면 및 자료협조를 구하여 도움을 받은 곳이 있으며 이 분들께도 여기에 기록하는 것으로 감사를 대신 표한다. 수원농사원 관련 건물사진 및 도면을 제공해주신 농촌진흥청과 배재대학교 관련 건물사진을 제공해주신 배재학당박물관 및 동덕여자대학교, 연세대학교 재임 시절의 사진자료들을 제공해주신 연세대학교 중앙도서관 국학자료실에 감사를 표한다.

이 책을 만들기 위하여 면담을 허락해주신 분이 여러분 계신다. 그 중에는 면담 이후 돌아가신 이승우, 강진성 선생님이 계시고, 그 외에 이호진, 안영배, 이상순, 윤석우 선생님이 계신다. 어려운 시간을 내어서 면담에 응해주신 성의에 감사드린다.

하나의 책이 나오기 위해서는 크고 작은 협력이 필요하지만 공간사의 이름으로 출간되도록 해 주신 공간의 이상림 대표와 박성태 상무, 그리고 편집과정을 진행한 픽셀하우스의 김혁준 실장, 디자인을 맡아준 본디자인 강수산나 님에게도 감사를 드린다.

그 외 여러 가지 기술적 및 다양한 협조를 주신 분들로써 기억되어야 할 몇 분들을 더 꼽고 싶다. 서울역사박물관의 최인호씨는 대형 트레싱지 도면의 촬영을 적극적으로 도와주셔서 책에 실을 수 있었으며, 건축물을 촬영해주신 건축사진가 박완순 님과 귀중한 사진을 사용할 수 있게 허락해주신 김한용 선생님께도 감사드린다.

책이 출간되기 위해서 자료협조 이외에 실제적 작업을 도와주신 분들을 더 기억하고 감사드리고 싶다. 그 중에는 누구보다도 실무적 작업을 가장 많이 도와준 두 사람을 먼저 기억하고 싶다. 장원석 박사는 김정수 교수에 관한 박사학위논문을 써서 자료의 수집뿐 아니라 내용적 깊이를 만드는 데 결정적 역할을 하였을 뿐 아니라 이 작품집을 만드는 데 있어서도 많은 기여를 하였다. 장원석 박사가 캐나다로 거주지를 옮긴 이후에도 도움을 주었지만 그 후에는 연세대 박사과정의 이연경 조교가 후속적인 편집 관련과 제반 실무를 맡아 주어서 큰 힘이 되었다. 이 두 사람의 도움이 없이는 이 책이 나오는 것이 불가능했기에 여기에 기록하여 감사를 표한다. 그 외에 자료 수집 및 기타 업무를 도와준 연세대학교 건축역사연구실의 박소희, 장창민, 허봉, 장명철, 김용철, 김혁, 김상윤 석사연구생들에게도 감사를 표하고 싶다.

2008년 11월
김성우, 안창모

김성우
연세대학교 건축공학과를 졸업하고, 펜실베이니아 대학교의 도시디자인과정(M. of Architecture, M. of City Planning) 석사학위를 받았다. 미시간 대학교에서 박사학위(Ph.D in Architecture & History of Art)를 받았으며 현재 연세대학교 건축공학과 교수로 재직 중이다. 한국건축역사학회 회장을 역임했으며, 저서로는 『Buddhist Architecture of Korea』(한림, 2007), 『불국사와 석굴암』(서경, 2005), 『송광사』(대원사, 1994) 등이 있다.

안창모
서울대학교 건축학과를 졸업하고 동 대학원에서 박사학위를 받았다. 미국 컬럼비아대학에서 객원연구원을 역임했으며 현재 경기대학교 건축대학원 교수로 재직 중이다. DOCOMOMO Korea 부회장, 한국건축역사학회 이사 및 문화재전문위원으로 활동하고 있으며 『한국현대건축50년』, 『서울건축사』, 『서울 20세기-100년의 사진기록』, 『서울의 도시와 건축』, 『북한문화-둘이면서 하나인 문화』 등을 저술하였다.

건축가 김정수 작품집

초판 1쇄 인쇄 2008년 11월 18일
　　　　발행 2008년 11월 25일

글쓴이	김성우, 안창모
기획	장원석, 이연경
사진	박완순, 안창모, 장원석
편집총괄	박성태
마케팅	이승연, 한경화
편집	김혁준
디자인·제작	본디자인
펴낸이	이상림
펴낸곳	(주)공간사
주소	서울시 종로구 원서동 219번지
전화	02 747 2892
팩스	02 747 2894
등록	1978년 4월 25일 제1-18호
전자우편	webmaster@vmspace.com
홈페이지	www.vmspace.com
ISBN	978-89-85127-34-9 03600

정가 35,000원